현장감이 있는 그림·사진을 대폭 수록하여 서술한 실전 지침서!

소방시설의 점검실무

소방기술사/관리사
(주)홍익소방 대표이사　**왕준호** 지음

 (주)도서출판 **성안당**

■ 도서 A/S 안내

성안당에서 발행하는 모든 도서는 저자와 출판사, 그리고 독자가 함께 만들어 나갑니다.

좋은 책을 펴내기 위해 많은 노력을 기울이고 있습니다. 혹시라도 내용상의 오류나 오탈자 등이 발견되면 "좋은 책은 나라의 보배"로서 우리 모두가 함께 만들어 간다는 마음으로 연락주시기 바랍니다. 수정 보완하여 더 나은 책이 되도록 최선을 다하겠습니다.

성안당은 늘 독자 여러분들의 소중한 의견을 기다리고 있습니다. 좋은 의견을 보내 주시는 분께는 성안당 쇼핑몰의 포인트(3,000포인트)를 적립해 드립니다.

잘못 만들어진 책이나 부록 등이 파손된 경우에는 교환해 드립니다.

저자 문의 : wjh119@hanmail.net I 티스토리 : http://fire-world.tistory.com

저자 유튜브 채널 : 소방점검TV

본서 기획자 e-mail : coh@cyber.co.kr(최옥현)

홈페이지 : http://www.cyber.co.kr   전화 : 031) 950-6300

본 서는 기 출간된 소방시설관리사 수험서인 『소방시설의 점검실무행정』에서 소방학과 학생들과 소방점검업무에 종사하시는 분들을 위해 수계, 가스계 소화설비와 경보설비의 점검업무를 쉽게 이해하고 현장에서 점검업무를 수행하는 데 도움이 될 수 있도록 책자를 구성·편집하였으며, 특징은 다음과 같습니다.

1 소방시설의 구조원리에 대한 이해를 돕기 위하여 주요부분에 대한 외형과 단면은 현장에서 촬영한 사진과 그림을 삽입하여 현장경험이 없으신 분들에게도 간접경험이 될 수 있도록 구성하여 전체 컬러로 편집하였습니다.

2 수계, 가스계 소화설비의 이해를 돕기 위해 수계, 가스계 공통부속에 대한 상세한 그림과 설명, 가스계 소화설비의 점검 전·후 안전대책, 수신기의 표시등과 스위치 기능 그리고 각 설비별 고장 증상에 따른 원인과 조치방법을 구분하여 수록하였습니다.

3 각 설비별 연습문제를 수록하여 본문 내용을 복습할 수 있도록 하였습니다.

점검에 대한 더 상세한 내용은 『소방시설의 점검실무행정』 수험서를 참고하길 바라며, 유튜브(소방점검 TV)를 통해 소방점검과 관련된 동영상을 제작하여 업로드하고 있사오니 많은 이용을 바랍니다.

이 책이 출간될 수 있도록 지속적으로 권유해주셨던 성안당 구본철 상무님, 자료 제공 및 기술자문을 해주신 제조업체 관계자와 출판에 심혈을 기울여주신 성안당 관계자 여러분께 깊은 감사의 말씀을 드립니다.

마지막으로 본 서가 소방을 입문하시는 분들께 수계, 가스계 소화설비와 경보설비의 점검업무를 쉽게 이해하고 현장에서 점검업무를 수행하는 데 도움이 되는 기본서가 되길 기대해봅니다.

저자 왕준호

저자 e-mail : wjh119@hanmail.net
유튜브 : 소방점검 TV
티스토리 : http://fire-world.tistory.com

이 책의 특징

01

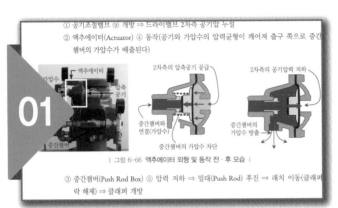

① 공기조절밸브 ⑨ 개방 ⇒ 드라이밸브 2차측 공기압 누설

② 액추에이터(Actuator) ④ 동작(공기와 가압수의 압력균형이 깨어져 출구 쪽으로 중간 챔버의 가압수가 배출된다)

| 그림 6-66 액추에이터 외형 및 동작 전·후 모습 |

③ 중간챔버(Push Rod Box) ⑤ 압력 저하 ⇒ 밀대(Push Rod) 후진 ⇒ 래치 이동(클래퍼 락 해제) ⇒ 클래퍼 개방

사진과 그림을 대폭 수록

소방시설의 구조원리에 대한 이해를 돕기 위하여 주요부분에 대한 외형과 단면은 현장에서 촬영한 사진과 그림을 삽입하여 현장경험이 없으신 분들에게도 간접경험이 될 수 있도록 구성하였습니다.

02

① 기동용기함
② 기동용기
③ 솔레노이드밸브
④ 압력 스위치
⑤ 선택밸브
⑥ 조작동관
⑦ 감지기
⑧ 방사헤드
⑨ 약제 저장용기
⑩ 용기밸브
⑪ 연결관
⑫ 집합관
⑬ 니들밸브
⑭ 수동조작함
⑮ 방출표시등
⑯ 제어반

사진과 그림의 자세한 설명

수계, 가스계 소화설비의 이해를 돕기 위해 수계, 가스계 공통부속에 대한 상세한 그림과 설명, 가스계 소화설비의 점검 전·후 안전대책, 수신기의 표시등과 스위치 기능 그리고 각 설비별 고장 증상에 따른 원인과 조치방법을 구분하여 수록하였습니다.

03

Tip 절연저항

(1) 화재안전기준(NFSC 203 제11조 제5호)
① 전원회로의 전로와 대지 사이 및 배선 상호간의 절연저항
전기사업법 제67조의 규정에 따른 기술기준이 정하는 바에 의한다.
② 감지기회로 및 부속회로의 전로와 대지 사이 및 배선 상호간의 절연저항
1경계구역마다 직류 250V의 절연저항 측정기를 사용하여 측정한 절연저항이 0.1MΩ 이상이 되도록 할 것
연저항 및 절연내력(전기설비기술기준 제16조)

사용전압	절연저항값	측정할 절연저항기
150V 이하	0.1MΩ 이상	DC 250V
150V 초과 300V 이하	0.2MΩ 이상	DC 500V
300V 초과 400V 미만	0.3MΩ 이상	DC 500V
400V 이상	0.4MΩ 이상	DC 500V

중요한 내용의 'Tip 구성'

본문에서 중요한 내용은 'TIP'으로 구성하여 확실하게 숙지할 수 있도록 하였습니다.

암기할 내용은 '기억법M으로 구성'

본문에서 꼭 기억해야 할 부분은 '기억법 M'으로 구성하여 확실하게 기억할 수 있도록 기억법을 제시했습니다.

---

3 사용상 주의사항 M 수·영·B·R·고·전·차·콘

(1) 측정 시 시험기는 수평으로 놓을 것

(2) 측정 시 사전에 0점 조정 및 전지(Battery) 체크를 할 것

> **참고** 측정을 하기 전에 반드시 바늘의 위치가 0점에 고정되어 있는가를 확인하여야 ㅎ
> 0점 조정이 되어 있지 않을 경우는 ⑥번 0점 조정나사를 조정하여 0점에 맞춘다
측정범위가 미지수일 때는 눈금의 최대범위에서 시작하여 범위를 낮추어 길

(4) ④번 선택 S/W가 DC mA에 있을 때는 고전압이 걸리지 않도록 할 것(시
항이 손상될 우려가 있음)

(5) 어떤 장비의 회로저항을 측정할 때에는 측정 전에 장비용 전원을 반드시 차단

(6) 콘덴서가 포함된 회로에서는 콘덴서에 충전된 전류는 방전시켜야 한다.

추가적인 설명은 '참고 로 구성'

본문 내용의 이해에 있어 추가적으로 설명이 필요한 부분은 '참고'로 구성하여 이해에 도움이 될 수 있도록 하였습니다.

---

(4) 직류전압 측정(DC V) : 병렬 연결

> **참고** 직류전압 측정(DC V) : 소방점검 시 전류·전압 측정기로 가장 많이 사용하는 부분이다.

| 그림 1-3 직류전압 측정 |

① 흑색도선을 측정기의 −측 단자에, 적색도선을 +측 단자에 접속시킨다.　　준 비
② ⑦번 극성선택 S/W를 DC에 고정시킨다.　　　　　　　　　　　　　　(공통사항)

복습할 수 있는 '연습문제 구성'

각 설비별 연습문제를 수록하여 본문 내용을 복습할 수 있도록 하였습니다.

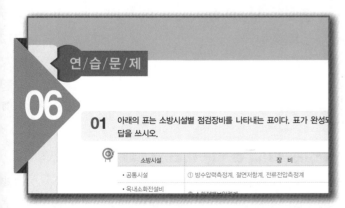

연/습/문/제

01 아래의 표는 소방시설별 점검장비를 나타내는 표이다. 표가 완성도
답을 쓰시오.

소방시설	장 비
•공통시설	① 방수압력측정계, 절연저항계, 전류전압측정계
•옥내소화전설비	

이 책의 차례

CHAPTER

01

점검공기구 사용방법

소방시설별 점검장비

근거 소방시설 설치 및 관리에 관한 법률 시행규칙 [별표 3] 〈개정 2022. 12. 1.〉

소방시설	장 비	규 격
모든 소방시설	방수압력측정계, 절연저항계 (절연저항측정기) 전류전압측정계	–
소화기구	저울	–
• 옥내소화전설비 • 옥외소화전설비	소화전밸브압력계	–
• 스프링클러설비 • 포소화설비	헤드 결합렌치(볼트, 너트, 나 사 등을 죄거나 푸는 공구)	–
• 이산화탄소소화설비 • 분말소화설비 • 할론소화설비 • 할로겐화합물 및 불활성 기체 소화설비	검량계, 기동관누설시험기, 그 밖에 소화약제의 저장량을 측정할 수 있는 점검기구	–
• 자동화재탐지설비 • 시각경보기	열감지기시험기, 연(煙)감지기 시험기, 공기주입시험기, 감지기 시험기 연결막대, 음량계	–
누전경보기	누전계	누전전류 측정용
무선통신보조설비	무선기	통화시험용
제연설비	풍속풍압계, 폐쇄력 측정기, 차압계(압력차 측정기)	–
• 통로유도등 • 비상조명등	조도계(밝기 측정기)	최소눈금이 0.1lx 이하인 것

참고 할론소화설비(예전 : 할로겐화합물소화설비)
할로겐화합물 및 불활성 기체 소화설비(예전 : 청정소화약제소화설비)

점검공기구 사용방법

01 전류전압측정계

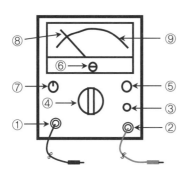

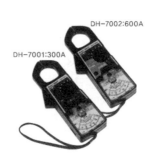

① 공통단자(−단자) ⑥ 0점 조정나사(전압, 전류)
② A, V, Ω 단자(+단자) ⑦ 극성선택스위치(DC, AC, Ω)
③ 출력단자(Output Terminal) ⑧ 지시계
④ 레인지선택스위치(Range Selecter S/W) ⑨ 스케일(Scale)
⑤ 저항 0점 조절기

| 그림 1-1 **전류전압측정계의 외형** |

1 용도

약전류회로의 전류(A), 전압(V), 저항(Ω) 측정에 사용된다.

2 사용법

참고 모든 측정 시 사전에 0점 조정 및 전지체크를 할 것

(1) 0점 조정

① 모든 측정을 하기 전에 반드시 바늘의 위치가 0점에 고정되어 있는지 확인한다.

② 0점에 있지 않을 경우, ⑥번 0점 조정나사로 조정하여 0점에 맞춘다.

(2) 내장 전지시험(Battery Check)

배터리 체크 단자를 눌러서 확인하거나, ⑥번 0점 조정단자를 시계방향으로 맨 끝까지
돌려도 바늘이 0점으로 오지 않을 경우는 건전지가 모두 소모되었음을 의미한다.

(3) 직류전류 측정(DC mA) : 직렬 연결

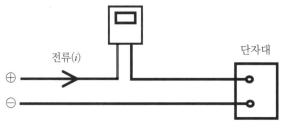

| 그림 1-2 **직류전류 측정** |

① 흑색도선을 측정기의 −측 단자에, 적색도선을 +측 단자에 접속시킨다. ② ⑦번 극성선택 S/W를 DC에 고정시킨다. ③ Range ④를 DC mA의 적정한 위치로 한다.	준 비 (공통사항)
④ 도선의 양측 말단을 피측정 회로에 직렬로 접속시킨다.	도선 연결
⑤ 계기판의 DC A 눈금상의 수치를 읽는다.	판 독

참고 이때 바늘의 방향이 반대방향으로 기울어지면, 측정도선을 반대로 바꾼다(DC A · V 측정 시 공통).

(4) 직류전압 측정(DC V) : 병렬 연결

참고 직류전압 측정(DC V) : 소방점검 시 전류 · 전압 측정기로 가장 많이 사용하는 부분이다.

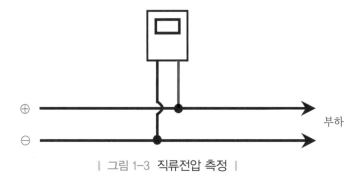

| 그림 1-3 **직류전압 측정** |

① 흑색도선을 측정기의 −측 단자에, 적색도선을 +측 단자에 접속시킨다. ② ⑦번 극성선택 S/W를 DC에 고정시킨다. ③ Range ④를 DC V의 적정한 위치로 한다.	준 비 (공통사항)
④ 도선의 양측 말단을 극성에 각각 병렬로 연결시킨다.	도선 연결
⑤ 계기판의 DC V 눈금상의 수치를 읽는다.	판 독

참고 이때 바늘의 방향이 반대방향으로 기울어지면, 측정도선을 반대로 바꾼다(DC A · V 측정 시 공통).

01

(5) 교류전압 측정(AC V) : 병렬 연결

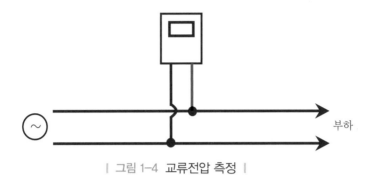

부하

| 그림 1-4 교류전압 측정 |

① 흑색도선을 측정기의 −측 단자에, 적색도선을 +측 단자에 접속시킨다. ② ⑦번 극성선택 S/W를 AC에 고정시킨다. ③ Range ④를 AC V의 적정한 위치로 전환한다.	준 비 (공통사항)
④ 도선의 양측 말단을 측정하고자 하는 회로에 병렬로 접속시킨다.	도선 연결
⑤ 계기판의 AC V 눈금상의 수치를 읽는다.	판 독

참고 직류성분 포함 시 출력단자(Output Terminal) 사용
직류성분이 포함된 회로의 교류전압 측정 시에는 ①번 공통단자와 ③번 출력단자에 연결하여 측
정한다.

(6) 저항 측정(Ω)

참고 측정 전에 전원을 반드시 차단 후 측정

① 흑색도선을 측정기의 −측 단자에, 적색도선을 +측 단자에 접속시킨다. ② ⑦번 극성선택 S/W를 Ω의 위치에 고정시킨다. ③ Range ④를 Ω의 위치에 고정시킨다.	준 비 (공통사항)
④ 0점 조정 : ⊕, ⊖ 두 도선을 단락시켜, ⑤번 저항 0점 조정기를 이용하 여 지침이 0Ω을 가리키도록 0점을 조정한다.	0점 조정
⑤ 피측정 저항의 양끝에 도선을 접속시킨다.	도선 연결
⑥ Ω의 눈금을 읽는다. 눈금에 Ω 선택 S/W의 배수를 곱한다.	판 독

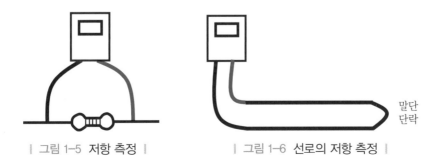

말단
단락

| 그림 1-5 저항 측정 | | 그림 1-6 선로의 저항 측정 |

(7) 콘덴서 품질시험

① 흑색도선을 측정기의 −측 단자에, 적색도선을 +측 단자에 접속시킨다. ② ⑦번 극성선택 S/W를 Ω의 위치에 고정시킨다. ③ Range ④를 10kΩ의 위치에 고정시킨다.	준 비 (공통사항)
④ 리드선을 콘덴서의 양단자에 접속시킨다.	도선 연결
⑤ 판정기준	판 정

① 정상 콘덴서는 지침이 순간적으로 흔들리다가 서서히 무한대(∞) 위치로 돌아온다.

② 불량 콘덴서는 지침이 움직이지 않는다.

③ 단락된 콘덴서는 바늘이 움직인 채 그대로 있으며, 무한대(∞) 위치로 돌아오지 않는다.

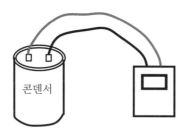

| 그림 1-7 콘덴서의 품질시험방법 |

3 사용상 주의사항 M 수·영·B·R·고·전·차·콘

(1) 측정 시 시험기는 수평으로 놓을 것

(2) 측정 시 사전에 0점 조정 및 전지(Battery) 체크를 할 것

> **참고** 측정을 하기 전에 반드시 바늘의 위치가 0점에 고정되어 있는가를 확인하여야 한다.
> 0점 조정이 되어 있지 않을 경우는 ⑥번 0점 조정나사를 조정하여 0점에 맞춘다.

(3) 측정범위가 미지수일 때는 눈금의 최대범위에서 시작하여 범위를 낮추어 갈 것(Range)

(4) ④번 선택 S/W가 DC mA에 있을 때는 고전압이 걸리지 않도록 할 것(시험기의 분로저항이 손상될 우려가 있음)

(5) 어떤 장비의 회로저항을 측정할 때에는 측정 전에 장비용 전원을 반드시 차단하여야 한다.

(6) 콘덴서가 포함된 회로에서는 콘덴서에 충전된 전류는 방전시켜야 한다.

01

02 ▶ 절연저항계(절연저항측정기)

1 ▶ 측정범위(용도)

전선로 등의 절연저항 및 교류전압을 측정하는 기구이다.

참고 절연저항계는 최고전압이 DC 500V 이상, 최소눈금이 0.1MΩ 이하의 것이어야 한다.

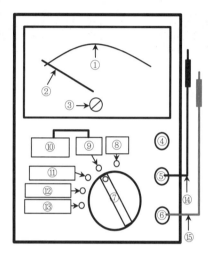
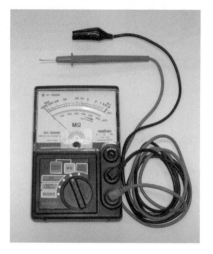

① 스케일
② 지시계
③ 0점 조절기
④ 부저단자
⑤ 접지단자
⑥ 라인단자
⑦ 셀렉터 스위치(MΩ, AC V, 배터리 체크, 부저)
⑧ AC V, 전원 OFF

⑨ MΩ
⑩ MΩ 전원 ON/OFF
⑪ MΩ 전원 LOCK
⑫ 배터리 체크
⑬ 부저
⑭ 접지 리드선
⑮ 라인 리드선

| 그림 1-8 **절연저항계 외형 및 명칭** |

2 ▶ 전지시험(Battery Check)

(1) 셀렉터 스위치 ⑦을 배터리 체크 위치 ⑫로 전환한다.

(2) 지시계의 바늘이 녹색띠(BATT GOOD)에 머무르면 정상상태이다.

(3) 건전지가 소모되었을 때는 교체한다.

참고 건전지 교체 시 기판의 잔류전하의 방전을 위하여 건전지를 빼고, 셀렉터 스위치를 MΩ 위치에
놓고 ⑩번 전원 스위치를 눌러준다.

| 그림 1-9 배터리 체크 | | 그림 1-10 0점 조정 전 모습 | | 그림 1-11 0점 조정 모습 |

3〉 0점 조정(Zero Check)

(1) 지시계의 눈금이 '∝'의 위치에 있는지 확인한다.

(2) 만약 지시계의 눈금이 '∝'의 위치에 있지 않으면 '∝'의 위치에 오도록 0점 조절기 ③으로 조정한다.

4〉 절연저항 측정방법

(1) 흑색 접지 리드선 ⑭는 접지단자 ⑤에, 적색 라인 리드선 ⑮는 라인단자 ⑥에 연결한다.

(2) 접지 리드선 ⑭는 측정물의 접지측에 접속한다.

(3) 라인 리드선 ⑮는 측정물의 라인측에 접속시킨다.

(4) 셀렉터 스위치 ⑦을 MΩ 위치 ⑨로 전환한 후, MΩ 전원 ON/OFF 스위치 ⑩을 누르면 지시계가 해당 절연저항값을 지시한다.

> 참고 오랫동안 측정을 계속할 경우에는 셀렉터 스위치 ⑦를 "MΩ 전원 LOCK" 위치로 전환하면 ON 상태를 유지할 수 있어 지속적으로 측정이 가능하다.

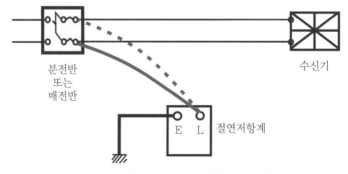

| 그림 1-12 전로와 대지 간 절연저항 측정 |

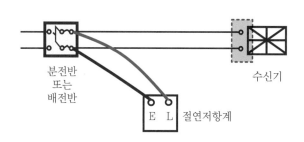

| 그림 1-13 배선 상호간 절연저항 측정 |

Tip 절연저항

(1) 화재안전성능기준(NFPC 203 제11조 제5호)
 ① 전원회로의 전로와 대지 사이 및 배선 상호간의 절연저항
  전기사업법 제67조의 규정에 따른 기술기준이 정하는 바에 의한다.
 ② 감지기회로 및 부속회로의 전로와 대지 사이 및 배선 상호간의 절연저항
  1경계구역마다 직류 250V의 절연저항 측정기를 사용하여 측정한 절연저항이 0.1MΩ 이상이 되도록 할 것
(2) 저압전로의 절연저항값(전기설비기술기준 제52조)

전로의 사용전압(V)	DC 시험전압(V)	절연저항(MΩ)
SELV 및 PELV	250	0.5
FELV, 500V 이하	500	1.0
500V 초과	1,000	1.0

[주] 특별저압(extra low voltage : 2차 전압이 AC 50V, DC 120V 이하)으로 SELV(비접지회로 구성) 및 PELV(접지회로 구성)는 1차와 2차가 전기적으로 절연된 회로, FELV는 1차와 2차가 전기적으로 절연되지 않은 회로
 • SELV : Safety Extra Low Voltage
 • PELV : Protected Extra Low Voltage
 • FELV : Functional Extra Low Voltage

5 교류전압 측정

(1) 흑색 접지 리드선 ⑭는 접지단자 ⑤에, 적색 라인 리드선 ⑮는 라인단자 ⑥에 연결한다.
(2) 셀렉터 스위치 ⑦을 AC V ⑧ 위치로 전환한다.
(3) 도선의 양측 말단을 피측정회로 양단에 각각 연결시킨 후, AC V 눈금상의 수치를 읽는다.

6 측정 시 주의사항 **M** 1·고·방·정·선·개·반·B·충

(1) Megger의 지시값은 천천히 변동할 우려가 있으므로 1분 정도 시간이 흐른 후 읽는다.
(2) 탐침(Probe)을 맨손으로 측정하면 누설전류가 흘러 절연저항이 낮게 측정되는 경우가 있으므로, 전기용 고무장갑을 착용한다.
(3) 전로나 기기를 충분히 방전시킨 후 측정한다.

(4) 전로나 기기의 사용전압에 적합한 정격의 Megger를 선정하여 측정한다.

　① 저압전로 : DC 250V, DC 500V

　② 고압전로 : DC 1,000V, DC 2,000V

(5) 선간 절연저항을 측정할 때는 계기용 변성기(PT), 콘덴서, 부하 등은 측정회로에서 분리시킨 후 측정한다. (∵ 잔류전하의 방전 및 기기를 보호하기 위함)

(6) 도선 선 간의 절연저항을 측정 시에는 개폐기를 모두 개방하여야 한다.

(7) 반도체를 포함하는 전기회로의 절연저항 측정 시에는 반도체 소자가 손상될 우려가 있으므로, 이러한 경우는 소자 간을 단락 또는 소자를 분리한 상태에서 측정한다.

(8) 장시간 사용하지 않을 경우 건전지(B)를 빼서 보관한다. (∵ 배터리액이 흘러 기판이 녹아내릴 우려가 있음)

(9) 피측정물의 한쪽이 접지되었을 경우에는 접지측을 접지 리드선을 접속하여 측정한다(접지가 되지 않았을 경우에는 접지와 라인 리드선의 접속과 무관함).

(10) 심한 충격을 주지 않도록 주의한다.

Tip 부저 테스트(도통 · 단선 측정)

(1) 용도

　50Ω 이내의 도통 및 단선 측정을 지시계를 보지 않고 청각으로 빨리 측정을 하고자 할 때 사용한다.

(2) 방법

　① 흑색 접지 리드선 ⑭는 접지단자 ⑤에, 적색 라인 리드선 ⑮는 부저단자 ④에 연결한다.

　② 셀렉터 스위치 ⑦을 부저 ⑬ 위치로 전환한다.

　③ 도선의 양측 말단을 피측정회로 양단에 각각 연결시킨 후, 부저 소리를 들으면서 도통 및 단선 여부를 판정한다.

　　㉠ 부저 소리가 나면 : 도통(Short)된 상태

　　㉡ 부저 소리가 나지 않으면 : 단선된 상태

---

03 방수압력 측정계(피토게이지 ; Pitot Gauge)

1 용도

주수에 의한 옥내 · 외 소화전의 방수압력을 측정하며, 동압을 측정하는 데 사용된다.

2 측정할 수 있는 범위

(1) 방수압 측정

| 그림 1-14 방수압력 측정계 외형 |

(2) 방수량 측정

$$Q=0.653d^2\sqrt{P_1}=2.085d^2\sqrt{P_2}$$

여기서, $Q(\text{L/min})$: 방수량

$d(\text{mm})$: 노즐구경(옥내소화전 : 13mm, 옥외소화전 : 19mm)

$P_1(\text{kgf/cm}^2)/P_2(\text{MPa})$: 방사압력(Pitot 게이지 눈금)

3 측정방법(옥내소화전의 경우)

노즐선단으로부터 노즐구경의 $\frac{1}{2}$ 떨어진 위치(유속이 가장 빠른 점)에서 피토게이지 선단이 오게 하여 압력계의 지시치를 읽는다.

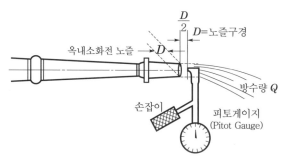

| 그림 1-15 방수압력 측정위치 |

| 그림 1-16 방수압력 측정모습 |

4 방수압력 측정결과 판정

(1) 방수압력(P)

각 소화전마다 0.17MPa 이상 0.7MPa 이하일 것

(2) 방수량(Q)

측정한 모든 소화전에서 130L/min 이상일 것

① 측정한 압력으로 환산표를 이용하여 방수량을 환산한다.

② $Q=0.653d^2\sqrt{P_1}=2.085d^2\sqrt{P_2}$의 식에 대입하여 방수량을 구한다.

5 주의사항 M P·N·일·반·불·공·수·직·충

(1) 방수압력(P) 측정은 최상층, 최하층 및 옥내소화전이 가장 많이 설치된 층에서 각 소화 전마다 측정할 것

(2) 측정하고자 하는 층의 옥내소화전 방수구(N, 최대 2개)를 개방시켜 놓을 것(물의 피해방 지 대책 수립)

(3) 노즐선단 수류의 중심과 피토관 선단의 중심이 일치하도록 하여 측정할 것

(4) 방사 시 반동력이 있으므로, 노즐을 확실히 잡아서 안전사고에 대비할 것

(5) 물의 불순물이 완전히 배출된 후에 측정할 것 (∵ 피토관의 직경이 작아서 불순물의 유입을 방지)

(6) 배관 내 공기가 완전히 배출된 후에 측정할 것 (∵ 유체의 불규칙적인 압력으로 베르누이 튜브의 탄성한계를 벗어나므로 압력계의 고장 방지)

(7) 피토게이지를 수류의 중심에 수직이 되도록 하여 측정할 것

(8) 반드시 직사형 관창을 사용할 것

(9) 이동·측정 시 충격에 주의할 것 (∵ 충격을 받으면 압력계의 지침이 "0"점에서 벗어나게 됨)

04 소화전밸브 압력계

1 용도

옥내·외 소화전의 방수압력을 측정하는 데 사용(주수에 의한 방수압력 측정이 곤란한 경우 정압 측정에 사용)한다.

> 참고 이 방법은 배관 내 마찰손실이 무시된 압력(정압)을 측정하므로 가능한 한 방수압력 측정계로 측정한다.

2 측정방법(옥내소화전의 경우)

(1) 소화전 방수구에서 호스를 분리시킨 후, 소화전 밸브 압력계를 연결한다.

(2) 소화전밸브를 개방하여 소화전밸브 압력계의 압력계상의 압력을 확인한다.

(3) 측정 완료 후 소화전밸브를 잠그고, 코크밸브를 열어 내압을 제거한다.

(4) 소화전밸브 압력계를 분리하고, 소화전 호스를 다시 결합시켜 놓는다.

압력계

코크밸브

어댑터

| 그림 1-17 소화전밸브 압력계 외형 |

압력계

코크밸브

│ 그림 1-18 소화전밸브 압력계를 이용한 점검모습 │

3 측정결과 판정방법

(1) 방수압력

옥내소화전마다 0.17MPa 이상, 0.7MPa 이하일 것

(옥외소화전의 경우 : 소화전마다 0.25MPa 이상일 것)

(2) 방수량

측정한 모든 옥내소화전에서 130L/min 이상일 것

(옥외소화전 : 측정한 모든 소화전에서 350L/min 이상일 것)

4 측정 시 주의사항 M P·N·누·분

(1) 방수압력(P)의 측정은 최상층, 최하층 및 옥내소화전이 가장 많이 설치된 층에서 각 소화전마다 측정할 것

(2) 측정하고자 하는 층의 소화전 방수구(N, 최대 2개)를 개방시켜 놓은 상태에서 측정할 것

(3) 소화전밸브 압력계를 소화전 방수구에 누수되지 않도록 확실히 연결할 것

(4) 방수압력 측정 후 분리 시

① 반드시 소화전밸브를 먼저 잠근다.

② 코크밸브를 개방하여 내압을 제거한다.

③ 소화전밸브 압력계를 분리한다(안전사고 방지).

05 저 울

1 용도

소화기의 중량을 측정 시 사용한다.

참고 저울은 가스계 소화설비의 기동용기 중량 측정 시에도 사용한다.

| 그림 1-19 지시저울 |

| 그림 1-20 전자저울 |

2 사용법

(1) 전자저울의 경우 전원을 "ON"시키고 0점 조정을 한다.

(2) 측정하고자 하는 소화기를 저울 위에 올려 놓는다.

(3) 지시치를 읽는다.

(4) 측정치와 소화기 명판에 기재된 총 중량과의 차이를 확인하여 약제의 이상 유무를 판단한다.

| 그림 1-21 소화기 중량 확인 |

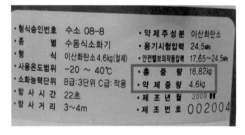

| 그림 1-22 이산화탄소소화기 명판 예 |

3 주의사항

(1) 저울은 바닥의 수평부분에 놓는다.

(2) 이동, 측정 시 충격을 주지 않는다.

(3) 전자저울의 경우 미사용 시는 건전지를 빼서 보관한다.

01

06 헤드 결합렌치

1 용 도

스프링클러설비의 헤드를 배관에 설치하거나 떼어내는 데 사용하는 기구이다.

| 그림 1-23 **원형 헤드 결합렌치** |

| 그림 1-24 **일자형 헤드 결합렌치** |

2 주의사항

(1) 헤드의 나사부분이 손상되지 않도록 한다.
(2) 감열부분이나 디플렉터에 무리한 힘을 가하여 헤드의 기능을 손상시키지 않도록 한다.
(3) 규정된 헤드렌치를 사용하지 않고 헤드를 부착 시에는 변형 또는 누수현상이 발생할 수 있으므로 주의한다.

07 검량계

> 참고 액화가스 레벨메터 사용에 관한 사항은 "제8장 제4절 가스계 소화설비의 점검"을 참고할 것

1 용 도

이산화탄소, 할론 및 할로겐화합물 소화설비 저장용기의 약제량을 측정하는 기구이다.

2 측 정

(1) 검량계를 수평면에 설치한다.
(2) 용기밸브에 설치되어 있는 용기밸브 개방장치(니들밸브, 동관, 전자밸브)와 연결관 등을 분리한다.
(3) 약제저장용기를 전도되지 않도록 주의하면서 검량계에 올린다.
(4) 약제저장용기의 총 무게에서 빈 용기 및 용기밸브의 무게차를 계산한다.
> 참고 소화약제량 산출 = 총 무게 − (빈 용기 중량 + 용기밸브 중량)

| 그림 1-25 검량계 외형 및 점검모습 |

08 기동관누설시험기(모델명 : SL-ST-119)

1 용 도

| 그림 1-26 기동관누설시험기 외형 |

가스계 소화설비의 기동용 조작동관 부분의 누설을 시험하기 위한 기구이다.

2 누설점검 방법

(1) 준비

① 각 기동용기의 솔레노이드밸브에 안전핀을 결합하고 솔레노이드밸브를 분리한다.

② 각 기동용기에서 기동용 조작동관을 분리한다.

③ 저장용기 개방장치(니들밸브)를 저장용기에서 모두 분리한다.

④ 호스에 부착된 볼밸브를 잠그고, 압력조정기 연결부에 호스를 연결한다(이미 결합되어져 있음).

⑤ 기동용기에 접속되었던 조작동관 너트에 시험기의 가압호스를 견고히 접속(연결)한다.

| 그림 1-27 솔레노이드밸브 분리 |

| 그림 1-28 조작동관 분리 |

| 그림 1-29 니들밸브 분리 |

| 그림 1-30 조작동관에 가압호스 연결 |

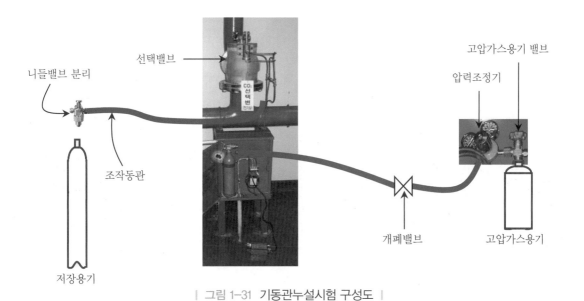

| 그림 1-31 기동관누설시험 구성도 |

(2) 점검

　　점검은 다음 순서에 입각하여 각 방호구역별 조작동관에 대하여 차례로 시험을 실시한다.

① 기동관누설시험기의 고압가스용기에 부착된 밸브를 서서히 개방하여 압력조정기의 1차측 압력이 10kg/cm² 미만이 되도록 한다.

② 압력조정기의 핸들을 돌려 2차측 압력이 5kg/cm²가 되도록 조정한다.

③ 호스 끝에 부착된 개폐밸브를 서서히 개방하여 조작동관 내 질소가스를 가압한다.

| 그림 1-32 용기밸브 개방하는 모습 |

| 그림 1-33 압력조정기 외형 |

(3) 확인

　① 조작동관 상태 확인

　　㉠ 비눗물을 붓에 묻혀 조작동관의 각 부분에 칠하여 누설 여부 확인

　　㉡ 조작동관의 찌그러진 부분 또는 막힌 부분이 있는지 확인

　　㉢ 가스체크밸브의 위치, 방향이 맞는지 확인

　② 해당 구역의 선택밸브 개방 여부 확인

　③ 방호구역에 맞도록 조작동관이 정확히 연결되어 니들밸브가 동작되는지 확인

| 그림 1-34 조작동관 누설 여부 | | 그림 1-35 선택밸브 개방 여부 | | 그림 1-36 니들밸브 동작 여부 |

(4) 복구

　① 확인이 끝나면 고압가스용기 밸브를 먼저 잠근다.

　② 호스밸브를 잠근다.

　③ 연결부를 분리시킨다.

　④ 방호구역별 전체 점검이 끝나면 재조립하여 정상상태로 복구한다.

01

09 열감지기 시험기

1 용도

열감지기의 동작시험 시 사용하는 점검공기구이다.

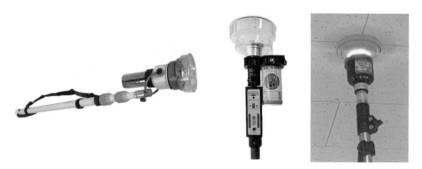

| 그림 1-37 연기 스프레이와 할로겐 램프를 이용한 열·연기감지기 시험기 |

2 사용방법(할로겐 램프 타입)

(1) 시험기의 HEAT(전원) 버튼을 눌러 할로겐 램프 점등을 확인한다.

(2) 시험하고자 하는 열감지기에 시험기 헤드를 밀착시킨다.

(3) 감지기 동작 확인 후 HEAT(전원) 버튼을 눌러 전원을 끈다.

> **참고** 히팅코일을 이용한 열감지기 시험방법
> ① 전원스위치를 ON시켜 전원을 켠다.
> ② 시험하고자 하는 열감지기에 시험기 헤드를 밀착시킨다.
> ③ 시험기의 HEAT 버튼을 누르면 헤드에서 열기가 나와 열감지기가 동작된다.
> ④ 감지기 동작 확인 후 HEAT 버튼을 다시 누르면 열감지기 시험이 종료된다.

| 그림 1-38 스모그 오일을 태워서 발생하는 연기와 히팅코일을 이용한 열·연기감지기 시험기 |

| 그림 1-39 방폭형 정온식 감지기 시험기 |

10 연기감지기 시험기

1 용도

연기감지기의 동작시험 시 사용하는 점검공기구이다.

| 그림 1-40 연기 스프레이와 할로겐 램프를 이용한 열 · 연기감지기 시험기 |

2 사용방법

(1) 시험하고자 하는 연기감지기에 시험기 헤드를 밀착시킨다.

(2) 감지기 쪽으로 가볍게 누르면 스프레이가 분사되어 감지기가 동작된다.

> **참고** 스모그 오일을 이용한 연기감지기 시험방법
> ① 전원스위치를 ON시켜 전원을 켠다.
> ② 시험하고자 하는 연기감지기에 시험기 헤드를 밀착시킨다.
> ③ 시험기의 SMOKE 버튼을 누르면 헤드에서 연기가 나와 연기감지기가 동작된다.
> ④ 감지기 동작 확인 후 SMOKE 버튼을 다시 누르면 연기감지기 시험이 종료된다.

| 그림 1-41 스모그 오일을 태워서 발생하는 연기와 히팅코일을 이용한 열 · 연기감지기 시험기 |

참고 연기 스프레이를 이용한 연기감지기 시험방법
① 시험하고자 하는 연기감지기에 연기 스프레이를 가까이에 댄다.
② 연기 스프레이를 분사시키면 연기감지기가 동작된다.

| 그림 1-42 연기 스프레이 타입의 연기감지기 시험기 |

11 공기주입시험기(SL-A-112)

1 용도

차동식 분포형 공기관식 감지기의 공기관의 누설과 작동상태를 시험하는 기구이다.

참고 구성 : 공기주입기, 주삿바늘(니플), 붓, 누설시험유, 비커

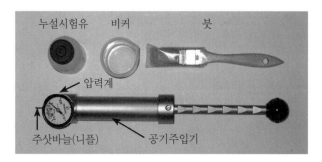 

| 그림 1-43 공기주입시험기의 외형 |

29

  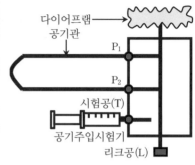

| 그림 1-44 공기관식 차동식 분포형 감지기 외형 및 화재작동시험 계통도 |

2 사용방법

(1) 공기주입기 끝에 공기관과 맞는 주삿바늘(니플)을 연결한다.

(2) 공기주입기의 손잡이를 옆으로 돌려 뽑은 후 손잡이를 돌려 방향을 맞추어 놓는다.

(3) 주삿바늘(니플)을 공기관감지기의 주입구에 갖다 댄다.

(4) 손잡이를 단계적으로 밀어 공기를 주입한다.

(5) 이때 누설시험유를 물과 배합하여 연결부위에 붓으로 묻혀서 누설 여부를 확인한다.

> **참고** 공기주입시험기는 법정장비로 되어 있으나, 공기주입시험기의 경우 주입압력만 압력계로 확인이 가능하고 주입량은 알 수 없어 현장에서는 주로 일회용 주사기를 이용하고 있는 실정이다.

12 감지기 시험기 연결막대

1 용도

높은 천장에 설치된 감지기의 시험을 원활하게 진행하기 위하여 기존 감지기 시험기에 막대를 연결하여 사용한다.

| 그림 1-45 감지기 시험기 연결막대 |

2 사용방법

감지기 시험기에 막대를 연결하여 사용한다.

13 **음량계**

1 용도

자동화재탐지설비 경종의 음량을 측정할 때 사용하는 장비이다.

2 측정방법

(1) 음량계 전원버튼을 눌러 전원을 켠다.

(2) LEVEL 버튼을 눌러 원하는 측정범위를 설정한다.

(3) F/S 버튼을 눌러 FAST로 설정을 해 놓는다.

(4) MIN/MAX 버튼을 눌러 경종 명동 시 최고의 음량에서 유지(HOLD MAX)되도록 한다.

(5) 자동화재탐지설비의 경종으로부터 1m 떨어진 곳에 음량계의 마이크로폰을 가져간다.

(6) 경종을 작동시켜 음량을 측정한다.

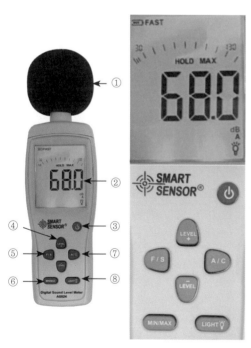

번호	명칭	기능
①	마이크로폰	음량 측정 마이크로폰
②	LCD 창	음량계 측정 LCD 창
③	전원 스위치	전원 ON/OFF 스위치
④	LEVEL +/-	음량 +/- 조정 스위치
⑤	F/S	측정속도 설정 스위치 • F : Fast - 즉시 반응 • S : Slow - 순간 평균값 지시
⑥	MIN/MAX	측정 시 최고값과 최솟값을 구할 때 선택하는 스위치
⑦	A/C	소음모드 설정 스위치 • A : 일반적인 소리 측정 • C : 낮은 변동 있는 소리 측정
⑧	LIGHT	LCD 창에 등을 켜거나 끌 때 사용하는 스위치

| 그림 1-46 음량계의 외형 |

| 그림 1-47 경종 음량 측정모습 |

3 판정방법

경종의 중심으로부터 1m 떨어진 위치에서 90dB 이상이면 정상이다.

4 측정 시 주의사항

(1) 고온 다습한 곳에서 사용하지 말 것
(2) 장시간 미사용 시에는 건전지를 빼서 관리할 것

14 누전계(디지털 타입)

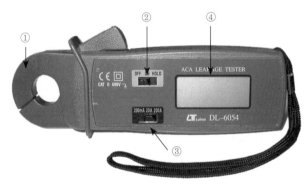

① 전선인입집게
② 전원 ON, OFF, 고정(Hold) 스위치
③ 전류선택 스위치(200mA, 20A, 200A)
④ 표시창

| 그림 1-48 누전계의 외형 및 명칭 |

1 누전계의 용도

전기선로의 누설전류 및 일반전류를 측정하는 데 사용한다.

2 **사용방법**

참고 본 측정기는 0점 조정이 자동으로 된다.

(1) 누설전류 측정

① ②번 스위치를 "ON" 위치로 전환한다.

② 전류선택 스위치 ③을 "200mA"로 전환한다.

③ 전선인입집게 ①을 손으로 눌러 전선을 변류기 내로 관통시킨다.

④ 표시창 ④에 표시된 누설전류치를 읽는다.

⑤ 측정값을 고정하고자 할 때는 ②번 스위치를 "Hold"(고정) 위치로 전환한다.

(2) 일반전류 측정

① ②번 스위치를 "ON" 위치로 전환한다.

② 전류선택 스위치 ③을 가장 높게 예상되는 전류를 선택하여 전환("200A 또는 20A")한다.

③ 전선인입집게 ①을 손으로 눌러 전선을 변류기 내로 1선만 관통시킨다.

④ 표시창 ④에 표시된 전류치를 읽는다.

⑤ 측정값을 고정하고자 할 때는 ②번 스위치를 "Hold"(고정) 위치로 전환한다.

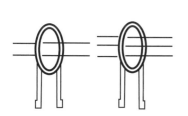
│ 그림 1-49 단상 2, 3선식 │

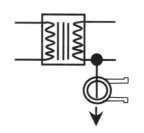
│ 그림 1-50 변압기 접지선 │

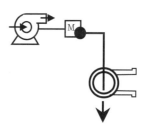
│ 그림 1-51 기기 접지선 │

(3) 측정 시 주의사항

① 측정 후 ②번 스위치를 "OFF" 위치로 전환하여 전원을 끌 것

② 오랫동안 사용하지 않을 경우 내부의 건전지를 빼서 보관할 것

③ 측정가능 범위 이상의 회로에는 사용하지 말 것

④ 표시창의 왼쪽 코너에 "LOBAT"가 표시되면 건전지를 교체할 것

⑤ 과도한 진동, 충격을 주지 말고, 고온, 습기를 피할 것

⑥ 측정 시 변류기의 철심 접합면은 완전히 밀착되도록 할 것

⑦ 변류기 접합면은 청결을 유지할 것

15 무선기

1 용도

(1) 점검 시

점검원 간의 무선통신을 하기 위해 사용한다.

(2) 화재 시

지상 또는 방재실에서 지하에 있는 소방대와의 원활한 무선통신을 위해서 사용한다.

| 그림 1-52 **무선기 외형** |

2 사용방법(점검 시)

(1) 무선기의 전원을 켜고, 사용하고자 하는 채널로 조정한다.

(2) 송신 시 : PTT 버튼을 누른 상태에서 입 가까이에 무선기를 가져가 무전을 하고, 무전이 끝나면 PTT 버튼을 놓는다.

(3) 수신 시 : PTT 버튼을 누르지 않은 상태에서는 상대방의 송신 내용을 들을 수 있다(음량은 음량조절기로 조정 가능함).

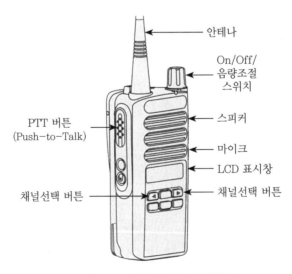

안테나

On/Off/
음량조절
스위치

PTT 버튼
(Push-to-Talk)

스피커

마이크

LCD 표시창

채널선택 버튼

채널선택 버튼

| 그림 1-53 **무선기 외형 및 명칭** |

3 사용방법(무선통신보조설비 설치 시)

(1) 무선기의 로드안테나를 돌려서 분리한다.

(2) 무선기 접속단자함의 문을 연다.

(3) 접속 케이블의 커넥터를 무선기에 연결하고 반대편의 커넥터는 무선기 접속단자에 연결한다.

(4) 무선기의 전원을 켜고, 사용하고자 하는 채널로 조정한다.

(5) 지하가의 무선기와 상호 교신이 원활한지 확인한다.

    ① 송신 시 : PTT 버튼을 누른 상태에서 입 가까이에 무선기를 가져가 무전을 하고, 무전이 끝나면 PTT 버튼을 놓는다.

    ② 수신 시 : PTT 버튼을 누르지 않은 상태에서는 상대방의 송신 내용을 들을 수 있다.

| 그림 1-54 **로드안테나 분리** |

| 그림 1-55 **무선기 접속단자함 개방** |

| 그림 1-56 **커넥터 연결** |

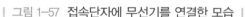

| 그림 1-57 **접속단자에 무선기를 연결한 모습** |

| 그림 1-58 **무선통신 확인** |

16 ▶ 풍속 · 풍압계[SFC-01]

제연설비의 풍속과 정압을 측정하는 기구이다.

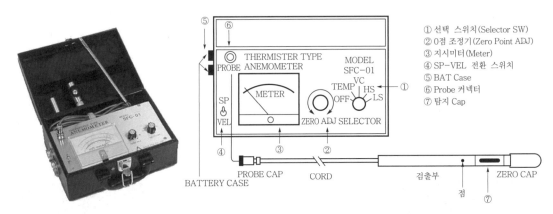

① 선택 스위치(Selector SW)
② 0점 조정기(Zero Point ADJ)
③ 지시미터(Meter)
④ SP-VEL 전환 스위치
⑤ BAT Case
⑥ Probe 커넥터
⑦ 탐지 Cap

| 그림 1-59 풍속 · 풍압계 외형 및 명칭 |

17 ▶ 폐쇄력 측정기

급기 가압제연설비의 부속실에 설치된 방화문의 폐쇄력과 개방력을 측정하는 기구이다.

(1) 제연설비 작동 전

평상시 출입문의 폐쇄력을 측정한다.

(2) 제연설비 작동 후

부속실에 급기가 되는 상태에서 출입문 개방에 필요한 힘(개방력)을 측정한다.

| 그림 1-60 폐쇄력 측정기 외형 |

18 차압계

전실 급기 가압제연설비에서 제연구역과 비제연구역의 압력차를 측정하는 기구이다.

❘ 그림 1-61 차압측정계의 외형 ❘

19 조도계

1 용도

비상조명등 및 유도등의 조도를 측정하는 기구이다.

❘ 그림 1-62 조도계의 외형 ❘

2 측정방법

(1) 감광소자가 내장된 마이크를 본체에 삽입한다(일부 제품에만 해당).

(2) 조도계의 전원 스위치를 ON으로 한다.

(3) 빛이 노출되지 않는 상태에서 지시눈금이 "0"의 위치인가를 확인한다.

(4) 적정한 측정단위를 Range 스위치를 이용하여 선택한다.

(5) 감광부분을 측정하고자 하는 위치로 가져간다.

(6) 등으로부터 빛을 조사시켜서 지침이 안정되었을 때 지시값을 읽는다.

3 판정방법

(1) 복도 통로유도등 및 비상조명등 조도

1lx 이상이면 정상이다.

(2) 객석유도등 조도

0.2lx 이상이면 정상이다.

4 측정 시 주의사항

(1) 빛의 강도를 모를 경우에는 Range를 최대치부터 적용한다.

(2) 1분 정도 빛을 조사하여 지시치가 안정되었을 때 지시치를 판독한다.

(3) 수광부분은 직사광선 등 과도한 광도에 노출되지 않도록 한다.

(4) 전원 스위치를 올려도 전원표시등이 점등되지 않으면 기기 내부의 건전지를 교체한다.

(5) 오랫동안 사용하지 않을 경우 내부의 건전지를 빼서 보관한다.

(6) 수광부 내 셀렌광전 소자는 습도의 영향에 민감하므로 보관 시 습기가 없고 직사광선을 피한다.

(7) 측정 시 주변 조명을 끄고 측정한다.

(8) 측정자가 빛을 가리지 않도록 주의한다.

01 아래의 표는 소방시설별 점검장비를 나타내는 표이다. 표가 완성되도록 번호에 맞는 답을 쓰시오.

소방시설	장 비
모든 소방시설	① 방수압력측정계, 절연저항계(절연저항측정기), 전류전압측정계
• 옥내소화전설비 • 옥외소화전설비	② 소화전밸브압력계
• 이산화탄소소화설비 • 분말소화설비 • 할론소화설비 • 할로겐화합물 및 불활성기체 소화설비	③ 검량계, 기동관누설시험기, 그 밖에 소화약제의 저장량을 측정할 수 있는 점검기구
• 자동화재탐지설비 • 시각경보기	④ 열감지기시험기, 연(煙)감지기시험기, 공기주입시험기, 감지기시험기 연결막대, 음량계
• 제연설비	⑤ 풍속풍압계, 폐쇄력측정기, 차압계(압력차 측정기)

02 옥내소화전설비의 방수압력계를 이용하여 방수압력을 측정하는 방법을 기술하시오.

1. 측정방법(옥내소화전의 경우)

노즐선단으로부터 노즐구경의 1/2 떨어진 위치(유속이 가장 빠른 점)에서 피토게이지 선단이 오게 하여 압력계의 지시치를 읽는다.

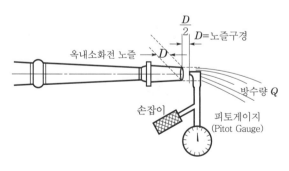

| 방수압력 측정위치 |

| 방수압력 측정모습 |

2. 방수압력 측정결과 판정

    ① 방수압력(P) : 각 소화전마다 0.17MPa 이상 0.7MPa 이하일 것

03 옥내소화전에서 측정한 방수압력이 0.25MPa일 경우 방수량(L/min)은 얼마인지 계산하시오.

    ② 방수량(Q) : 측정한 모든 소화전에서 130L/min 이상일 것

방수량 계산

$$Q = 0.653d^2\sqrt{P_1} = 2.085d^2\sqrt{P_2}$$

여기서, Q(L/min) : 방수량

    d(mm) : 노즐구경(옥내소화전 : 13mm, 옥외소화전 : 19mm)

    P_1(kgf/cm²)/P_2(MPa) : 방사압력(Pitot 게이지 눈금)

$$Q = 2.085d^2\sqrt{P_2}$$
$$= 2.085 \times 13^2 \times \sqrt{0.25} = 176.18\text{(L/min)}$$

04 자동화재탐지설비의 열감지기 점검 중 감지기 시험기로 가열하여도 감지기가 동작하지 않았다. 이 경우 전류전압측정계를 이용하여 감지기의 전압을 측정하는 방법과 판정방법을 기술하시오.

감지기 측정전압	관련 사진	조치방법
측정전압이 21~23V인 경우		감지기 선로는 정상 → 감지기가 불량이므로 감지기 교체
측정전압이 0V인 경우		감지기 선로 단선 → 선로 정비 필요

소방시설의 자체점검제도

SECTION 01 자체점검의 의의와 법적 주요내용

01 소방시설 자체점검

　자체점검제도는 관 주도의 소방점검에서 벗어나 특정소방대상물에 설치된 소방시설을 자체적으로 점검을 실시하고 문제점을 정비하여 항상 정상 작동할 수 있게 관리함으로써 화재 시 국민의 생명과 재산을 보호하고 자기책임의 원리와 민간자율적 안전관리를 통해 민간소방역량을 제고함으로써 소방 목적을 효율적으로 실현하고자 하는 데 의의가 있다.

　따라서 자체점검이라 함은 특정소방대상물에 설치된 소방시설을 시설주 책임 하에 특정소방대상물의 관계인 · 소방안전관리자 · 소방시설관리업자가 점검을 하는 것을 말하는 것으로 자체점검의 의무를 1차적으로 관계인에게 두고 있으며 소방대상물의 용도 · 규모 및 설치된 소방시설의 종류에 따라서 자체점검의 자격 · 절차 및 방법을 달리하고 있다.

02 소방시설 등의 자체점검 법적 주요내용

　근거 소방시설 설치 및 관리에 관한 법률 제22조

(1) 특정소방대상물의 관계인은 그 대상물에 설치되어 있는 소방시설 등에 대하여 정기적으로 자체점검을 하거나 관리업자 또는 소방안전관리자로 선임된 소방시설관리사 및 소방기술사로 하여금 정기적으로 점검하게 하여야 한다.

(2) 특정소방대상물의 관계인 등이 점검을 한 경우에는 관계인이 그 점검 결과를 자체보관 및 소방본부장이나 소방서장에게 보고하여야 한다.

　Tip 1년 이하의 징역 또는 1천만원 이하의 벌금

> 소방시설 등에 대하여 스스로 점검을 하지 아니 하거나 관리업자 등으로 하여금 정기적으로 점검하게 하지 아니한 자

03 ▶ 소방시설 등의 자체점검 면제 또는 연기

근거 소방시설 설치 및 관리에 관한 법률 제22조 제6항

관계인은 천재지변이나 그 밖에 대통령령으로 정하는 사유로 자체점검을 실시하기 곤란한 경우에는 자체점검 만료일 3일 전까지 자체점검을 실시하기 곤란함을 증명할 수 있는 서류를 첨부하여 소방본부장 또는 소방서장에게 면제 또는 연기 신청을 할 수 있다. 이 경우 소방본부장 또는 소방서장은 그 면제 또는 연기 신청 승인 여부를 결정하고 그 결과를 관계인에게 알려주어야 한다.

> **Tip** 대통령령으로 정하는 자체점검 면제 사유
>
> ☞ 소방시설 설치 및 관리에 관한 법률 시행령 제32조 제1항
> (1) 「재난 및 안전관리 기본법」 제3조 제1호에 해당하는 재난이 발생한 경우
> (2) 경매 등의 사유로 소유권이 변동 중이거나 변동된 경우
> (3) 관계인의 질병, 사고, 장기출장의 경우
> (4) 그 밖에 관계인이 운영하는 사업에 부도 또는 도산 등 중대한 위기가 발생하여 자체점검을 실시하기 곤란한 경우

자체점검의 구분

근거 소방시설 등 자체점검의 구분 및 대상, 점검자의 자격, 점검방법 및 횟수
☞ 소방시설 설치 및 관리에 관한 법률 시행규칙 [별표 3]

01 자체점검의 구분

1 작동점검

소방시설 등을 인위적으로 조작하여 소방시설이 정상적으로 작동하는지를 소방청장이 정하여 고시하는 소방시설 등 작동점검표에 따라 점검하는 것을 말한다.

2 종합점검

소방시설 등의 작동점검을 포함하여 소방시설 등의 설비별 주요 구성 부품의 구조기준이 화재안전기준과 「건축법」 등 관련 법령에서 정하는 기준에 적합한지 여부를 소방청장이 정하여 고시하는 소방시설 등 종합점검표에 따라 점검하는 것을 말하며, 다음과 같이 구분한다.

(1) 최초점검
소방시설이 새로 설치되는 경우, 건축물을 사용할 수 있게 된 날부터 60일 이내 점검하는 것을 말한다.
(2) 그 밖의 종합점검
최초점검을 제외한 종합점검을 말한다.

02 작동점검

구 분	작동점검의 내용
① 점검사항	소방시설 등을 인위적으로 조작하여 소방시설이 정상적으로 작동하는지를 소방시설 등 작동점검표에 따라 점검하는 것을 말한다.
② 점검대상	특정소방대상물 전체(소방안전관리자 선임대상) 다만, 다음 어느 하나에 해당하는 특정소방대상물은 제외 ㉠ 소방안전관리자를 선임하지 않는 특정소방대상물 ㉡ 「위험물안전관리법」에 따른 제조소 등

구 분	작동점검의 내용	
② 점검대상	© 특급 소방안전관리대상물 　• 특정소방대상물 : 지하층 포함 30층 이상 또는 높이 120m 이상 또는 연면적 10만㎡ 이상(아파트 제외) 　• 아파트 : 지하층 제외 50층 이상 또는 높이 200m 이상	
③ 점검자의 자격 (다음 분류에 따른 기술인력이 점검할 수 있으며, 점검인력 배치기준을 준수해야 함)	**대상**	**점검자의 자격**
	㉠ 간이스프링클러설비(주택용 간이스프링클러설비는 제외) 또는 자동화재탐지설비가 설치된 특정소방대상물(3급 대상)	• 관계인 • 소방안전관리자로 선임된 소방시설관리사 및 소방기술사 • 관리업에 등록된 소방시설관리사 • 특급점검자(2024.12.1. 시행)
	㉡ 위 "㉠"에 해당하지 않는 특정소방대상물(1, 2급 대상)	• 관리업에 등록된 소방시설관리사 • 소방안전관리자로 선임된 소방시설관리사 및 소방기술사
④ 점검방법	소방시설법 시행규칙 [별표3]에 따른 소방시설별 점검장비를 이용하여 점검	
⑤ 점검횟수	연 1회 이상 실시	
⑥ 점검시기	㉠ 종합점검대상 : 종합점검을 받은 달부터 6개월이 되는 달에 실시 ㉡ 작동점검대상 : 건축물의 사용승인일이 속하는 달의 말일까지 실시 다만, 건축물관리대장 또는 건물 등기사항증명서 등에 기입된 날이 서로 다른 경우에는 건축물관리대장에 기재되어 있는 날을 기준으로 점검한다.	
⑦ 점검서식	소방시설 등 작동점검표	
⑧ 점검 결과 보고서	㉠ 관리업체 → 관계인에게 보고서 제출 : 점검일로부터 10일 이내 제출 ㉡ 관계인 → 소방서장에게 보고서 제출 : 점검일로부터 15일 이내 제출	

Tip

1. 신축·증축·개축·재축·이전·용도변경 또는 대수선 등으로 소방시설이 새로 설치된 경우에는 해당 특정소방대상물의 소방시설 전체에 대하여 실시한다.
2. 작동점검 및 종합점검(최초점검은 제외한다)은 건축물 사용승인 후 그 다음 해부터 실시한다.
3. 특정소방대상물이 증축·용도변경 또는 대수선 등으로 사용승인일이 달라지는 경우 사용승인일이 빠른 날을 기준으로 자체점검을 실시한다.

03 종합점검

구 분	종합점검의 내용
① 점검사항	소방시설 등의 작동점검을 포함하여 소방시설 등의 설비별 주요 구성 부품의 구조기준이 화재안전기준과 「건축법」 등 관련 법령에서 정하는 기준에 적합한지 여부를 소방시설 등 종합점검표에 따라 점검하는 것을 말하며, 최초점검과 그 밖의 종합점검으로 구분된다.

구 분	종합점검의 내용
② 점검대상	⊙ 소방시설 등이 신설된 특정소방대상물 ⓛ 스프링클러설비가 설치된 특정소방대상물 ⓒ 물분무등 소화설비(호스릴설비만 설치된 경우는 제외)가 설치된 연면적 5,000m² 이상인 특정소방대상물(제조소 등은 제외) ⓔ 단란주점, 유흥주점, 영화상영관, 비디오감상실업, 복합영상물제공업, 노래연 습장, 산후조리원, 고시원, 안마시술소 등의 다중이용업의 영업장이 설치된 특 정소방대상물로서 연면적 2,000m²인 것 ⓜ 제연설비가 설치된 터널 ⓗ 공공기관 중 연면적(터널 · 지하구의 경우 그 길이와 평균폭을 곱하여 계산된 값) 1,000m² 이상인 것으로서 옥내소화전 또는 자동화재탐지설비가 설치 된 것 다만, 소방기본법 제2조 제5호에 따른 소방대가 근무하는 공공기관은 제외
③ 점검자의 자격	다음의 기술인력이 점검할 수 있으며, 점검인력 배치기준을 준수해야 한다. ⊙ 관리업에 등록된 소방시설관리사 ⓛ 소방안전관리자로 선임된 소방시설관리사 및 소방기술사
④ 점검방법	소방시설법 시행규칙 [별표3] 따른 소방시설별 점검장비를 이용하여 점검
⑤ 점검횟수	⊙ 연 1회 이상(특급 소방안전관리대상물은 반기에 1회 이상) ⓛ 종합점검 면제 : 소방본부장 또는 소방서장은 소방청장이 소방안전관리가 우 수하다고 인정한 특정소방대상물의 경우에는 3년의 범위 내에서 종합점검 면 제(단, 면제기간 중 화재가 발생한 경우는 제외)
⑥ 점검시기	⊙ 최초점검대상 : 건축물을 사용할 수 있게 된 날로부터 60일 이내 실시 ⓛ 그 밖의 종합점검대상 : 건축물의 사용승인일이 속하는 달에 실시 ⓒ 국공립 · 사립학교 : 건축물의 사용승인일이 1월에서 6월 사이에 있는 경우에 는 6월 30일까지 실시 | 사용승인일	종합점검 시기
1~6월	6월 30일까지 실시
7~12월	건축물 사용승인일이 속하는 달까지 실시 | ⓔ 건축물 사용승인일 이후 다중이용업소가 설치되어 종합점검 대상에 해당하게 된 경우에는 그 다음 해부터 실시한다. ⓜ 하나의 대지경계선 안에 2개 이상의 점검대상 건축물 등이 있는 경우에는 그 건축물 중 사용승인일이 가장 빠른 연도의 건축물의 사용승인일을 기준으로 점검할 수 있다.
⑦ 점검서식	소방시설 등 종합점검표
⑧ 점검 결과 보고서	⊙ 관리업체 → 관계인에게 보고서 제출 : 점검일로부터 10일 이내 제출 ⓛ 관계인 → 소방서장에게 보고서 제출 : 점검일로부터 15일 이내 제출

Tip

(1) 신축 · 증축 · 개축 · 재축 · 이전 · 용도변경 또는 대수선 등으로 소방시설이 새로 설치된 경우에는 해당 특정소방대상물의 소방시설 전체에 대하여 실시한다.

(2) 작동점검 및 종합점검(최초점검은 제외)은 건축물 사용승인 후 그 다음 해부터 실시한다.

(3) 특정소방대상물이 증축 · 용도변경 또는 대수선 등으로 사용승인일이 달라지는 경우 사용승인일이 빠른 날을 기준으로 자체점검을 실시한다.

(4) 건축물의 사용승인일

① 건축물의 경우 : 건축물관리대장 또는 건물 등기사항증명서에 기재되어 있는 날

② 시설물의 경우 : 「시설물의 안전관리에 관한 특별법」 제55조 제1항에 따른 시설물통합정보관리체계에 저장 · 관리되고 있는 날

③ 건축물관리대장, 건물 등기사항증명서 및 시설물통합정보관리체계를 통해 확인되지 아니 하는 그 외의 경우 : 소방시설완공검사증명서에 기재된 날

④ 건축물관리대장 또는 건물 등기사항증명서 등에 기입된 날이 서로 다른 경우에는 건축물관리대장에 기재되어 있는 날을 기준으로 점검

(5) **건축물관리대장, 건축물 등기부등본 열람 신청가능한 홈페이지** : 정부24(http://www.gov.kr)

(6) 자체점검 실시결과의 보고기간에는 공휴일 및 토요일은 산입하지 않는다.

04 외관점검

(1) 대상 : 「공공기관의 소방안전관리에 관한 규정」 제2조에 따른 공공기관

(2) 외관점검 방법 : 소방시설 등의 유지 · 관리상태를 맨눈 또는 신체감각을 이용하여 점검

(3) 외관점검 횟수 : 월 1회 이상(작동점검 또는 종합점검을 실시한 달에는 제외 가능)

(4) 외관점검 점검자 : 특정소방대상물의 관계인, 소방안전관리자 또는 관리업자(소방시설관리사를 포함하여 등록된 기술인력을 말함)

(5) 사용 서식 : 소방시설 등 외관점검표

(6) 점검 결과 보관 : 2년 이상 자체 보관

05 공동주택(아파트 등으로 한정) 세대별 점검방법

참고 아파트 등 : 주택으로 쓰는 층수가 5층 이상인 주택

(1) 관리자(관리소장, 입주자대표회의 및 소방안전관리자를 포함) 및 입주민(세대 거주자를 말함)은 2년 이내 모든 세대에 대하여 점검을 해야 한다.

(2) 위 "(1)"에도 불구하고 아날로그감지기 등 특수감지기가 설치되어 있는 경우에는 수신기에서 원격 점검할 수 있으며, 점검할 때마다 모든 세대를 점검해야 한다. 다만, 자동화재탐지설비의 선로 단선이 확인되는 때에는 단선이 난 세대 또는 그 경계구역에 대하여 현장점검을 해야 한다.

(3) 관리자는 수신기에서 원격 점검이 불가능한 경우 매년 작동점검만 실시하는 공동주택은 1회 점검 시마다 전체 세대수의 50% 이상, 종합점검을 실시하는 공동주택은 1회 점검 시마다 전체 세대수의 30% 이상 점검하도록 자체점검계획을 수립·시행해야 한다.

(4) 관리자 또는 해당 공동주택을 점검하는 관리업자는 입주민이 세대 내에 설치된 소방시설 등을 스스로 점검할 수 있도록 소방청 또는 사단법인 한국소방시설관리협회의 홈페이지에 게시되어 있는 공동주택 세대별 점검 동영상을 입주민이 시청할 수 있도록 안내하고, 점검서식([별지 제36호 서식] 소방시설 외관점검표)을 사전에 배부해야 한다.

(5) 입주민은 점검서식에 따라 스스로 점검하거나 관리자 또는 관리업자로 하여금 대신 점검하게 할 수 있다. 입주민이 스스로 점검한 경우에는 그 점검 결과를 관리자에게 제출하고 관리자는 그 결과를 관리업자에게 알려주어야 한다.

(6) 관리자는 관리업자로 하여금 세대별 점검을 하고자 하는 경우에는 점검일정을 입주민에게 사전에 공지하고 세대별 점검일자를 파악하여 관리업자에게 알려주어야 한다. 관리업자는 사전 파악된 일정에 따라 세대별 점검을 한 후 관리자에게 점검현황을 제출해야 한다.

(7) 관리자는 관리업자가 점검하기로 한 세대에 대하여 입주민의 사정으로 점검을 하지 못한 경우 입주민이 스스로 점검할 수 있도록 다시 안내해야 한다. 이 경우 입주민이 관리업자로 하여금 다시 점검받기를 원하는 경우 관리업자로 하여금 추가로 점검하게 할 수 있다.

(8) 관리자는 세대별 점검현황(입주민 부재 등 불가피한 사유로 점검을 하지 못한 세대현황을 포함)을 작성하여 자체점검이 끝난 날부터 2년간 자체 보관해야 한다.

■ 소방시설 설치 및 관리에 관한 법률 시행규칙[별지 제36호 서식]

소방시설 외관점검표(세대 점검용)

※ [　]에는 해당되는 곳에 √표를 합니다.

대상명	○○아파트	점검자	□입주자　□소방안전관리자
동호수	동　　호		(인)
점검일	년　월　일	전화번호	

점검항목			점검내용
소화설비	소화기	손쉽게 사용할 수 있는 장소에 설치 여부	□ 정 상　□ 불 량
		용기 변형 · 손상 · 부식 여부	□ 정 상　□ 불 량
		안전핀 체결 여부	□ 정 상　□ 불 량
		지시압력계의 정상 여부	□ 정 상　□ 불 량
		수동식 분말소화기 내용연수(10년) 적정 여부	□ 정 상　□ 불 량
	자동확산소화기	설치상태 및 외형의 변형 · 손상 · 부식 여부	□ 정 상　□ 불 량
		지시압력계의 정상 여부	□ 정 상　□ 불 량
	주거용 주방자동소화장치	소화약제용기 지시압력계의 정상 여부	□ 정 상　□ 불 량
		수신부의 전원표시등 정상 점등 여부	□ 정 상　□ 불 량
	스프링클러	헤드 변형 · 손상 · 부식 유무	□ 정 상　□ 불 량
경보설비	자동화재탐지설비	감지기 변형 · 손상 · 탈락 여부	□ 정 상　□ 불 량
	가스누설경보기	전원표시등 정상 점등 여부	□ 정 상　□ 불 량
피난설비	완강기	피난기구 위치 적정성 여부	□ 정 상　□ 불 량
		완강기 외형의 변형 · 손상 · 부식 여부	□ 정 상　□ 불 량
		설치 여부 및 장애물로 인한 피난 지장 여부	□ 정 상　□ 불 량
	피난구용 내림식 사다리	피난기구 위치 표지 및 사용방법 표지 유무	□ 정 상　□ 불 량
		설치 여부 및 장애물로 인한 피난 지장 여부	□ 정 상　□ 불 량
기타설비	대피공간	방화문(방화구획)의 적정 여부	□ 정 상　□ 불 량
		적치물(쌓아놓은 물건)로 인한 피난 장애 여부	□ 정 상　□ 불 량
	경량칸막이	정보를 포함한 표지 부착 여부	□ 정 상　□ 불 량
		적치물(쌓아놓은 물건)로 인한 피난 장애 여부	□ 정 상　□ 불 량
비 고	[비고]란에는 특정소방대상물의 위치 · 구조 · 용도 및 소방시설의 상황 등이 이 표의 항목대로 기재하기 곤란하거나 이 표에서 누락된 사항을 기재합니다.		

210mm×297mm[백상지(80g/m²) 또는 중질지(80g/m²)]

점검인력 배치신고

소방시설관리업자가 자체점검을 실시하기 위하여 점검인력을 배치하는 경우 점검대상과 점검인력 배치상황 신고는 한국소방시설관리협회가 운영하는 전산망에 직접 접속하여 처리한다.

1 신고자

소방시설관리업자

2 신고처

한국소방시설관리협회(http://www.kfma.kr)

3 신고시기

소방시설관리업자가 점검인력을 배치하는 경우 점검대상과 점검인력 배치상황을 점검 전 또는 점검이 끝난 날로부터 5일 이내에 한국소방시설관리협회 전산망에 접속하여 점검인력 배치상황을 신고한다.

4 점검인력 배치 및 변경

관리업자는 점검인력 배치통보 시 최초 1회 및 점검인력 변경 시에는 규칙 [별지 제31호 서식]에 따른 소방기술인력 보유현황을 한국소방시설관리협회 전산망에 통보하여야 한다.

> **Tip** 배치신고기간 산입기준
>
> (1) 초일 미산입
> (2) 공휴일 및 토요일 산입 제외
> (3) 신고 마감일이 공휴일 및 토요일인 경우 다음 날까지 신고

04 자체점검 결과보고서 제출 및 이행계획 등

01 자체점검 결과보고서 관계인에게 제출

　관리업자 또는 소방안전관리자로 선임된 소방시설관리사 및 소방기술사(관리업자 등)는 자체점검을 실시한 경우에는 그 점검이 끝난 날로부터 10일 이내에 자체점검 실시결과 보고서를 관계인에게 제출하여야 한다.

02 자체점검 결과보고서 소방서에 제출

(1) 관리업자 등으로부터 자체점검 결과보고서를 제출받거나, 스스로 점검을 실시한 관계인은 점검이 끝난 날부터 15일 이내에 자체점검 실시결과보고서를 소방서장에게 제출해야 한다.
(2) 불량내용이 있는 경우 소방시설 등에 대한 수리, 교체, 정비에 관한 이행계획서를 보고서에 첨부하여 소방서장에게 보고해야 한다.

> **Tip** 보고서 제출
>
> | 구 분 | 제출기한 | 보고기간 산입기준 |
> |---|---|---|
> | 관리업자가 관계인에게 보고서 제출 | 점검이 끝난 날로부터 10일 이내 | • 초일 미산입
• 공휴일 및 토요일 산입 제외 |
> | 관계인이 소방서에 보고서 제출 | 점검이 끝난 날로부터 15일 이내 | • 신고 마감일이 공휴일 및 토요일인 경우 다음 날까지 신고 |

03 자체점검 결과 이행계획서 제출

(1) 관계인은 자체점검 결과 불량내용이 있는 경우 자체점검 보고서에 소방시설 등에 대한 수리, 교체, 정비에 관한 이행계획서(별지 제10호 서식)를 첨부하여 보고하여야 한다.
(2) 이행계획 완료기한
　관계인은 이행계획을 다음의 기한 이내에 완료하여야 한다.

다만, 소방시설 등에 대한 수리·교체·정비의 규모 또는 절차가 복잡하여 다음의 기간 내에 이행을 완료하기가 어려운 경우에는 그 기간을 달리 정할 수 있다

① 소방시설 등을 구성하고 있는 기계·기구를 수리하거나 정비하는 경우 : 보고일부터 10일 이내

② 소방시설 등의 전부 또는 일부를 철거하고 새로 교체하는 경우 : 보고일부터 20일 이내

Tip 300만원 이하의 과태료

(1) 특정소방대상물의 관계인이 소방시설등의 자체점검 결과 수리, 조치, 정비사항 발생 시, 이행계획서를 첨부하지 않거나 거짓으로 제출한 경우

(2) 특정소방대상물의 관계인이 소방시설등의 수리, 조치, 정비 이행계획을 별도의 연기신청 없이 기한 내에 완료하지 않은 경우

04 자체점검 결과 게시

소방서장에게 자체점검 결과 보고를 마친 관계인은 보고한 날로부터 10일 이내에 [별표 5]의 자체점검기록표를 작성하여 특정소방대상물의 출입자가 쉽게 볼 수 있는 장소에 30일 이상 게시하여야 한다.

Tip 300만원 이하의 과태료

점검기록표를 기록하지 아니하거나 특정소방대상물의 출입자가 쉽게 볼 수 있는 장소에 게시하지 아니한 관계인

소방시설등 자체점검기록표

- 대상물명 :
- 주   소 :
- 점검구분 :　　　　　　[ ] 작동점검　　　　　　[ ] 종합점검
- 점 검 자 :
- 점검기간 :　　　　　년 월 일 ~ 년 월 일
- 불량사항 : [ ] 소화설비　[ ] 경보설비　[ ] 피난구조설비
　　　　　　[ ] 소화용수설비　[ ] 소화활동설비 [ ] 기타설비　[ ] 없음
- 정비기간 :　　　　　년 월 일 ~ 년 월 일

　　　　　　　　　　　　　　　　　년 월 일

「소방시설 설치 및 관리에 관한 법률」 제24조제1항 및 같은 법 시행규칙 제25조에 따라 소방시설등 자체점검결과를 게시합니다.

■ 소방시설 설치 및 관리에 관한 법률 시행규칙[별지 제10호 서식]

소방시설 등의 자체점검결과 이행계획서

특정소방대상물	대상물 명칭(상호)		대상물 구분(용도)	
	관계인 (성명 :　　　　전화번호 :　　　　)		소방안전관리자 (성명 :　　　　전화번호 :　　　　)	
	소재지			

	이행조치 사항	이행조치 일자
이행조치 계획사항	예) 소화펌프(가압송수장치를 포함한다. 이하 같다), 동력·감시 제어반 또는 소방시설용 전원(비상전원을 포함한다)의 고장	.　.　.　~　.　.　.
	예) 화재 수신기의 고장으로 화재경보음이 자동으로 울리지 않거나 화재 수신기와 연동된 소방시설의 작동 불량	.　.　.　~　.　.　.
	예) 소화배관 등이 폐쇄·차단되어 소화수(消火水) 또는 소화약제가 자동 방출 불량	.　.　.　~　.　.　.
	예) 기타 사항	.　.　.　~　.　.　.
이행조치 필요기간	년 월 일 ~ 년 월 일(총 일)	

「소방시설 설치 및 관리에 관한 법률」 제23조 제3항 및 같은 법 시행규칙 제23조 제2항에 따라 위와 같이 소방시설 등의 수리·교체·정비에 대한 이행계획서를 제출합니다.

년　　월　　일

관계인 :　　　　　　(서명 또는 인)

○○소방본부장 · 소방서장 귀하

유의사항	
「소방시설 설치 및 관리에 관한 법률」 제61조 제1항 제8호 및 제9호	1. 특정소방대상물의 관계인이 법 제22조에 따른 소방시설 등의 자체점검 결과에 따른 수리·조치·정비사항의 발생 시 이행계획서를 첨부하지 않거나 거짓으로 제출한 경우 300만원 이하의 과태료를 부과합니다. 2. 특정소방대상물의 관계인이 소방시설 등의 수리·조치·정비 이행계획을 별도의 연기신청 없이 기간 내에 완료하지 않은 경우 300만원 이하의 과태료를 부과합니다.

05 이행계획의 연기신청

이행계획의 연기를 신청하려는 관계인은 이행기간의 만료 3일 전까지 이행계획을 완료함이 곤란함을 증명할 수 있는 서류를 첨부하여 소방서장에게 제출하여야 한다[별지 제12호 서식].

이행계획 연기신청서를 제출받은 소방서장은 이행기간의 연기여부를 결정하여 소방시설 등의 자체점검 결과 이행 연기신청 결과통지서를 연기신청을 받은 날로부터 3일 이내에 관계인에게 통보하여야 한다.

06 이행계획의 완료 보고

이행계획을 완료한 관계인은 이행을 완료한 날로부터 10일 이내에 소방서에 보고하여야 한다[별지 제11호 서식].

이 경우 소방서장은 이행계획 완료 결과가 거짓 또는 허위로 작성되었다고 판단되는 경우에는 해당 특정소방대상물에 방문하여 그 이행계획 완료여부를 확인할 수 있다.

소방본부장 또는 소방서장은 관계인이 이행계획을 완료하지 아니한 경우에는 필요한 조치의 이행을 명할 수 있고, 관계인은 이에 따라야 한다.

02

■ 소방시설 설치 및 관리에 관한 법률 시행규칙[별지 제11호 서식]

소방시설 등의 자체점검 결과 이행완료 보고서

특정소방 대상물	대상물 명칭(상호)		대상물 구분(용도)
	관계인 (성명 :　　　　　　　　　전화번호 :　　　　　)		소방안전관리자 성명 : 전화번호 :
	소재지		

소방공사 업체	업체명(상호)		사업자번호
	대표이사 (성명 :　　　　　　　　　전화번호 :　　　　　)		
	소재지		

이행완료 사항	이행조치 내용	이행조치 일자
	예) 소화펌프(가압송수장치를 포함한다. 이하 같다), 동력 · 감시 제어반 또는 소방시설용 전원(비상전원을 포함한다)의 고장사항 수리	.　.　. ~ .　.　.
	예) 화재 수신기의 고장으로 화재경보음이 자동으로 울리지 않거나 화재 수신기와 연동된 소방시설의 작동 불량사항 수리	.　.　. ~ .　.　.
	예) 소화배관 등이 폐쇄 · 차단되어 소화수(消火水) 또는 소화약제가 자동 방출 불량사항 수리	.　.　. ~ .　.　.
	예) 기타 사항 수리	.　.　. ~ .　.　.

「소방시설 설치 및 관리에 관한 법률」 제23조 제4항 및 같은 법 시행규칙 제23조 제6항에 따라 위와 같이 소방시설 등의 수리 · 교체 · 정비에 대한 이행완료 보고서를 제출합니다.

년　　　월　　　일

관계인 :　　　　　　　　　　　　　　　　　　　(서명 또는 인)

○○소방본부장 · 소방서장 귀하

첨부서류	1. 이행계획 건별 이행 전 · 후 사진 증명자료 1부 2. 소방시설공사 계약서(이행조치 내용과 관련됩니다) 1부
유의사항	
「소방시설 설치 및 관리에 관한 법률」 제61조 제1항 제8호 및 제9호	1. 특정소방대상물의 관계인이 법 제22조에 따른 소방시설 등의 자체점검 결과에 따른 수리 · 조치 · 정비사항 발생 시 이행계획서를 첨부하지 않거나 거짓으로 제출한 경우 300만원 이하의 과태료를 부과합니다. 2. 특정소방대상물의 관계인이 소방시설 등의 수리 · 조치 · 정비 이행계획을 별도의 연기신청 없이 기간 내에 완료하지 않은 경우 300만원 이하의 과태료를 부과합니다.

■ 소방시설 설치 및 관리에 관한 법률 시행규칙[별지 제12호 서식]

소방시설 등의 자체점검 결과 이행계획 완료 연기신청서

※ [ ]에는 해당되는 곳에 √표기를 합니다.

접수번호		접수일자		처리기간	
					3일

신청인	성명		연락처	
	대상물 명칭		대상물 주소	

신청내용	연기기간
	년 월 일 ~ 년 월 일(총 일)
	연기신청사유 [ ] 1. 「재난 및 안전관리 기본법」 제3조 제1호에 해당하는 재난이 발생한 경우 [ ] 2. 경매 등의 사유로 소유권이 변동 중이거나 변동된 경우 [ ] 3. 관계인의 질병, 사고, 장기출장 등의 경우 [ ] 4. 그 밖에 관계인이 운영하는 사업에 부도 또는 도산 등 중대한 위기가 발생하여 이행계획을 완료하기 곤란한 경우
	연기사유 상세

「소방시설 설치 및 관리에 관한 법률」 제23조 제5항 전단, 같은 법 시행령 제35조 제2항 및 같은 법 시행규칙 제24조 제1항에 따라 위와 같이 소방시설 등의 자체점검 결과 이행계획 완료의 연기를 신청합니다.

년　　　월　　　일

신청인 : 　　　　　　　　　　　　　 (서명 또는 인)

○○소방본부장 · 소방서장 귀하

첨부서류	「소방시설 설치 및 관리에 관한 법률 시행령」 제35조 제1항 각 호의 어느 하나에 해당하는 사유로 이행계획의 완료가 곤란함을 증명할 수 있는 서류	수수료 없 음

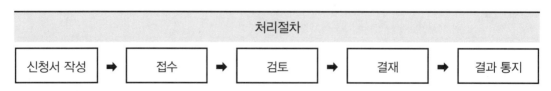

처리절차

신청서 작성 ➡ 접수 ➡ 검토 ➡ 결재 ➡ 결과 통지

신청인 :　　　　　　　　　처리기관 : 시 · 도(소방업무담당부서)

점검업무 흐름도

진행	대상처(관계인)	소방시설관리업체	소방서
점검 실시		작동 · 종합점검 실시	〈한국소방시설관리협회〉 점검인력 배치신고 (점검 후 5일 이내)
점검 결과 보고	관계인은 중대위반사항 즉시 정비	중대위반사항 발견 시 즉시 관계인에게 보고	
	점검 결과보고서 수령 〈관리업체 → 관계인〉 • 1부 : 자체보관용 • 1부 : 관할소방서 제출용	점검 결과보고서 작성 · 제출 (점검 후 10일 이내)	
	점검 결과보고서 소방서 제출 〈불량내용이 있는 경우〉 이행계획서 작성 · 제출	점검 후 15일 이내 제출	보고서 접수, 서류 확인 (민원실 또는 예방과) 지적내역이 없는 대상의 경우 → 수리(종결)
점검 결과 게시	자체점검 결과 게시 (보고서 제출 후 10일 이내 게시, 30일 이상 게시)		
이행 조치 및 완료 보고	지적사항 이행조치		
	이행 완료 보고서 작성 및 소방서 보고	이행 완료 후 10일 이내 보고	이행 완료 보고서 접수 (민원실 또는 예방과)
	현장 확인	필요 시 현장 방문 확인 (10일 이내)	이행 완료여부 확인 적정한 경우 → 종결
	공문수령	공문발송 (10일 이내)	부적합 시 조치명령

점검업무 수행절차

1. 점검 전 준비
① 점검일정 협의
② 필요한 관계서류 확인
③ 점검작업 계획서의 입안
④ 점검작업의 안전대책 수립
⑤ 점검공기구 및 점검표지판의 준비

2. 관계인과의 협의(대상처 도착 후)
① 점검일정별 점검순서 협의
② 점검입회자(안내자) 협조
③ 보안업체 통보
④ 점검 안내방송 실시 및 안내문 게시

3. 관련자료 검토
① 설계도면 검토(개 · 보수 포함)
② 전년도 점검 지적내역 검토
③ 전년도 작동(종합) 점검표 검토
④ 소방계획서, 정비보완 기록부 검토

4. 점검 전 안전조치
① 수신기 및 제어반의 연동 정지
② 동력제어반(MCC) 전원 차단
③ 가스계 소화설비 오 · 방출 방지 안전조치
   (조작동관, 솔레노이드밸브 분리)
④ 방화셔터 및 배연창 장애물 유 · 무 확인
⑤ 자동화재속보설비 연동 정지

5. 점검 실시
① 시설별 점검장비를 사용하여 작동 점검표
   또는 종합 점검표에 의한 점검 실시 후
② 지적내역 작성

6. 점검 후 복원
① 단절된 전원의 복구
② 폐쇄 또는 개방된 밸브 등의 복구
③ 분리된 기구 등의 결합
④ 제어반 및 수신반의 연동 복구

7. 점검 후 정리
① 점검장비 품목 및 수량 확인
② 점검자료 정리
③ 점검현장 정리

8. 점검 후 협의
① 점검 결과 강평 ② 행정처리 협의

9. 중대위반사항 보고
중대위반사항 발견 시 관계인에게 보고

10. 점검인력 배치신고
점검 전 또는 점검이 끝난 날로부터 5일 이내

11. 점검 결과보고서 작성 · 제출
관리업체 → 관계인 : 점검 후 10일 이내
관계인 → 소방서 : 점검 후 15일 이내

참고 소방대상물의 구조 및 설치된 소방시설의 종류에 따라 현장상황을 고려하여 점검계획을 수립한다.

01 점검 전 준비사항

대상처와 점검계약이 체결되면 점검을 위한 다음 사항을 준비한다.

1 점검일정 협의

점검을 실시하고자 하는 대상처의 관계자와 충분한 협의를 통해 점검일정을 결정한다.

2 필요한 관계서류의 확인

3 점검작업 계획서의 입안

일정별 점검에 따른 세부사항을 포함한 점검작업 계획서를 작성하여 계획서에 의한 점검을 실시한다.

(1) 점검책임자 및 점검실시자의 성명
(2) 소방대상물의 관계자 성명
(3) 점검실시에 따른 세부적인 사항
(4) 관계서류 등의 확인사항
　　① 소방시설의 시공신고서
　　② 소방시설의 시험결과보고서(감리결과보고서에 있음)
　　③ 소방시설의 설계도면(준공도면)
　　④ 보수 · 정비 상황표
　　⑤ 전번의 점검 결과보고서 등
(5) 비상전원의 점검(안전대책 : 전기기술자의 협조)
(6) 배선의 점검(전기에 관한 상식이 있는 사람이 점검)
(7) 점검범위의 중복(중복되지 않도록 범위 명확히)
(8) 정비를 요하는 부분의 조치(관계자와 사전에 협의)
(9) 소방시설의 대체(기능장애로 대체할 것은 관계자와 사전 협의하고 소방서의 지도를 받을 것)

4 점검작업의 안전대책 수립

5 점검공기구 및 점검표지판의 준비

소방시설관리업체에서는 대상처에 대한 건축물 및 소방시설현황을 참고하여 소방시설에 따른 점검공기구를 사전에 준비하여야 한다. 점검공기구는 점검에 차질이 생기지 않도록 점검에 투입되는 인원수에 맞게 수량을 준비하고 이상 유무를 반드시 확인하여 사전준비에 만전을 기한다.

(1) 소방시설별 점검장비 품목 및 수량 준비
(2) 점검장비 이상 여부 확인
(3) 점검표지판의 준비

02 관계인과의 협의(점검대상처 도착 후)

점검대상처에 도착하여 관계인과 인사를 나누면서 당 건물 점검 시 주의해야 할 사항이 있는지와 현재 소방시설을 운용함에 있어 이상이 있는지 등을 확인하고 다음 사항에 대하여 협의한다.

1 점검일정별 점검순서 협의

관계인과 점검일정별 소방시설 점검순서를 협의한다.

2 점검입회자(안내자) 협조

점검을 안내할 입회자는 당 건물의 모든 열쇠를 지참할 것을 요청하여 둔다.

3 보안업체 통보

점검 시 화재감지기 동작에 따라 보안업체에서 오인출동을 하지 않도록 점검 전에 보안업체에 통보할 것을 요청한다.

4 점검 안내방송 실시 및 안내문 게시

건물 내에 있는 사람들에게 소방시설 점검을 실시한다는 내용을 안내하여 줌으로서 점검 중 경종·사이렌의 작동으로 인하여 혼란이 발생하지 않도록 사전에 안내방송을 실시하고 엘리베이터 등 보기 쉬운 곳에 점검안내문을 게시한다. 소방시설관리업체에서 점검표지판을 준비하였다면 보기 좋은 위치에 게시한다.

> **Tip** 점검 안내방송 예시
>
> 당 건물(빌딩, 학교) 방재센터(관리사무소, 교무실)에서 알려드립니다.
> ○○월 ○○일~○○월 ○○일까지 ○일간 당 건물 전층에 대하여 소방시설 작동(종합)점검을 실시할 예정입니다(실시하고 있습니다). 소방시설 점검 중 피난구유도등이 점등되거나 경종·사이렌이 수시로 발령되오니 당황하지 마시고 정상적인 업무에 임하여 주시고, 점검차 방문 시 적극 협조하여 주시기 바랍니다(2회 반복).

03 관련자료의 검토

대상처의 설계도면과 수신기를 보고 소방시설 현황을 파악한 후, 관계서류를 검토하여 소방시설 점검표 작성에 필요한 자료를 수집하고 소방시설 정비보완 기록을 확인하여 중점적으로 점검할 사항이 있는지를 파악한다.

(1) 설계도면의 검토(개ㆍ보수사항 포함)
(2) 전년도 점검 지적내역 검토
(3) 전년도 작동(종합) 점검표 검토
(4) 소방계획서 및 정비보완 기록부 검토

04 점검 전 안전조치

점검 전 안전조치는 실제 점검에 임하면서 발생할 수 있는 안전사고를 대비하여 안전하게 소방점검을 실시할 수 있도록 하는 일련의 조치이다. 점검 전 안전조치의 핵심은 설비의 자동동작 방지를 위한 연동 정지와 설비동작으로 인한 피해를 방지하는 조치로서 다음 사항을 예로 들 수 있다.

(1) 수신반의 모든 연동정지 스위치를 OFF 상태로 전환

주경종, 지구경종, 비상방송, 사이렌, 유도등, 프리액션밸브, 일제개방밸브, 방화셔터, 가스계 소화설비, 제연댐퍼, 제연휀, 배연창, 펌프 등

| 그림 2-1 수신기 조작 스위치
연동 정지 |

| 그림 2-2 펌프 연동 정지 |

| 그림 2-3 방화셔터 연동 정지 |

| 그림 2-4 프리액션밸브
연동 정지 |

| 그림 2-5 부저, 비상방송,
유도등 연동 정지 |

| 그림 2-6 가스계 소화설비의
솔레노이드밸브 연동 정지 |

(2) 동력 제어반의 펌프 전원차단

(3) 프리액션밸브, 일제개방밸브

　　2차측 개폐밸브 폐쇄

| 그림 2-7 동력 제어반 전원차단 | 　　| 그림 2-8 프리액션밸브 2차측 밸브 폐쇄 |

(4) 가스계 소화설비의 제어반 솔레노이드 연동 정지, 조작동관 및 솔레노이드밸브 분리

| 그림 2-9 조작동관을 분리한 모습 | 　　| 그림 2-10 솔레노이드밸브 분리 |

(5) 방화셔터 하강부분에 셔터의 하강 시 장애가 되는 물건이 있는 경우 옮겨 놓는 등의 조치

(6) 배연창 개방 시 장애가 되는 물건이 있는 경우 옮겨 놓는 등의 조치

(7) 자동화재속보설비의 소방서로 화재 송출신호 차단

05 점검 실시

　대상처에 설치되어 있는 소방시설별 점검장비를 이용하여 작동점검 또는 종합점검은 점검표에 의한 항목별 점검을 실시하고 문제가 있는 부분에 대해서는 지적내역을 작성한다. 점검순서는 소방대상처별 점검자의 의도에 따라 약간의 차이는 있겠지만 일반적으로 소방시설의 주요 부분을 점검 후 전수검사를 실시하는 경우가 많다.

1 소방시설 주요 부분의 점검

통상 소방시설의 주요 부분의 점검이라 함은 다른 부분에 비해 점검 소요시간이 많이 소요되는 부분으로서 다음의 항목을 예로 들 수 있다.

(1) 수신기의 점검

(2) 수계 소화설비의 펌프 주변 배관의 점검

(3) 가스계 소화설비의 저장용기실(패키지가 있는 경우 패키지)의 점검

(4) 제연설비의 점검

2 전수검사

점검팀은 대상처의 규모와 점검일정에 따라 투입인원이 다르겠지만 최소 3명이 1팀으로 구성되며, 1명은 수신기가 있는 방재실에서 무전을 통해 점검 시 수신기 동작상황의 확인 · 제어 및 전파를 하고 2명은 로컬에서 점검을 실시하게 된다. 소방시설의 주요 부분의 점검을 마친 후 통상 최상층부터 아래층으로 내려 오면서 설치된 소방시설에 대한 전수검사를 실시하게 된다.

06 점검 후 복원

점검이 완료되면 소방시설이 정상 작동될 수 있도록 원상태로 복구시켜 놓아야 한다. 특히 점검을 하기 위하여 조치했던 전원의 차단, 밸브의 폐쇄, 경보 정지, 자동소화설비의 정지, 가스계 소화설비의 조작동관의 분리 또는 솔레노이드밸브에 안전핀을 체결하였을 때에는 필히 원상태로 복원시켜 놓아야 하며, 차후 발생될 수 있는 문제를 대비하여 원상태로 복구한 주요 부분은 재차 확인하고 디지털카메라로 촬영을 해 놓을 것을 권장한다.

(1) 단절된 전원의 복구

(2) 폐쇄 또는 개방된 밸브 등의 복구

(3) 분리된 기구 등의 결합

(4) 제어반 및 수신반의 연동 복구

(5) 주요 부분 원상 복구 재확인 및 사진 촬영

07 점검 후 정리

(1) 점검장비 품목, 수량 확인 및 현장 정리

소방시설의 점검이 완료되면 사용한 점검공기구는 회수하고 점검을 위하여 어지럽혀진 주위를 말끔히 청소해야 함은 물론 점검을 위하여 자리를 옮겼던 비품 등은 제자리에 갖다 놓는 등 사후처리를 잘 해 놓는다.

(2) 점검자료 정리

점검 결과보고서 작성을 위한 서류 확인 및 점검 후 강평을 위한 지적내역을 정리한다.

08 점검 후 협의

(1) 점검 결과 강평

점검이 완료되면 대상처의 관리자에게 점검 결과에 대한 강평을 실시한다. 점검 결과 이상이 있는 경미한 부분의 경우는 점검자가 조치하여 줄 수 있겠지만, 복잡하고 정비를 요하는 부분의 경우에는 소방설비공사업체에 위탁하여 조속히 정비 · 보수하도록 안내해 준다.

(2) 행정처리 협의

점검 결과보고서의 제출일자와 점검수수료 납부 등에 관한 내용을 관계자와 협의한다.

09 중대위반사항 보고

관리업자 등은 소방시설 등의 자체점검 결과 즉각적인 수리 등 조치가 필요한 중대위반사항을 발견한 경우 즉시 관계인에게 알려야 한다. 이 경우 관계인은 지체 없이 수리 등 필요한 조치를 하여야 한다.

> **Tip** 중대위반사항
>
> (1) 화재 수신반의 고장으로 화재경보음이 자동으로 울리지 않거나 수신반과 연동된 소방시설의 작동이 불가능한 경우
> (2) 소화펌프(가압송수장치), 동력 · 감시 제어반 또는 소방시설용 전원(비상전원 포함)의 고장으로 소방시설이 작동되지 않는 경우
> (3) 소화배관 등이 폐쇄 · 차단되어 소화수 또는 소화약제가 자동 방출되지 않는 경우
> (4) 방화문, 자동방화셔터 등이 훼손 또는 철거되어 제기능을 못하는 경우

10 점검인력 배치신고

소방시설관리업자가 자체점검을 실시하기 위하여 점검인력을 배치하는 경우 점검대상과 점검인력 배치상황신고는 한국소방시설관리협회가 운영하는 전산망에 직접 접속하여 처리한다.

(1) 신고자 : 소방시설관리업자

(2) 신고처 : 한국소방시설관리협회(http://www.kfma.kr)

(3) 신고시기 : 소방시설관리업자가 점검인력을 배치하는 경우 점검대상과 점검인력 배치 상황을 점검 전 또는 점검이 끝난 날로부터 5일 이내에 한국소방시설관리협회 전산망에 접속하여 점검인력 배치상황을 신고한다.

(4) 관리업자는 점검인력 배치통보 시 최초 1회 및 점검인력 변경 시에는 규칙 [별지 제31호 서식]에 따른 소방기술인력 보유현황을 한국소방시설관리협회 전산망에 통보하여야 한다.

11 점검 결과보고서 작성 · 제출

1 자체점검 결과보고서 관계인에게 제출

관리업자 또는 소방안전관리자로 선임된 소방시설관리사 및 소방기술사(관리업자 등)는 자체점검을 실시한 경우에는 그 점검이 끝난 날로부터 10일 이내에 자체점검 실시결과 보고서를 관계인에게 제출해야 한다.

2 자체점검 결과보고서 소방서에 제출

(1) 관리업 등으로부터 자체점검 결과보고서를 제출받거나, 스스로 점검을 실시한 관계인은 점검이 끝난 날로부터 15일 이내에 자체점검 실시결과 보고서를 소방서장에게 제출해야 한다.

(2) 불량내용이 있는 경우 소방시설 등에 대한 수리, 교체, 정비에 관한 이행계획서를 보고서에 첨부하여 소방서장에게 보고해야 한다.

Tip 보고서 제출

구 분	제출기한	보고기간 산입기준
관리업자가 관계인에게 보고서 제출	점검이 끝난 날로부터 10일 이내	• 초일 미산입 • 공휴일 및 토요일 산입 제외
관계인이 소방서에 보고서 제출	점검이 끝난 날로부터 15일 이내	• 신고 마감일이 공휴일 및 토요일인 경우 다음 날까지 신고

작성 예시

■ 소방시설 설치 및 관리에 관한 법률 시행규칙[별지 제9호 서식] 〈개정 2022. 12. 1.〉　　　　(8쪽 중 제1쪽)

[　] 작동점검, 종합점검([　] 최초점검, [√] 그 밖의 종합점검)

소방시설 등 자체점검 실시결과 보고서

※ [　]에는 해당되는 곳에 √표를 합니다.

특정소방 대상물	명칭(상호) ○○빌딩			대상물 구분(용도) 업무시설	
	소재지 서울특별시 성동구 뚝섬로1길 ○○(성수동1가)				

점검기간	2022 년 12 월 7 일　～　2022 년 12 월 9 일 (총 점검일수 : 3 일)				
점검자	[　] 관계인　　　　(성명 : 홍길동　　　　, 전화번호 : 010-1234-2626) [　] 소방안전관리자 (성명 : 김○○　　　, 전화번호 : 010-1234-5678) [√] 소방시설관리업자 (업체명 : ㈜ ○○소방　, 전화번호 : 02-581-1234)				
	전자우편 송달 동의	「행정절차법」 제14조에 따라 정보통신망을 이용한 문서 송달에 동의합니다.			
		[　] 동의함		[√] 동의하지 않음	
		관계인　　　　　　　　(서명 또는 인)			
		전자우편 주소　　　　　　　@			
점검인력	구분	성명	자격구분	자격번호	점검참여일(기간)
	주된 기술인력	왕○○	소방시설관리사	제2000-00호	12월 7일~12월 9일
	보조 기술인력	김○○	소방설비기사	23456789101E	12월 7일~12월 9일
	보조 기술인력	이○○	소방설비산업기사	12345678910V	12월 7일~12월 9일
	보조 기술인력				

「소방시설 설치 및 관리에 관한 법률」 제23조 제3항 및 같은 법 시행규칙 제23조 제1항 및 제2항에 따라 위와 같이 소방시설 등 자체점검 실시결과 보고서를 제출합니다.

　　　　　　　　　　　　　　　　　　　　　　　　　　　　　　　　년　　　　월　　　　일

　　　　　　　　　소방시설관리업자 · 소방안전관리자 · 관계인 :　　　　　　(서명 또는 인)

관계인 · ○○소방본부장 · 소방서장 귀하

구 분	첨부서류
소방시설관리업자 또는 소방안전 관리자가 제출	소방청장이 정하여 고시하는 소방시설 등 점검표
관계인이 제출	1. 점검인력 배치확인서(소방시설관리업자가 점검한 경우에만 제출합니다) 1부 2. 별지 제10호 서식의 소방시설 등의 자체점검 결과 이행계획서
유의 사항	
「소방시설 설치 및 관리에 관한 법률」 제58조 제1호 및 제61조 제1항 제8호	1. 특정소방대상물의 관계인이 소방시설 등에 대한 자체점검을 하지 아니하거나 관리업자 등으로 하여금 정기적으로 점검하게 하지 않은 경우 1년 이하의 징역 또는 1천만원 이하의 벌금에 처합니다. 2. 특정소방대상물의 관계인이 소방시설 등의 점검 결과를 보고하지 않거나 거짓으로 보고한 경우 300만원 이하의 과태료를 부과합니다.

특정소방대상물 정보

※ [○○] 에는 해당되는 곳에 √표기를 합니다.

1. 소방안전정보

대표자	[√] 소유자, [ ] 관리자, [ ] 점유자 / 성명 : 홍길동, 전화번호 : 010-1234-2626
소방안전 관리등급	[ ] 특급, [√] 1급, [ ] 2급, [ ] 3급
소방안전 관리자	[ ] 소방기술자격, [√] 소방안전관리자수첩, [ ] 업무대행감독, [ ] 겸직, [ ] 기타 성명 : 김○○, 전화번호 : 010-1234-5678, 최근 교육이수일 : 2022년 10월 28일
소방계획서	[√] 작성 ([√] 보관 [ ] 미보관), [ ] 미작성
자체점검 (전년도)	작동점검 ([√] 실시 [ ] 미실시), 종합점검 ([√] 실시 [ ] 미실시)
교육훈련	소방안전교육 ([√] 실시 [ ] 미실시), 소방훈련 ([√] 실시 [ ] 미실시)
화재보험	[√] 가입, [ ] 미가입 보험사 : ○○화재, 가입기간 : 2021년 12월 29일 ~ 2022년 12월 29일 가입금액 : 대인(15 천만원) 대물(100 천만원)
다중이용 업소현황	[ ] 휴게음식점영업(개소) [ ] 제과점영업(개소) [√] 일반음식점영업(1개소) [ ] 단란주점영업(개소) [ ] 유흥주점영업(개소) [ ] 영화상영관(개소) [ ] 비디오물감상실업(개소) [ ] 비디오물소극장업(개소) [ ] 복합영상물제공업(개소) [ ] 학원(개소) [ ] 독서실(개소) [ ] 목욕장업(개소) [ ] 찜질방업(개소) [ ] 게임제공업(개소) [ ] 인터넷컴퓨터게임시설 제공업(개소) [ ] 복합유통게임제공업(개소) [ ] 노래연습장업(개소) [ ] 산후조리업(개소) [ ] 고시원업(개소) [ ] 권총사격장(개소) [ ] 전화방업(개소) [ ] 가상체험 체육시설업(개소) [ ] 안마시술소(개소) [ ] 콜라텍업(개소) [ ] 화상대화방업(개소) [ ] 수면방업(개소) [ ] 해당없음

2. 건축물 정보

건축허가일	2016년 5월 7일		사용승인일	2017 년 12월 29일			
연면적	29,500 m²	건축면적	1,260 m²	세대수			
층수	지상 16 층 / 지하 5 층		높이	70 m		건물동수	1 개동
건축물구조	[√] 콘크리트구조, [ ] 철골구조, [ ] 조적조, [ ] 목구조, [ ] 기타						
지붕구조	[√] 슬래브, [ ] 기와, [ ] 슬레이트, [ ] 기타					경사로	개소
계단	[ ] 직통(또는 피난계단) (개소), [√] 특별피난계단 (3 개소)						
승강기	[√] 승용(3 대), [√] 비상용(1 대), [ ] 피난용(대)						
주차장	[√] 옥내([√] 지하 [ ] 지상 [ ] 필로티 [ ] 기계식), [ ] 옥상, [ ] 옥외						

소방시설 등의 현황

※ [ ]에는 해당 시설에 √표를 하고, 점검 결과란은 양호 ○. 불량 ×. 해당없는 항목은 /표시를 합니다. (1면)

1. 소방시설 등 점검 결과

구 분	해당 설비	점검결과	구 분	해당 설비	점검결과
소화설비	[√] 소화기구 및 자동소화장치 　[√] 소화기구(소화기, 자확, 간이) 　[ ] 주거용주방자동소화장치 　[ ] 상업용주방자동소화장치 　[ ] 캐비닛형자동소화장치 　[ ] 가스·분말·고체자동소화장치	○	피난구조설비	[√] 피난기구 　[√] 공기안전매트·피난사다리 　(간이)완강기·미끄럼대·구조대 　[ ] 다수인피난장비 　[ ] 승강식피난기 　하향식피난구용내림식사다리	○
	[√] 옥내소화전설비	/		[ ] 인명구조기구	/
	[√] 스프링클러설비	/		[√] 유도등	○
	[ ] 간이스프링클러설비	/		[ ] 유도표지	/
	[ ] 화재조기진압용스프링클러설비	/		[ ] 피난유도선	/
	[ ] 물분무소화설비	/		[ ] 비상조명등	/
	[ ] 미분무소화설비	/		[ ] 휴대용비상조명등	/
	[ ] 포소화설비	/	소화용수설비	[√] 상수도소화용수설비	○
	[ ] 이산화탄소소화설비	/		[ ] 소화수조 및 저수조	/
	[ ] 할론소화설비	/	소화활동설비	[ ] 거실제연설비	/
	[ ] 할로겐화합물 및 불활성기체 소화설비	/		[√] 부속실 등 제연설비	○
	[ ] 분말소화설비	/		[√] 연결송수관설비	○
	[ ] 강화액소화설비	/		[ ] 연결살수설비	/
	[ ] 고체에어로졸소화설비	/		[√] 비상콘센트설비	○
	[ ] 옥외소화전설비	/		[√] 무선통신보조설비	○
경보설비	[ ] 단독경보형감지기	/		[ ] 연소방지설비	/
	[ ] 비상경보설비	/	기타	[√] 방화문, 자동방화셔터	○
	[√] 자동화재탐지설비 및 시각경보기	/		[√] 비상구, 피난통로	○
	[√] 비상방송설비	○		[ ] 방염	/
	[ ] 통합감시시설	/	비고		
	[ ] 자동화재속보설비	/			
	[ ] 누전경보기	/			
	[ ] 가스누설경보기	/			

2. 안전시설 등 점검 결과(다중이용업소)(지하1층 식당)

구 분	해당 설비	점검결과	구 분	해당 설비	점검결과
소화설비	[√] 소화기 또는 자동확산소화기	○	비상구	[ ] 방화문	/
	[ ] 간이스프링클러설비	/		[√] 비상구(비상탈출구)	○
경보설비	[√] 비상경보설비 또는 자동화재탐지설비	○	기타	[ ] 영업장 내부 피난통로	/
	[√] 가스누설경보기	○		[ ] 영상음향차단장치	/
피난구조설비	[ ] 피난기구	/		[√] 누전차단기	○
	[ ] 피난유도선	/		[ ] 창 문	/
	[√] 유도등, 유도표지 또는 비상조명등	○		[√] 피난안내도, 피난안내영상물	○
	[√] 휴대용비상조명등	○		[ ] 방염대상물품	/
			비고		

70

3. 소방시설 등의 세부 현황

3-1. 소화기구, 자동소화장치

구 분	[√] 소화기		[ ] 간이소화용구		[√] 자동 확산소화기	[ ] 자동 소화장치	비 고
동명 \ 합계	[√] 분말	[√] 기타	[ ] 투척용	[ ] 기타			
	32개	2개 (이산화탄소)			2개		
	32개	2개			2개		

3-2. 수계소화설비(공통사항)

수 원	주된수원	○ 설비의 종류 : [√] 옥내소화전설비, [ ] 옥외소화전설비, [√] 스프링클러설비, [ ] 간이스프링클러설비, [ ] 화재조기진압용스프링클러설비, [ ] 물분무소화설비, [ ] 미분무소화설비, [ ] 포소화설비 ○ 설치장소 : 동명(　　　　) [ ] 지상/[√] 지하 (　)층, 실명(펌프실) ○ 흡입방식 : [√] 정압, [ ] 부압,　○ 유효수량 : (53.2)m³
	보조수원	○ 설치장소 : 동명(　　) 실명(옥상물탱크실), ○ 유효수량 : (17.8)m³
가압 송수 장치	[ ] 고가 수조	○ 설비의 종류 : [ ] 옥내소화전설비, [ ] 옥외소화전설비, [ ] 스프링클러설비, [ ] 간이스프링클러설비, [ ] 화재조기진압용스프링클러설비, [ ] 물분무소화설비, [ ] 미분무소화설비, [ ] 포소화설비 ○ 설치장소 : 동명(　　　) 실명(　　　), 유효낙차 : (　　)m
	[ ] 압력 수조	○ 설비의 종류 : [ ] 옥내소화전설비, [ ] 옥외소화전설비, [ ] 스프링클러설비, [ ] 간이스프링클러설비, [ ] 화재조기진압용스프링클러설비, [ ] 물분무소화설비, [ ] 미분무소화설비, [ ] 포소화설비 ○ 설치장소 : 동명(　　　) [ ] 지상/[ ] 지하 (　)층, 실명(　　　) ○ 수조용량 : (　　)l, 수조가압압력 : (　　)MPa ○ 자동식공기압축기 용량 : (　　)m³/min, 동력 : (　　)kW
	[ ] 가압 수조	○ 설비의 종류 : [ ] 옥내소화전설비, [ ] 옥외소화전설비, [ ] 스프링클러설비, [ ] 간이스프링클러설비, [ ] 화재조기진압용스프링클러설비, [ ] 물분무소화설비, [ ] 미분무소화설비, [ ] 포소화설비 ○ 설치장소 : 동명(　　　) [ ] 지상/[ ] 지하 (　)층, 실명(　　　) ○ 수조용량 : (　　)l, 수조가압압력 : (　　)MPa ○ 가압가스의 종류 : [ ] 공기 [ ] 불연성가스(　　　　)

비고
1. 해당 특정소방대상물에 설치된 소방시설에 대하여만 작성이 가능합니다.
2. [ ] 에는 해당 시설에 √표를 하고, 세부 현황 및 설치된 수량을 기입합니다.
3. 기입란이 부족한 경우 서식을 추가하여 작성할 수 있습니다.

가압송수장치	[ ] 펌프방식	○ 설비의 종류 : [√] 옥내소화전설비, [ ] 옥외소화전설비, [√] 스프링클러설비, [ ] 간이스프링클러설비, [ ] 화재조기진압용스프링클러설비, [ ] 물분무소화설비, [ ] 미분무소화설비, [ ] 포소화설비 ○ 설치장소 : 동명( ) [ ] 지상/[√] 지하 (5)층, 실명(펌프실) ○ 주펌프 전양정 : (90)m, 토출량 : (2,660) l/min (옥내, 스프링클러 겸용) 　　[√] 전동기 [ ] 내연기관(연료 : [ ] 경유 [ ] 기타 ○ 예비펌프 전양정 : (90)m, 토출량 : (2,660) l/min (옥내, 스프링클러 겸용) 　　[ ] 전동기 [ ] 내연기관(연료 : [ ] 경유 [ ] 기타 ○ 충압펌프 전양정 : (90)m, 토출량 : (60) l/min ○ [ ] 물올림장치(유효수량 : ( ) l, 급수배관 : ( )mm ○ 기동장치 : [√] 기동용수압개폐장치, [ ] ON/OFF 방식 　　[√] 압력체임버(용량 : (200) l, 사용압력 : (2)MPa 　　[ ] 기동용압력스위치([ ] 부르동관식 [ ] 전자식 [ ] 그 밖의 것) ○ [√] 감압장치 [ ] 지상/[√] 지하 (5)층, 설치장소 : (펌프실 입구)
송수구		[√] 옥내소화전설비 [ ] 옥외소화전설비 [√] 스프링클러설비 [ ] 간이스프링클러설비 [ ] 화재조기진압용스프링클러설비 [ ] 물분무소화설비 [ ] 미분무소화설비 [ ] 포소화설비 ○ 설치장소 : (1층 옥외), [√] 쌍구형 ( )개/[ ] 단구형 ( )개
비상전원		[√] 자가발전설비([ ] 소방전용 [√] 소방부하겸용 [ ] 소방전원보존형 [ ] 기타( )) [ ] 비상전원수전설비 [ ] 축전지설비 [ ] 전기저장장치 ○ 설치장소 : 동명( ) [ ] 지상/[√] 지하 (5)층, 실명(발전기실)

3-3. 수계소화설비(개별사항)

[√] 옥내소화전	○ 설치장소 : 동명( ) [√] 전체층/[ ] 일부층 [ ] 지상/[ ] 지하( )층 ~ [ ] 지상/[ ] 지하( )층 　　　　　　 동명( ) [ ] 전체층/[ ] 일부층 [ ] 지상/[ ] 지하( )층 ~ [ ] 지상/[ ] 지하( )층 ○ 설치개수가 가장 많은 층의 설치개수 : (2)개
[ ] 옥외소화전	○ 설치개수 : ( )개
[√] 스프링클러설비	○ 종류 : [√] 습식 [ ] 부압식 [√] 준비작동식 [ ] 건식 [ ] 일제살수식 ○ 설치장소 : 동명( ) [√] 전체층/[ ] 일부층 [ ] 지상/[ ] 지하( )층 ~ [ ] 지상/[ ] 지하( )층
[ ] 간이스프링클러설비	○ 종류 : [ ] 펌프 [ ] 캐비닛 [ ] 상수도 ○ 설치장소 : 동명( ) [ ] 전체층/[ ] 일부층 [ ] 지상/[ ] 지하( )층 ~ [ ] 지상/[ ] 지하( )층
[ ] 화재조기진압용	○ 설치장소 : 동명( ) [ ] 전체층/[ ] 일부층 [ ] 지상/[ ] 지하( )층 ~ [ ] 지상/[ ] 지하( )층 　　　　　　 동명( ) [ ] 전체층/[ ] 일부층 [ ] 지상/[ ] 지하( )층 ~ [ ] 지상/[ ] 지하( )층
[ ] 물분무소화설비	○ 설치장소 : 동명( ) [ ] 전체층/[ ] 일부층 [ ] 지상/[ ] 지하( )층 ~ [ ] 지상/[ ] 지하( )층 　　　　　　 동명( ) [ ] 전체층/[ ] 일부층 [ ] 지상/[ ] 지하( )층 ~ [ ] 지상/[ ] 지하( )층
[ ] 미분무소화설비	○ 설치장소 : 동명( ) [ ] 전체층/[ ] 일부층 [ ] 지상/[ ] 지하( )층 ~ [ ] 지상/[ ] 지하( )층 　　　　　　 동명( ) [ ] 전체층/[ ] 일부층 [ ] 지상/[ ] 지하( )층 ~ [ ] 지상/[ ] 지하( )층
[ ] 포소화설비	[ ] 포워터스프링클러설비 [ ] 포헤드설비 [ ] 고정포방출설비 [ ] 기타( ) ○ 소화약제 [ ] 단백포 [ ] 합성계면활성제포 [ ] 수성막포 [ ] 내알코올포 ○ 설치장소 : 동명( ) [ ] 전체층/[ ] 일부층 [ ] 지상/[ ] 지하( )층 ~ [ ] 지상/[ ] 지하( )층

3-4. 가스계소화설비(개별사항)

| [√] 이산화탄소
[ ] 할론
[ ] 할로겐화합물
　및 불활성기체
[ ] 분말
[ ] 강화액
[ ] 고체에어로졸 | [√] 전역방출 [ ] 국소방출 [ ] 호스릴 / [√] 고압식 [ ] 저압식 / [√] 축압식 [ ] 가압식
○ 설치장소 : 동명( ) [ ] 전체층/[√] 일부층 [ ] 지상/[√] 지하(2)층 ~ [ ] 지상/[√] 지하(2)층
○ 저장용기 설치장소 : [√] 지상/[ ] 지하 (1)층, [√] 전용실 [ ] 기타( )
　　수량 : (1,125)[45]kg, [ ]m³ (68) l (25)개
○ 소화약제 [√] 이산화탄소 [ ] 할론1301 [ ] 할론2402 [ ] 할론1211 [ ] 할론104
　　[ ] FC-3-1-10 [ ] HCFC BLEND A [ ] HCFC-124 [ ] HFC-125 [ ] HFC-227ea
　　[ ] HFC-23 [ ] IG-541 [ ] IG-100 [ ] 기타( )
　　[ ] 제1종 분말 [ ] 제2종 분말 [ ] 제3종 분말 [ ] 제4종 분말 |

3-5. 경보설비

[　] 단독 경보형감지기	○ 설치장소 : 동명(　)[　] 전체층/[　] 일부층 [　] 지상/[　] 지하(　)층 ~ [　] 지상/[　] 지하(　)층 ○ 주전원 [　] 상용전원 [　] 건전지
[　] 비상 경보설비	[　] 비상벨설비 [　] 자동식사이렌설비 ○ 설치장소 : 동명(　)[　] 전체층/[　] 일부층 [　] 지상/[　] 지하(　)층 ~ [　] 지상/[　] 지하(　)층 ○ 조작장치 설치장소 : 동명(　)[　] 지상/[　] 지하(　)층 실명(　　　　)
[√] 자동화재 탐지설비	○ 수신기 위치 : 동명(　)[　] 지상/[√] 지하(1)층 실명(관리사무실) ○ 경보방식 [　] 전층경보 [√] 우선경보, 시각경보기 [√] 유 [　] 무 ○ 설치장소 : 동명(　)[√] 전체층/[　] 일부층 [　] 지상/[　] 지하(　)층 ~ [　] 지상/[　] 지하(　)층 　　　　　　　　동명(　)[　] 전체층/[　] 일부층 [　] 지상/[　] 지하(　)층 ~ [　] 지상/[　] 지하(　)층 ○ 감지기종류 [√] 열 [√] 연기 [　] 그 밖의 것([　] 불꽃 [　] 아날로그식 [　] 복합형)
[√] 비상 방송설비	[　] 전용 [√] 겸용 / [　] 전층경보 [√] 우선경보 ○ 증폭기 설치장소 : 동명(　)[　] 지상/[√] 지하(1)층, 실명(관리사무실)
[√] 자동화재 속보설비	○ 속보기 설치장소 : 동명(　)[　] 지상/[√] 지하(1)층, 실명(관리사무실)
[　] 통합 감시시설	○ 주수신기 설치장소 : 동명(　)[　] 지상/[　] 지하(　)층, 실명(　　　) ○ 부수신기 설치장소 : 동명(　)[　] 지상/[　] 지하(　)층, 실명(　　　) ○ 정보통신망 [　] 광케이블 [　] 기타(　　　) / 예비선로 [　] 유 [　] 무
[　] 누전 경보기	○ 수신기 설치장소 : 동명(　)[　] 지상/[　] 지하(　)층, 실명(　　　) ○ 수신기 형식 [　] 1급 [　] 2급, 차단기구 [　] 무 [　] 유(설치장소 :　　　)
[　] 가스누설 경보기	○ [　] 단독형 [　] 분리형, 사용가스종류 [　] LNG [　] LPG, 경계구역 수 : (　)개 ○ 수신기 설치장소 : 동명(　)[　] 지상/[　] 지하(　)층, 실명(　　　) ○ 차단기구 [　] 무 [　] 유(설치장소 :　　　)

3-6. 피난구조설비

[√] 피난기구	○ 종류 : [　] 피난사다리 [√] 완강기 [　] 다수인피난장비 [　] 승강식피난기 [　] 미끄럼대 　　　[　] 피난교 [　] 피난용트랩 [　] 구조대 [　] 간이완강기 [　] 공기안전매트 ○ 설치장소 : 동명(　)[　] 전체층/[√] 일부층 [√] 지상/[　] 지하(3)층 ~ [√] 지상/[　] 지하(10)층 　　　　　　　동명(　)[　] 전체층/[　] 일부층 [　] 지상/[　] 지하(　)층 ~ [　] 지상/[　] 지하(　)층
[　] 인명구조 기구	○ 종류 : [　] 방열복/ 방화복 [　] 공기호흡기 [　] 인공소생기 ○ 설치장소 : 동명(　)[　] 전체층/[　] 일부층 [　] 지상/[　] 지하(　)층 ~ [　] 지상/[　] 지하(　)층 　　　　　　　동명(　)[　] 전체층/[　] 일부층 [　] 지상/[　] 지하(　)층 ~ [　] 지상/[　] 지하(　)층 ○ 대상물의 용도 : [　] 5층이상 병원 [　] 7층이상 관광호텔 [　] 이산화탄소소화설비 설치 　　　　　　　[　] 지하역사 · 백화점 · 대형점포 · 쇼핑센타 · 지하상가 · 영화상영관
[√] 유도등	○ 종류 : [√] 피난구 [√] 통로 [　] 객석유도등 [　] 유도표지 [　] 피난유도선 ○ 설치장소 : 동명(　)[√] 전체층/[　] 일부층 [　] 지상/[　] 지하(　)층 ~ [　] 지상/[　] 지하(　)층
[√] 비상 조명등	○ 설치장소 : 동명(　)[√] 전체층/[　] 일부층 [　] 지상/[　] 지하(　)층 ~ [　] 지상/[　] 지하(　)층 ○ 비상전원 [√] 자가발전설비 [　] 축전지설비 [　] 내장형
[　] 휴대용 비상조명등	○ 설치장소 : 동명(　)[　] 전체층/[　] 일부층 [　] 지상/[　] 지하(　)층 ~ [　] 지상/[　] 지하(　)층 ○ 전원 [　] 건전지식 [　] 충전식 배터리식

3-7. 소화용수설비

[√] 상수도 소화용수	○ 설치장소 :(1층 옥외), 소화전 호칭지름 : (100×65×65)mm
[　] 소화수조	[　] 전용 [　] 겸용 / [　] 흡수식 [　] 가압식 / [　] 일반수조 [　] 그 밖의 것 / 유효수량 : (　)m³ ○ 가압송수장치 전양정 : (　)m, 토출량 : (　)l/min, [　] 전동기/[　] 내연기관(연료 : [　] 경유 [　] 기타) ○ [　] 물올림장치 유효수량 : (　)l, 급수배관 : (　)mm ○ 기동스위치 설치장소 : [　] 채수구 부근 [　] 방재실 [　] 기타(　　　) ○ 채수구 지름 : (　)mm, 흡수관 투입구 : 가로 (　)cm 세로 (　)cm / 지름 (　)cm

3-8. 소화활동설비

[√] 제연 설비	[ ] 거실	○ 설치장소 : 동명( ) [ ] 전체층/[ ] 일부층 [ ] 지상/[ ] 지하( )층 ~ [ ] 지상/[ ] 지하( )층 ○ 방식 [ ] 단독 [ ] 공동 [ ] 상호 [ ] 기타( ) ○ 기동장치 [ ] 자동(감지기 연동) [ ] 수동 [ ] 원격 ○ 제연구획면적 최대 : ( )m² / 구조 [ ] 내화 [ ] 불연 [ ] 그 밖의 것 : ( ) ○ 제연구역 출입문 [ ] 상시폐쇄(자동폐쇄장치) [ ] 상시개방(감지기에 의한 닫힘) ○ 급기용송풍기 설치장소 : 동명( ) [ ] 지상/[ ] 지하 ( )층, 실명( ) 　전동기 ( )kW, 풍량 ( )m³/min, 정압 ( )mmAq ○ 배출용송풍기 설치장소 : 동명( ) [ ] 지상/[ ] 지하 ( )층, 실명( ) 　전동기 ( )kW, 풍량 ( )m³/min, 정압 ( )mmAq ○ 배출구 [ ] 천장면 [ ] 천장직하 [ ] 기타( ) / 옥외배출구 [ ] 옥상 [ ] 기타( ) 　풍도구조 [ ] 내화 [ ] 불연 [ ] 그 밖의 것( ) / 구획댐퍼 [ ] 유 [ ] 무 ○ 유입공기배출 [ ] 자연배출 [ ] 기계배출 [ ] 배출구 [ ] 제연설비 ○ 급기구 [ ] 강제유입 [ ] 자연유입 [ ] 인접구역유입 　풍도구조 [ ] 내화 [ ] 불연 [ ] 그 밖의 것( ) / 구획댐퍼 [ ] 유 [ ] 무
	[√] 전실	○ 설치대상 : 동명(, , ,) 　특별피난계단 (3)개소, 비상용승강기 (1)대 ○ 방식 [√] 부속실 [ ] 계단실 및 부속실 [ ] 계단실 [ ] 비상용승강기승강장 ○ 기동방식 [√] 전층 [ ] 부분층(개층) / 댐퍼개방감지기 [ ] 전용 [√] 겸용 ○ 급기용송풍기 설치장소 : 동명( ) [ ] 지상/[√] 지하 (5)층, 실명(휀룸) 　전동기 (11)kW, 풍량 (400)m³/min, 정압 ( )mmAq ○ 배출용송풍기 설치장소 : 동명( ) [√] 지상/[ ] 지하 (옥탑)층, 실명(휀룸) 　전동기 (2.2)kW, 풍량 (80)m³/min, 정압 (105)mmAq ○ 제연구역 출입문 [√] 상시폐쇄(자동폐쇄장치) [ ] 상시개방(연기감지기에 의한 닫힘) ○ 유입공기배출 [ ] 자연배출 [√] 기계배출 [ ] 배출구 [ ] 제연설비 ○ 과압방지장치 [ ] 플랩댐퍼 [√] 자동차압(과압조절형)댐퍼 [ ] 그 밖의 것 [ ] 해당없음
[√] 연결송수관		[ ] 전용 [√] 겸용([√] 옥내소화전설비 [ ] 스프링클러설비 [ ] 기타 :) ○ 설치장소 : 동명( ) [√] 전체층/[ ] 일부층 [ ] 지상/[ ] 지하( )층 ~ [ ] 지상/[ ] 지하( )층 ○ 방수구 위치 [√] 복도 · 통로 [ ] 계단실 [ ] 계단등의 부근 ○ 송수구 설치장소 : (1층 옥외), 중간수조용량 : ( )m³ ○ 가압송수장치 설치장소 : 동명( ) [ ] 지상/[ ] 지하( )층, 실명( ) 　전양정 : ( )m, 토출량 : ( )l/min [ ] 전동기 [ ] 내연기관(연료 : [ ] 경유 [ ] 기타 ○ 기동스위치 설치장소 [ ] 송수구 [ ] 방재실 [ ] 기타( )
[ ] 연결살수		○ 설치대상 : 동명(, ,) ○ 방식 [ ] 습식 [ ] 건식 / [ ] 지하층 [ ] 판매시설 [ ] 가스시설 [ ] 부속된 연결통로 ○ 송수구 설치장소 : ( ), 송수구역수 : ( )구역
[√] 비상콘센트		○ 설치장소 : 동명( ) [ ] 지상/[√] 지하 (전층)층 ~ [√] 지상/[ ] 지하 (11)층 이상 　[ ] 3상 380V [√] 단상 220V / [√] 접지형 2극 플러그접속기 [ ] 접지형 3극 플러그접속기
[√] 무선통신보조		○ 설치장소 : 동명( ) [ ] 지상/[√] 지하 (1)층 ~ [ ] 지상/[√] 지하 (5)층 　[√] 전용 [ ] 공용 / 방식 : [√] 누설동축케이블 [ ] 누설동축케이블과 안테나 [ ] 안테나 ○ 접속단자 설치장소(지하1층 방재실), (지상1층 화단)
[ ] 연소방지		○ 방호대상물 [ ] 전력사업용 [ ] 통신사업용 [ ] 그 밖의 것( ) ○ 송수구역수 : ( )구역 / 구역간의 구획 [ ] 있다 [ ] 일부 있다 [ ] 없다
비고		※ 제연설비 설비개요 작성 시 최대 구역 1개소에 대하여 기입합니다.

4. 소방시설 등 불량 세부 사항

설비명	점검번호	불량내용
소화설비	1-A-007	분말소화기 압력불량 2개 7층 사무실 내 2개
경보설비	15-D-009	화재감지기 불량 1개 5층 사무실 내 1개(차동식)
피난구조설비	21-A-002	피난구유도등 점등불량 1개 지하1층 출입구 1개소(중형, 천정형)
소화용수설비		
소화활동설비		
기타		
안전시설등		
비고	점검번호는 소방시설 등 자체점검표의 점검항목별 번호를 기입합니다.	

(9쪽)

작성방법

※ 이 서식은 전산입력되는 서식이므로 한글 또는 아라비아숫자로 정확하고 선명하게 작성하시기 바랍니다.

※ 하나의 소방안전관리대상물에 대한 자체점검 결과를 보고하면서 이 중 일부 대상물 또는 전체 대상물을 같은 기간 내에 점검하여 함께 보고하는 경우 하나의 서식에 함께 작성하여 보고합니다.

※ [ ] 에는 해당 시설에 √표를 하고, 세부 현황 및 설치된 수량을 기입합니다.

※ "3. 소방시설 등의 세부 현황"의 작성에 있어 해당 특정소방대상물에 설치된 소방시설에 대해서만 작성하므로 소방시설이 다수 설치되어 기입란이 부족한 경우 서식을 추가하여 작성할 수 있고, 해당하지 않는(설치되지 않은) 소방시설의 기입란은 삭제할 수 있습니다. (설비순서는 변경하지 않습니다.)

1. "특정소방대상물의 명칭"은 건물명을 "대상물 구분"은 「소방시설 설치 및 관리에 관한 법률 시행령」 별표 2에 따른 특정소방대상물 구분을, "소재지"는 특정소방대상물의 도로명주소를 기입합니다.

2. "점검기간"은 소방시설 등 자체점검을 실시한 전체 기간을 말하며, 기간 중 실제 점검한 날 수의 합을 "총 점검일수"에 기입합니다.

3. 점검자는 관계인, 소방안전관리자, 소방시설관리업자 중 점검을 실시한 자의 [ ] 에 √표를 하고, 세부 사항을 기입합니다. 또한 "전자우편 송달"에 동의하는 경우 자체점검 결과 소방시설 등 불량사항의 조치에 대한 사전통지와 조치명령서는 우편이 아닌 정보통신망을 통하여 발송합니다.

4. 점검인력은 관계인 점검의 경우 주된 기술인력란에 관계인에 대한 정보를 기입하고, 소방안전관리자가 점검한 경우 주된 기술인력란에 소방안전관리자에 대한 정보를 기입하며, 소방시설관리업자 점검의 경우 배치신고된 사항을 기입합니다. 또한, 소방안전관리자로 선임된 소방시설관리사 및 소방기술사가 점검하는 경우에는 해당 특정소방대상물의 관계인 또는 소방안전관리보조자를 보조 기술인력으로 추가 기입할 수 있습니다.

5. 소방시설관리업자 등이 점검한 경우에는 점검이 끝난 날부터 10일 이내 소방시설 등 자체점검 실시결과 보고서에 소방청장이 정하여 고시하는 소방시설 등 점검표를 첨부하여 관계인에게 제출해야 합니다.

6. 관계인은 소방시설관리업자 등이 점검한 결과를 제출받거나 스스로 점검한 경우 점검이 끝난 날부터 15일 이내 점검 결과에 대한 이행계획서(별지 제10호 서식)를 작성·첨부하여 서면 또는 소방청장이 지정하는 전산망을 이용하여 관할 소방본부장 또는 소방서장에게 보고합니다. 이 경우 위임장을 첨부하는 경우에는 소방시설 관리업자 등이 보고할 수도 있습니다.

7. "소방안전정보"의 대표자는 특정소방대상물의 관리 권한을 가진 관계인의 인적사항을 작성하며, 소방안전관리등급은 「화재의 예방 및 안전관리에 관한 법률 시행령」 별표 4에 따른 등급을 기재하고, 현재 선임된 소방안전관리자 정보를 기입합니다.

8. "소방계획서", "자체점검(전년도)", "교육훈련(전년도)"은 「화재의 예방 및 안전관리에 관한 법률」 제24조에 따른 소방안전관리업무 실시사항을 기입합니다.

9. "화재보험"은 해당 특정소방대상물에 화재보험이 가입되어 있는 경우 가입에 √표를 하고 화재보험 정보를 기입합니다.

10. "다중이용업소현황"은 해당 특정소방대상물에 현재 입점하고 있는 다중이용업소에 대하여 [ ] 에 √표를 하고, 그 업소 숫자를 기입하고, "건축물정보"는 건축허가일 등 해당 특정소방대상물의 건축물 정보를 기입합니다. 둘 이상의 대상물을 같은 기간 내에 점검하여 함께 보고하는 경우 동별 다중이용업소 입점현황과 건축물정보를 다음과 같이 작성합니다.

(10쪽)

다중이용 업소현황	A동 [√] 휴게음식점영업(2개소)	[√] 게임제공업(1개소)	[√] 일반음식점영업(1개소)
	B동 [ ] 해당없음		
	C동 [√] 휴게음식점영업(1개소)	[√] 제과점영업(1개소) [√] 노래연습장업(1개소)	[√] 일반음식점영업(3개소) [√] 영화상영관(1개소)

건축허가일	A동 2005년 4월 1일 B동 2007년 5월 1일	사용승인일	A동 2006년 4월 1일 B동 2008년 5월 1일
연면적 (세대수)	A동 20,000 m² B동 10,000 m²	건축면적	A동 5,000 m² B동 3,000 m²
층수	A동 지상 5 층 / 지하 2 층 B동 지상 4 층 / 지하 1 층	높이	A동 20m, B동 15m
건축물구조	A동 [√] 콘크리트구조, B동 [√] 철골구조 또는 A,B동 [√] 콘크리트구조		
지붕구조	A동 [√] 슬라브, B동 [√] 기타 또는 A동, B동 [√] 슬라브	경사로	A동 1개소, B동 2개소 또는 A, B동 각 1개소
계단	A동 [√] 직통(또는 피난계단) (1개소), [√] 특별피난계단 (1개소) B동 [√] 직통(또는 피난계단) (2개소)		
승강기	A동 [√] 승용(1대), B동 해당없음 또는 A, B동 각 [√] 승용(1대)		
주차장	A동 [√] 옥내([√] 지하 [ ] 지상 [ ] 필로티 [ ] 기계식). B동 [√] 옥외 또는 A, B동 [√] 옥내([√] 지하 [ ] 지상 [ ] 필로티 [ ] 기계식)		

* "세대수"는 공동주택의 경우에만 연면적과 함께 작성합니다.

11. "소방시설 등의 세부 현황"의 작성방법은 소방청장이 정하여 고시하는 방법에 따릅니다.

12. "소방시설 등 불량 세부 사항"은 점검번호 순에 따라 설비별로 작성하되, 둘 이상의 대상물을 같은 기간 내에 점검하여 함께 보고하는 경우 다음과 같이 동별로 작성하거나 설비별로 작성할 수 있습니다.

설비명	점검번호	불량내용
소화설비	1-A-007	A동 분말소화기 압력불량 3개 B동 분말소화기 압력불량 4개 C동 분말소화기 압력불량 5개

설비명	점검번호	불량내용
소화설비	1-A-007	분말소화기 압력불량 12개(A동 3개, B동 4개, C동 5개)

01 소방시설 점검업무 흐름도를 그리시오.

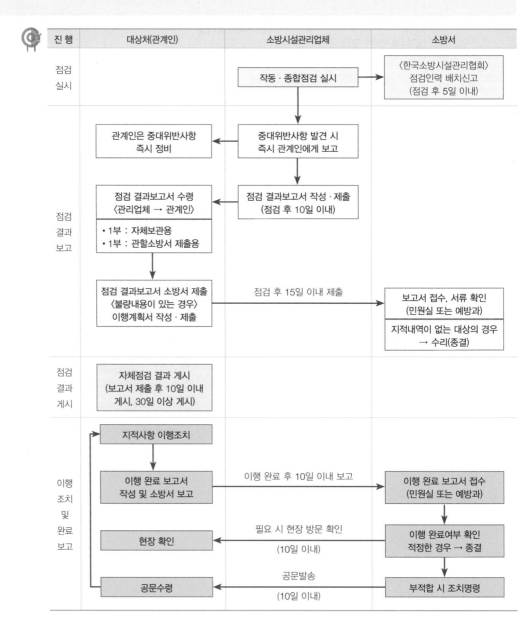

진 행	대상처(관계인)	소방시설관리업체	소방서
점검 실시		작동 · 종합점검 실시	〈한국소방시설관리협회〉 점검인력 배치신고 (점검 후 5일 이내)
점검 결과 보고	관계인은 중대위반사항 즉시 정비	중대위반사항 발견 시 즉시 관계인에게 보고	
	점검 결과보고서 수령 〈관리업체 → 관계인〉 • 1부 : 자체보관용 • 1부 : 관할소방서 제출용	점검 결과보고서 작성 · 제출 (점검 후 10일 이내)	
	점검 결과보고서 소방서 제출 〈불량내용이 있는 경우〉 이행계획서 작성 · 제출	점검 후 15일 이내 제출	보고서 접수, 서류 확인 (민원실 또는 예방과) 지적내역이 없는 대상의 경우 → 수리(종결)
점검 결과 게시	자체점검 결과 게시 (보고서 제출 후 10일 이내 게시, 30일 이상 게시)		
이행 조치 및 완료 보고	지적사항 이행조치		
	이행 완료 보고서 작성 및 소방서 보고	이행 완료 후 10일 이내 보고	이행 완료 보고서 접수 (민원실 또는 예방과)
	현장 확인	필요 시 현장 방문 확인 (10일 이내)	이행 완료여부 확인 적정한 경우 → 종결
	공문수령	공문발송 (10일 이내)	부적합 시 조치명령

02 소방시설 등에 대한 자체점검의 구분과 내용을 기술하시오.

1. 작동점검

   소방시설 등을 인위적으로 조작하여 소방시설이 정상적으로 작동하는지를 소방청장이 정하여 고시하는 소방시설 등 작동점검표에 따라 점검하는 것을 말한다.

2. 종합점검

   소방시설 등의 작동점검을 포함하여 소방시설 등의 설비별 주요 구성 부품의 구조기준이 화재안전기준과 「건축법」 등 관련 법령에서 정하는 기준에 적합한지 여부를 소방청장이 정하여 고시하는 소방시설 등 종합점검표에 따라 점검하는 것을 말하며 다음과 같이 구분한다.

   ① 최초점검 : 소방시설이 새로 설치되는 경우 건축물을 사용할 수 있게 된 날로부터 60일 이내 점검하는 것을 말한다.

   ② 그 밖의 종합점검 : 최초점검을 제외한 종합점검을 말한다.

03 간이스프링클러설비 또는 자동화재탐지설비(3급 소방안전관리 대상)가 설치된 특정소방대상물의 소방시설 등에 대한 자체점검 중 작동점검을 실시할 수 있는 점검자의 자격을 쓰시오.

1. 관계인
2. 소방안전관리자로 선임된 소방시설관리사 또는 소방기술사
3. 소방시설관리업에 등록된 기술인력 중 소방시설관리사
4. 특급점검자〈2024. 12. 1. 시행〉

04 소방시설 등의 자체점검에 있어서 작동점검의 횟수 및 시기와 점검 시 사용하는 서식을 쓰시오.

구 분	작동점검 내용
점검횟수	연 1회 이상 실시
점검시기	① 종합점검대상 : 종합점검을 받은 달로부터 6개월이 되는 달에 실시 ② 작동점검대상 : 건축물의 사용승인일이 속하는 달의 말일까지 실시 다만, 건축물관리대장 또는 건물 등기사항증명서 등에 기입된 날이 서로 다른 경우에는 건축물관리대장에 기재되어 있는 날을 기준으로 정검한다.
점검서식	소방시설 등 작동점검표

05 소방시설 등의 자체점검에 있어서 종합점검의 점검자의 자격, 점검방법, 점검횟수와 종합점검 면제 조건을 쓰시오.

1. 점검자의 자격

다음의 기술인력이 점검할 수 있으며, 점검인력 배치기준을 준수해야 한다

① 관리업에 등록된 소방시설관리사

② 소방안전관리자로 선임된 소방시설관리사 또는 소방기술사

2. 점검방법

소방시설별 점검장비를 이용하여 점검하여야 한다.

3. 점검횟수

연 1회 이상(특급 소방안전관리대상물은 반기에 1회 이상)

4. 종합점검 면제

소방본부장 또는 소방서장은 소방청장이 소방안전관리가 우수하다고 인정한 특정소방대상물의 경우에는 3년의 범위 내에서 종합점검 면제(단, 면제기간 중 화재가 발생한 경우는 제외)

06 소방시설 등의 자체점검에 있어서 종합점검 대상을 쓰시오.

1. 소방시설 등이 신설된 특정소방대상물

2. 스프링클러설비가 설치된 특정소방대상물

3. 물분무등 소화설비(호스릴설비만 설치된 경우는 제외)가 설치된 연면적 5,000m² 이상인 특정소방대상물(제조소 등은 제외)

4. 단란주점, 유흥주점, 영화상영관, 비디오감상실업, 복합영상물제공업, 노래연습장, 산후조리원, 고시원, 안마시술소 등의 다중이용업의 영업장이 설치된 특정소방대상물로서 연면적 2,000m²인 것

5. 제연설비가 설치된 터널

6. 공공기관 중 연면적(터널·지하구의 경우 그 길이와 평균폭을 곱하여 계산된 값) 1,000m² 이상인 것으로서 옥내소화전 또는 자동화재탐지설비가 설치된 것

다만, 소방기본법 제2조 제5호에 따른 소방대가 근무하는 공공기관은 제외

07 소방시설 등의 자체점검에 있어서 종합점검의 실시 시기를 쓰시오.

1. **최초점검대상** : 건축물을 사용할 수 있게 된 날로부터 60일 이내 실시

2. **그 밖의 종합점검대상** : 건축물의 사용승인일이 속하는 달에 실시

3. **국공립·사립학교** : 건축물의 사용승인일이 1월에서 6월 사이에 있는 경우에는 6월 30일까지 실시

사용승인일	종합점검 시기
1~6월	6월 30일까지 실시
7~12월	건축물 사용승인일이 속하는 달까지 실시

4. 건축물 사용승인일 이후 다중이용업소가 설치되어 종합점검 대상에 해당하게 된 경우에는 그 다음 해부터 실시한다.

5. 하나의 대지경계선 안에 2개 이상의 점검대상 건축물 등이 있는 경우에는 그 건축물 중 사용승인일이 가장 빠른 연도의 건축물의 사용승인일을 기준으로 점검할 수 있다.

08 소방시설의 자체점검을 완료하고 관리업자 등으로부터 자체점검 결과보고서를 제출받거나, 스스로 점검을 실시한 관계인은 점검이 끝난 날로부터 며칠 이내에 소방서에 자체점검 결과보고서를 제출하여야 하는가?

관계인은 점검이 끝난 날로부터 15일 이내에 소방서에 자체점검 결과보고서를 제출하여야 한다.

09 관리업자 등은 소방시설 등의 자체점검 결과 즉각적인 수리 등 조치가 필요한 중대위반사항을 발견한 경우 관계인에게 즉시 알려야 한다. 대통령령으로 정하는 중대위반사항 4가지를 쓰시오.

1. 화재 수신반의 고장으로 화재경보음이 자동으로 울리지 않거나 수신반과 연동된 소방시설의 작동이 불가능한 경우
2. 소화펌프(가압송수장치), 동력·감시 제어반 또는 소방시설용 전원(비상전원 포함)의 고장으로 소방시설이 작동되지 않는 경우
3. 소화배관 등이 폐쇄·차단되어 소화수 또는 소화약제가 자동 방출되지 않는 경우
4. 방화문, 자동방화셔터 등이 훼손 또는 철거되어 제기능을 못하는 경우

10 소방시설 자체점검 기록표는 누가, 언제부터, 어느 곳에, 며칠 이상 게시하여야 하는지 쓰시오.

소방서장에게 자체점검 결과 보고를 마친 관계인은 보고한 날로부터 10일 이내에 [별표 6]의 자체점검 기록표를 작성하여 특정소방대상물의 출입자가 쉽게 볼 수 있는 장소에 30일 이상 게시하여야 한다.
※ 위반 시 300만원 이하 과태료

11 소방시설 등에 대한 자체점검을 하지 아니하거나 관리업자 등으로 하여금 정기적으로 점검하게 하지 아니한 자에 대한 벌칙사항을 쓰시오.

1년 이하의 징역 또는 1천만원 이하의 벌금

12 특정소방대상물의 관계인이 소방시설 등의 자체점검을 실시하고 점검 결과를 소방서에 보고하지 아니하거나 거짓으로 보고한 자에 대한 벌칙사항을 쓰시오.

300만원 이하의 과태료

13 특정소방대상물의 관계인은 소방시설 등의 자체점검을 실시하고 불량사항이 있는 경우 불량사항에 대한 이행계획을 제출하게 되는데, 이행계획을 기간 내에 완료하지 아니한 자 또는 이행계획 완료 결과를 보고하지 아니하거나 거짓으로 보고한 자에 대한 벌칙사항을 쓰시오.

300만원 이하의 과태료

14 관계인이 객관적으로 소방시설 등의 자체점검을 실시하기 어려운 경우, 자체점검 만료일 3일 전까지 자체점검을 실시하기 곤란함을 증명할 수 있는 서류를 첨부하여 소방서장에게 면제 또는 연기 신청을 할 수 있는데, 이때 대통령령으로 정하는 자체점검의 면제사유를 쓰시오.

소방시설 설치 및 관리에 관한 법률 시행령 제32조 제1항

1. 「재난 및 안전관리 기본법」제3조 제1호에 해당하는 재난이 발생한 경우
2. 경매 등의 사유로 소유권이 변동 중이거나 변동된 경우
3. 관계인의 질병, 사고, 장기출장의 경우
4. 그 밖에 관계인이 운영하는 사업에 부도 또는 도산 등 중대한 위기가 발생하여 자체점검을 실시하기 곤란한 경우

CHAPTER

03

소화기구의 점검

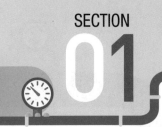

소화기구의 점검

01 개 요

소화기구란 소방대상물에 화재가 발생할 경우 초기에 화재를 진압할 수 있는 가장 간편한 기구로서 물 또는 소화약제를 이용하여 사람이 직접 조작하거나 자동으로 약제를 방출할 수 있는 것을 말한다.

대부분의 화재 진압은 초기소화에 달려 있으므로 유사시 사용 가능하도록 소화기구의 철저한 점검이 필요하다.

02 소화기구의 종류

1 소화기

소화약제를 압력에 따라 방사하는 기구로서 사람이 수동으로 조작하여 소화하는 것

2 간이소화용구

에어로졸 소화용구, 투척용 소화용구, 소공간용 소화용구 및 소화약제 외의 것을 이용한 간이소화용구

3 자동확산소화기

화재를 감지하여 자동으로 소화약제를 방출·확산시켜 국소적으로 소화하는 소화장치

| 그림 3-1 소화기 | | 그림 3-2 간이소화용구 | | 그림 3-3 자동확산소화기 |

03 소화기 적응화재

종 류	명 칭	의미 및 표시방법
A급 화재	일반화재	나무, 종이, 섬유와 같은 일반가연물이 타고 나서 재가 남는 화재
B급 화재	유류화재	유류가 타고 나서 재가 남지 않는 화재
C급 화재	전기화재	전기가 흐르고 있는 전기기기, 배선과 관련된 화재
K급 화재	주방화재	주방에서 동식물유를 취급하는 조리기구에서 일어나는 화재

04 소화기 점검

1 설치장소 및 개수

(1) 소화기가 잘 보이는 위치에 설치 여부

(2) 33m² 구획실 및 보행거리 적정 설치 여부

> **Tip** 소화기 설치기준
>
> ① 각 층마다 설치
> ② 소형 소화기는 각 부분으로부터 보행거리 20m 이내(대형 소화기는 30m 이내)가 되도록 설치
> ③ 각 층마다 보행거리마다 설치하는 것 외에 바닥면적이 33m² 이상으로 구획된 각 거실(아파트의 경우에는 각 세대를 말한다)에도 배치할 것

2 외관점검

(1) 소화기가 변형·손상·부식된 것이 있는지 여부

| 그림 3-4 **외형의 변형** | | 그림 3-5 **호스 파손** | | 그림 3-6 **레버 변형** | | 그림 3-7 **정상 소화기** |

(2) 안전핀은 고정되어 있으며 견고한지 여부

소화기의 안전핀은 봉인줄에 잘 묶여져 있어야 소화기 레버에서 빠지지 않는다.

| 그림 3-8 안전핀이 잘 고정된 예 |

| 그림 3-9 안전핀이 탈락된 예 |

3 지시압력계

지시압력의 적정 여부(지시압력계 녹색범위 : 정상)

지시압력계 정상

지시압력계 불량

| 그림 3-10 지시압력계 점검 |

참고 이산화탄소소화기 등 지시압력계가 없는 경우에 저울을 이용하여 중량 측정
　　지시압력계가 없는 가스계 소화기의 경우 저울에 올려 놓아 총 중량과 비교하여 소화약제의 방출
　　여부를 점검한다.

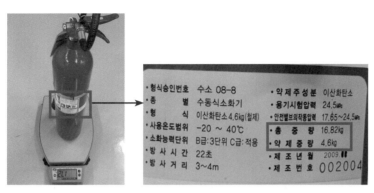

| 그림 3-11 지시압력계가 없는 소화기 중량 확인 예 |

4 내구연한

수동식 분말소화기 내용연수 적정 여부(제조일자 10년 경과 시 교체 지적)

> **Tip**
>
> (1) 분말소화기 내용연수 10년(가스계 소화기는 미해당)
> ① 소화기의 내용연수를 정하여 소화기의 성능을 확보하기 위해 법령 개정(시행 2017. 1. 28.)
> ② 소화기의 내용연수를 10년으로 규정하고, 내용연수가 지난 제품은 교체 또는 성능 확인을 받도록 규정함.
> [수동식 분말소화기는 성능 확인을 받은 경우 1회에 한하여 3년 연장 가능(시행 2017. 2. 15.)]
> (2) 소화기 내구연한 확인방법
> ① 소화기의 측면에 부착된 명판을 보고 제조일자를 확인하여 10년이 경과한 소화기는 교체하도록 지적한다.
> ② 점검 시 분말소화기의 제조일자를 소화기 상단에 네임펜 등으로 표시해 두면 차기 점검 시 용이하며, 참고로 최근 생산되는 소화기는 내용연한이 명판에 표기되어 있다.

| 그림 3-12 소화기 상단 제조일자 표시 및 옆면 내용연한 표기 예 |

5 자동확산소화기 점검

축압식 분말소화기 점검과 같은 방법으로 자동확산소화기에 부착된 지시압력계 상태를 확인하여 정상 여부를 판정한다(지시압력계 녹색범위 : 정상).

| 그림 3-13 **자동확산소화기 설치모습 및 외형** |

Tip 자동확산소화기 설치기준

① 방화대상물에 소화약제가 유효하게 방사될 수 있도록 설치할 것
② 작동에 지장이 없도록 견고하게 고정할 것

주거용 주방 자동소화장치의 점검

01 개요

주거용 주방 자동소화장치는 주방 가스레인지 후드에 설치되어 가스의 누출 시에는 자동으로 가스 차단과 경보음을 발하며, 화재 발생 시에는 자동으로 가스 차단 및 소화기가 작동하여 화재를 진압한다.

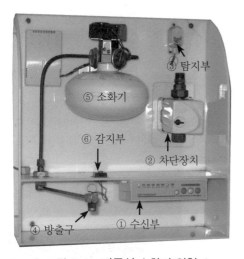

| 그림 3-14 **자동식 소화기 외형** |

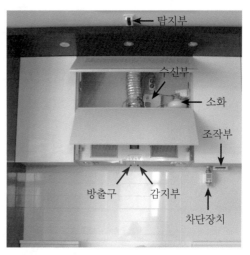

| 그림 3-15 **자동식 소화기 설치 사진** |

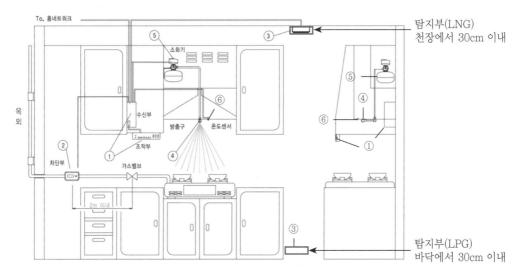

| 그림 3-16 **자동식 소화기 설치도** |

NO.	명 칭	그 림	설 명
①	수신부 · 조작부	 [수신부]  [조작부]	감지부, 탐지부로부터 데이터를 입력받아 소화기 작동, 차단부 제어, 부저 작동 및 현재 상태를 표시하고, 소화기의 압력상태 및 선로의 단선이나 쇼트 상태를 체크하여 해당 부위를 표시한다.
②	차단부	 [기계식]  [전기식]	• 수신부의 제어신호에 의해 가스밸브를 자동으로 개폐함. • 기계식과 전자식으로 구분
③	탐지부		가스가 누설되어 설정 경보농도 이상이 되면 수신부로 가스누설신호를 보내며 경보음과 누설등이 점등됨. • LNG 사용 시 설치위치 : 천장으로부터 0.3m 이내 • LPG 사용 시 설치위치 : 바닥으로부터 0.3m 이내
④	방출구		소화약제가 방사되는 노즐 
⑤	소화기		• 화재발생 시 작동장치의 구동에 의해 소화약제를 자동으로 방사함. • 가압식과 축압식으로 구분되며 대부분 축압식으로 생산됨.
⑥	감지부	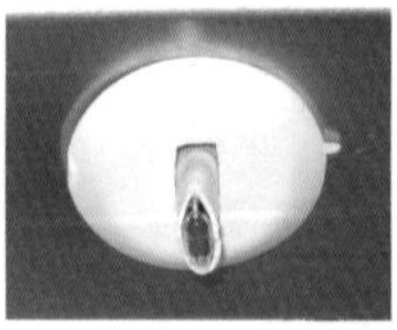	가스레인지 주위의 온도를 체크하여 수신부에 송출 • 1차 예비화재 시에는 경보 및 밸브 차단(약 100°) • 2차 화재 시에는 소화기 작동(약 138°)

03

02 설치대상

(1) 아파트의 전체 세대별 주방

(2) 30층 이상 오피스텔의 모든 층 각 실별 주방

03 주거용 주방 자동소화장치의 점검

1 소화약제의 점검

(1) 축압식 소화기의 경우 상단에 부착된 지시압력계의 적정 여부 확인(녹색범위 : 정상)

(2) 가압식 소화기의 경우 가압설비 확인

| 그림 3-17 축압식 소화기 설치 사진 |　　| 그림 3-18 가압식 소화기 설치 사진 |

2 수신부의 점검

(1) 설치장소의 적정 여부 확인

(2) 음향장치의 적정 여부 확인

온도감지부, 가스탐지부에서 이상신호가 감지되면 경보음 발령과 가스차단밸브의 점검을 확인한다.

| 그림 3-19 자동식 소화기 조작부 |

93

3 탐지부의 점검

(1) 사용 가스의 종류에 따라 가스누설탐지부의 설치위치 적정 여부

    ① LNG 사용 시 : 천장으로부터 0.3m 이내 설치 여부 확인

    ② LPG 사용 시 : 바닥으로부터 0.3m 이내 설치 여부 확인

(2) 점검용 가스를 가스누설탐지부에 분사하여 확인할 사항

    ① 가스탐지부에 가스경보등 점등 및 경보음이 발하는지 확인

    ② 조작부에 표시등 점등 및 경보음이 발하는지 확인

    ③ 가스차단밸브가 정상 작동되는지 확인

(a) 탐지부 동작 전

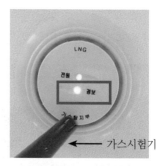

(b) 탐지부 동작 후

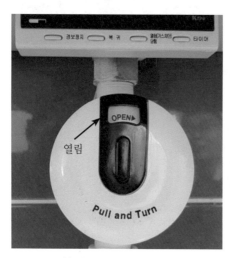

(c) 평상시 차단밸브 개방

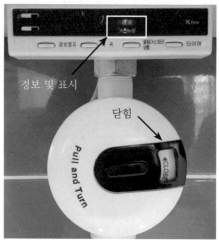

(d) 가스누설경보 및 차단밸브 닫힘

| 그림 3-20 가스누설탐지부 점검(기계식 차단밸브 예) |

4 감지부의 점검

온도센서의 적정한 설치위치 여부 확인

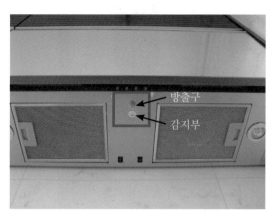

| 그림 3-21 방출구 및 감지부 설치 예 |

5 가스누설차단밸브 시험

(1) 조작부의 수동조작 버튼을 눌러 가스누설차단밸브의 개폐 여부를 확인한다.

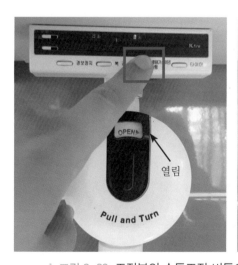

| 그림 3-22 조작부의 수동조작 버튼으로 가스차단밸브 개폐 여부 확인 |

(2) 점검용 가스를 가스누설탐지부에 분사하여 가스누설차단밸브의 개폐 여부를 확인한다.

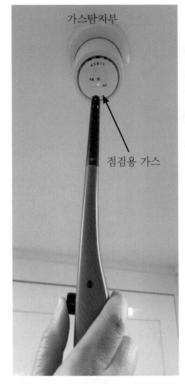

가스탐지부

점검용 가스

(a) 차단밸브 개방상태

(b) 차단밸브 폐쇄상태

| 그림 3-23 **탐지부에 점검용 가스를 분사하여 차단밸브 개폐 여부 확인** |

Tip 주거용 주방 자동소화장치 설치기준

자동식 소화기는 아파트의 각 세대별로 주방에 다음 각목의 기준에 따라 설치할 것

(1) 감지부의 위치

형식승인 받은 유효한 높이 및 위치에 설치할 것

(2) 소화약제 방출구

① 소화약제 방출구는 환기구(주방에서 발생하는 열기류 등을 밖으로 배출하는 장치를 말한다)의 청소 부분과 분리되어 있어야 한다.

② 형식승인 받은 유효설치 높이 및 방호면적에 따라 설치할 것

(3) 가스차단장치(전기 또는 가스)

상시 확인 및 점검이 가능하도록 설치할 것

(4) 수신부

① 주위의 열기류 또는 습기 등과 주위온도에 영향을 받지 않는다.

② 사용자가 상시 볼 수 있는 장소에 설치할 것

(5) 탐지부

① 탐지부는 수신부와 분리하여 설치한다.

② 공기보다 가벼운 가스를 사용하는 경우에는 천장면으로부터 30cm 이하의 위치에 설치

③ 공기보다 무거운 가스를 사용하는 장소에는 바닥면으로부터 30cm 이하의 위치에 설치

소화기구 및 자동소화장치 점검표 작성 예시

근거 소방시설 자체점검사항 등에 관한 고시[별지 4호 서식] 〈작성 예시〉

번호	점검항목	점검결과
1-A. 소화기구(소화기, 자동확산소화기, 간이소화용구)		
1-A-001	○ 거주자 등이 손쉽게 사용할 수 있는 장소에 설치되어 있는지 여부	○
1-A-002	○ 설치높이 적합 여부	○
1-A-003	○ 배치거리(보행거리 소형 20m 이내, 대형 30m 이내) 적합 여부	○
1-A-004	○ 구획된 거실(바닥면적 33m² 이상)마다 소화기 설치 여부	○
1-A-005	○ 소화기 표지 설치상태 적정 여부	○
1-A-006	○ 소화기의 변형 · 손상 또는 부식 등 외관의 이상 여부	×
1-A-007	○ 지시압력계(녹색범위)의 적정 여부	○
1-A-008	○ 수동식 분말소화기 내용연수(10년) 적정 여부	×
1-A-009	● 설치수량 적정 여부	○
1-A-010	● 적응성 있는 소화약제 사용 여부	○
1-B. 자동소화장치		
	[주거용 주방 자동소화장치]	
1-B-001	○ 수신부의 설치상태 적정 및 정상(예비전원, 음향장치 등) 작동 여부	○
1-B-002	○ 소화약제의 지시압력 적정 및 외관의 이상 여부	○
1-B-003	○ 소화약제 방출구의 설치상태 적정 및 외관의 이상 여부	○
1-B-004	○ 감지부 설치상태 적정 여부	○
1-B-005	○ 탐지부 설치상태 적정 여부	○
1-B-006	○ 차단장치 설치상태 적정 및 정상 작동 여부	×
	[상업용 주방 자동소화장치]	
1-B-011	○ 소화약제의 지시압력 적정 및 외관의 이상 여부	/
1-B-012	○ 후드 및 덕트에 감지부와 분사헤드의 설치상태 적정 여부	/
1-B-013	○ 수동기동장치의 설치상태 적정 여부	/
	[캐비닛형 자동소화장치]	
1-B-021	○ 분사헤드의 설치상태 적합 여부	○
1-B-022	○ 화재감지기 설치상태 적합 여부 및 정상 작동 여부	○
1-B-023	○ 개구부 및 통기구 설치 시 자동폐쇄장치 설치 여부	○
	[가스 · 분말 · 고체에어로졸 자동소화장치]	
1-B-031	○ 수신부의 정상(예비전원, 음향장치 등) 작동 여부	/
1-B-032	○ 소화약제의 지시압력 적정 및 외관의 이상 여부	/
1-B-033	○ 감지부(또는 화재감지기) 설치상태 적정 및 정상 작동 여부	/

비고	

1. 점검항목 중 "●"는 종합점검의 경우에만 해당한다.
2. 점검결과란은 양호 "○", 불량 "×", 해당없는 항목은 "/"로 표시한다.
3. 점검항목 내용 중 "설치기준" 및 "설치상태"에 대한 점검은 정상적인 작동 가능 여부를 포함한다.
4. [비고]란에는 특정소방대상물의 위치·구조·용도 및 소방시설의 상황 등이 이 표의 항목대로 기재하기 곤란하거나 이 표에서 누락된 사항을 기재한다(이하 같다).

01 소화기구의 종합점검 항목을 쓰시오.

1. 거주자 등이 손쉽게 사용할 수 있는 장소에 설치되어 있는지 여부
2. 설치높이 적합 여부
3. 배치거리(보행거리 소형 20m 이내, 대형 30m 이내) 적합 여부
4. 구획된 거실(바닥면적 33m² 이상)마다 소화기 설치 여부
5. 소화기 표지 설치상태 적정 여부
6. 소화기의 변형·손상 또는 부식 등 외관의 이상 여부
7. 지시압력계(녹색범위)의 적정 여부
8. 수동식 분말소화기 내용연수(10년) 적정 여부
9. 설치수량 적정 여부
10. 적응성 있는 소화약제 사용 여부

02 주거용 주방 자동소화장치의 작동점검 항목을 쓰시오.

1. 수신부의 설치상태 적정 및 정상(예비전원, 음향장치 등) 작동 여부
2. 소화약제의 지시압력 적정 및 외관의 이상 여부
3. 소화약제 방출구의 설치상태 적정 및 외관의 이상 여부
4. 감지부 설치상태 적정 여부
5. 탐지부 설치상태 적정 여부
6. 차단장치 설치상태 적정 및 정상 작동 여부

03 캐비닛형 자동소화장치의 작동점검 항목을 쓰시오.

1. 분사헤드의 설치상태 적합 여부
2. 화재감지기 설치상태 적합 여부 및 정상 작동 여부
3. 개구부 및 통기구 설치 시 자동폐쇄장치 설치 여부

펌프 주변배관의 점검

수계 공통부속

순 번	부속명	순 번	부속명
①	개폐밸브 ㉠ OS & Y 밸브 ㉡ 버터플라이밸브 ㉢ 볼밸브 ㉣ 게이트밸브 ㉤ 글로브밸브	⑥	자동배수밸브
		⑦	앵글밸브
		⑧	압력제한밸브
		⑨	감압밸브
		⑩	수격방지기
		⑪	스트레이너
②	체크밸브 ㉠ 스모렌스키 체크밸브 ㉡ 스윙타입 체크밸브 ㉢ 웨이퍼타입 체크밸브 ㉣ 볼타입 체크밸브 　• 크린 체크밸브 　• 볼 체크밸브 　• 니플 체크밸브 　• 볼 드립밸브	⑫	볼탑
		⑬	플렉시블 조인트
		⑭	압력계, 진공계, 연성계
		⑮	엘보
		⑯	티
		⑰	레듀셔
		⑱	캡
③	후드밸브	⑲	플러그
④	릴리프밸브	⑳	니플
⑤	안전밸브	㉑	유니온

| 수계 공통부속 목록 |

01 ▶ 개폐밸브

개폐밸브는 배관을 개·폐하여 유체의 흐름을 제어하는 밸브이다.

1 ▶ 개폐표시형 개폐밸브

개폐표시형 개폐밸브는 외부에서도 밸브가 개방되었는지 폐쇄되었는지를 쉽게 알 수 있는 밸브를 말한다. 소화설비(옥내·외 소화전설비 제외)의 급수배관에 설치되는 개폐밸브는 개폐상태를 감시제어반에서 확인할 수 있도록 탬퍼 스위치가 부착되며, 주로 급수배관에는 OS & Y 밸브와 버터플라이밸브가 설치되나 버터플라이밸브는 펌프 흡입측에 설치할 수 없다.

04

(1) OS & Y 밸브(Outside Screwd & Yoke Type Gate Valve ; 바깥나사식 게이트밸브)

스템과 디스크가 연결되어 있어 핸들을 회전하여 완전히 개방하면 디스크가 상승하여 스템은 핸들 위로 상승되며 밸브 내경은 배관의 내경과 같게 되고, 완전히 폐쇄하면 디스크가 하강하여 배관을 폐쇄하며 스템은 핸들 아래로 들어간 상태가 된다.

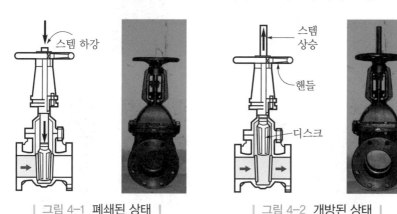

| 그림 4-1 폐쇄된 상태 |　　　| 그림 4-2 개방된 상태 |

(2) 버터플라이밸브(Butterfly Valve)

밸브조작 방법에 따라 기어식과 레버식으로 구분되며 밸브 내부에 디스크가 회전하여 배관의 개폐역할을 한다. 개폐조작이 편리하여 설치공간이 협소한 곳에 주로 사용하지만 밸브 내부의 중앙에 디스크가 있어 캐비테이션 방지를 위해 펌프 흡입측 배관에는 사용에 제한된다.

(a) 개방상태　　(b) 폐쇄상태　　　(a) 개방상태　　(b) 폐쇄상태

| 그림 4-3 기어식 버터플라이밸브 |　　| 그림 4-4 레버식 버터플라이밸브 |

(3) 볼밸브(Ball Valve)

밸브 내부의 볼을 이용하여 배관을 개·폐하는 밸브로서 조작이 용이하고 기밀이 우수하며, 소방배관 중 조작배관의 개·폐를 요하는 부분에 주로 사용된다.

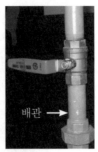

| 그림 4-5 폐쇄된 상태 |

| 그림 4-6 약간 개방된 상태 | | 그림 4-7 개방된 상태 |

2 게이트밸브(Gate Valve)

배관의 개·폐 기능을 하지만 외부에서 밸브의 개폐상태를 확인할 수 없다.

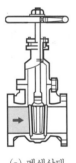
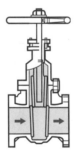

(a) 폐쇄상태   (b) 개방상태   (a) 대구경 게이트밸브   (b) 소구경 게이트밸브

| 그림 4-8 게이트밸브 단면 | | 그림 4-9 게이트밸브 외형 |

3 글로브밸브(Globe Valve)

배관 내부의 유량을 조절하기 위한 밸브로서 주로 펌프성능시험배관의 유량계 2차측에 설치된다.

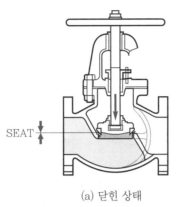

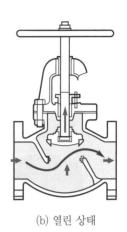

SEAT

(a) 닫힌 상태   (b) 열린 상태

| 그림 4-10 글로브밸브 외형 | | 그림 4-11 글로브밸브 단면 |

02 체크밸브(Check Valve)

배관 내 유체의 흐름을 한쪽 방향으로만 흐르게 하는 기능(역류 방지 기능)이 있는 밸브를 체크밸브라 하며, 현재 많이 사용하고 있는 체크밸브는 스모렌스키 체크밸브와 스윙 체크밸브가 있다.

1 스모렌스키 체크밸브(Smolensky Check Valve)

스프링이 내장된 리프트 체크밸브로서 평상시에는 체크밸브 기능을 하며 바이패스밸브가 부착되어 있어 필요시 이 밸브를 개방하면 2차측의 물을 1차측으로 보낼 수 있는 체크밸브로서, 수격이 발생할 수 있는 펌프 토출측과 연결송수구 연결배관 등에 주로 설치된다.

바이패스밸브

스프링

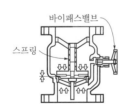

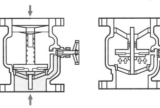

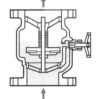

(a) 체크밸브 외형   (b) 동작 전 단면   (c) 동작 후 단면

| 그림 4-12 체크밸브 외형과 동작 전 · 후 단면 |

2 스윙 체크밸브(Swing Check Valve)

힌지핀을 중심으로 디스크가 유체의 흐름발생 시 열려 밸브가 개방되고, 유체가 정지 시에는 밸브 출구측의 압력과 디스크의 무게에 의해 닫히는 구조로 체크 기능을 하며, 주급수배관이 아닌 물올림장치의 펌프 연결배관, 유수검지장치의 주변배관과 같은 유량이 적은 배관상에 사용된다.

디스크
(닫힌 상태)

디스크
(개방 상태)

| 그림 4-13 스윙 체크밸브 외형 및 동작 전·후 모습 |

3 듀 체크밸브(Duo Check Valve)

듀 체크밸브는 내부의 스프링이 내장된 시트가 유수의 흐름이 없으면 스프링에 의해 닫히고 유수발생 시 시트가 개방되어 체크 역할을 하는 밸브이다.

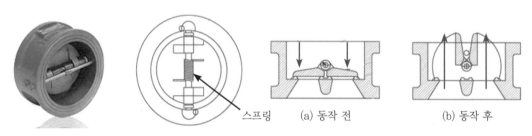

스프링   (a) 동작 전   (b) 동작 후

| 그림 4-14 듀 체크밸브 외형과 동작 단면 |

4 볼타입 체크밸브

체크밸브 내부에 볼(쇠구슬)이 내장되어 있어 이 볼이 체크 기능을 하며, 유수검지장치의 주변배관에 주로 설치된다.

(1) 크린 체크밸브(Clean Check Valve)

크린 체크밸브는 내부의 여과망에 의한 이물질을 제거하는 기능과 내장된 볼에 의한 체크 기능을 하며, 프리액션밸브의 중간챔버 가압용 세팅배관에 설치된다.

| 그림 4-15 크린 체크밸브 설치 외형 및 분해모습 |

(2) 볼 체크밸브(Ball Check Valve)

프리액션밸브와 1차측 개폐밸브 사이에서 분기하여 프리액션밸브의 중간챔버 가압용 세팅배관에 연결·설치되며, 1차측 가압수는 중간챔버 쪽으로는 공급되지만 내장된 볼에 의하여 중간챔버에 공급된 가압수는 역류되지 않도록 하는 체크 기능이 있어 입상배관의 배수 시 또는 1차측의 과압발생 시 프리액션밸브의 세팅이 풀리지 않도록 해주는 역할을 한다.

| 그림 4-16 볼 체크밸브 설치모습과 외형 |

(3) 니플 체크밸브(Nipple Check Valve)

니플 체크밸브는 일부 저압 건식 밸브의 2차측 배관의 공기공급라인에 설치되며, 압축공기는 2차측 배관에 공급되고 내장된 볼에 의하여 2차측 배관의 압축공기 또는 가압수는 공기압축기 쪽으로 역류되지 않도록 하는 체크 기능이 있다.

| 그림 4-17 드라이밸브에 설치된 니플 체크밸브와 외형 |

(4) 볼 드립밸브(Ball Drip Valve ; 볼 체크밸브, 드립 체크밸브, 누수확인밸브)

볼 드립밸브 내부에는 볼이 내장되어 있어 배관 내 압력이 걸려 있으면 폐쇄되고 압력이 없으면 개방되는 자동배수밸브 기능이 있으며, 또한 사람이 직접 손으로 누름핀을 눌러 배관 내 압력이 걸려 있는지 여부를 수동으로 체크(확인)할 수 있도록 되어 있는 밸브로서 클래퍼 타입의 프리액션밸브와 드라이밸브의 주변배관에 주로 설치된다.

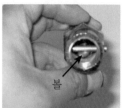

누름핀

볼

| 그림 4-18 볼 드립밸브 설치모습과 외형 |

03 후드밸브(Foot Valve)

수원이 펌프보다 아래에 설치된 경우 흡입측 배관의 말단에 설치하며, 이물질을 제거하는 기능과 체크밸브 기능이 있다.

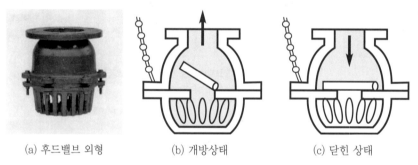

(a) 후드밸브 외형   (b) 개방상태   (c) 닫힌 상태

| 그림 4-19 후드밸브 외형 및 단면 |

04 릴리프밸브(Relief Valve)

1 순환 릴리프밸브(Circulation Relief Valve) - 소구경

참고 순환 릴리프밸브(Circulation Relief Valve)
NFPA 20(Installation of Stationary Pump for Fire Protection) 2007 Edition : 5.11 Circulation Relief Valve

NFPA 20에서 제시하는 순환 릴리프밸브(Circulation Relief Valve)로 이는 국내에서 순환배관과 유사한 것으로서, 체절운전 시 펌프를 보호하기 위한 목적으로 펌프와 체크밸브 사이에서 분기한 순환배관에 체절압력 미만에서 개방되는 릴리프밸브를 설치한다.

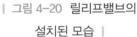

| 그림 4-20 릴리프밸브의 설치된 모습 |

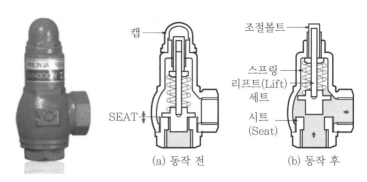

| 그림 4-21 릴리프밸브 외형 및 동작 전·후 단면 |

(a) 동작 전   (b) 동작 후

2 압력 릴리프밸브(Pressure Relief Valve) – 대구경

> **참고** 압력 릴리프밸브(Pressure Relief Valve)
>
> NFPA 20(Installation of Stationary Pump for Fire Protection) 2007 Edition : 5.18 Relief Valves for Centrifugal Pumps

국내 기준에는 없으나 NFPA 20에서는 엔진펌프를 사용하는 경우와 소화펌프 체절운전 시 설비의 내압을 초과하는 경우에는 체절운전 시 시스템을 보호하기 위한 목적으로 펌프와 체크밸브 사이에서 분기하여 체절압력 미만에서 개방되는 압력 릴리프밸브(Pressure Relief Valve)를 설치하도록 되어 있다.

| 그림 4-22 다이어프램 타입 압력 릴리프밸브 외형 |

| 그림 4-23 스프링 타입 압력 릴리프밸브 외형 |

05 안전밸브(Safety Valve)

안전밸브의 동작압력은 호칭압력에서 호칭압력의 1.3배의 범위에서 동작되도록 출고 시 제조사에서 세팅되며, 안전밸브는 압력챔버 상단에 부착된다.

| 그림 4-24 압력챔버 상단에 설치된 안전밸브 외형 |

06 자동배수밸브(Auto Drip Valve)

배관 내 압력이 있는 경우에는 유체의 압력에 의하여 폐쇄되며, 압력이 없는 경우에는 스프링에 의하여 개방되어 배관 내 유체를 자동으로 배수시켜 주는 역할을 하며, 연결송수구 연결배관 등 잔류수의 배수를 요하는 부분에 주로 설치된다.

  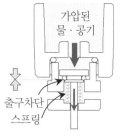 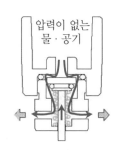

| 그림 4-25 자동배수밸브 외형 및 단면 | | 그림 4-26 닫힌 상태 | | 그림 4-27 열린 상태 |

07 앵글밸브

옥내소화전의 방수구를 개폐하는 밸브이다.

(a) 앵글밸브 설치모습　　　　(b) 개방상태　　　　(c) 폐쇄상태

| 그림 4-28 앵글밸브 외형 |

08 압력제한밸브

호스접결구 인입측에 압력제한밸브를 설치하는 것은 옥내소화전 방수구의 압력이 $7kg/cm^2$를 초과하지 않도록 감압하는 여러 가지 방법 중 하나이다. 옥내소화전 사용자가 원할한 소화작업을 할 수 있도록 반동력을 20kgf 이하로 제한하기 위하여 옥내소화전 방수구의 압력이 $7kg/cm^2$를 초과하는 경우에 한하여 설치한다.

(a) 동작 전 (b) 동작 후

| 그림 4-29 압력제한밸브 설치 외형 및 동작 전·후 단면 |

09 감압밸브

배관 내 과압을 소화설비에 적정한 압력으로 감압하는 밸브이다.

| 그림 4-30 감압밸브 외형 및 단면 | | 그림 4-31 감압밸브 설치된 모습 |

10 수격방지기(WHC ; Water Hammer Cushion)

배관 내 압력변동 또는 수격을 수격방지기 내의 질소가스 또는 스프링이 흡수하여 배관을 보호할 목적으로 설치한다.

   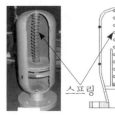

| 그림 4-32 수격방지기 외형 및 설치 외형 | | 그림 4-33 가스식 단면 | | 그림 4-34 스프링식 단면 |

11 스트레이너(Strainer)

배관 내 이물질을 제거하는 기능이 있다.

  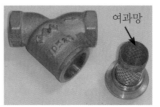 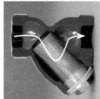

| 그림 4-35 스트레이너 외형 및 단면 |

12 볼 탑

수조 또는 물올림탱크에 설치되며, 저수위 시 급수되고 만수위 시에는 급수를 차단하는 기능이 있다.

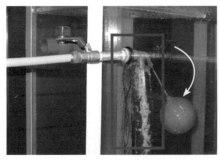 

| 그림 4-36 저수위 시 급수되는 모습 | | 그림 4-37 만수위 시 급수차단 모습 |

04

13 플렉시블 조인트(Flexible Joint)

펌프 등에서 발생되는 진동이 배관에 전달되는 것을 흡수하여 배관을 보호할 목적으로 설치한다.

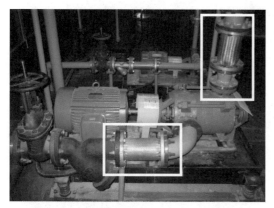

| 그림 4-38 펌프 흡입·토출측에 설치된 모습 |

| 그림 4-39 플렉시블 조인트 외형 |

14 압력계, 진공계, 연성계

1 압력계

양의 게이지압을 측정하는 것으로 펌프 토출측과 유수검지장치의 주변배관 등에 주로 설치된다.

2 진공계

음의 게이지압을 측정하는 것으로 수조가 펌프보다 낮은 곳에 설치된 경우 펌프 흡입측에 설치하여 대기압 이하의 압력을 측정한다.

3 연성계

양 및 음의 게이지압을 측정하는 것으로 수조가 펌프보다 낮은 곳에 설치된 경우에는 펌프 흡입측에 설치하여 대기압 이하의 압력 측정이 가능하며, 펌프 토출측에 설치하면 대기압 이상의 토출압력의 측정도 가능하다.

| 그림 4-40 압력계 |

| 그림 4-41 진공계 |

| 그림 4-42 연성계 |

15 엘보(Elbow)

배관의 굴곡된 부분을 연결하여 주는 부속이다.

| 그림 4-43 나사 엘보 |

| 그림 4-44 용접 엘보 |

| 그림 4-45 설치된 모습 |

16 티(Tee)

배관의 분기되는 부분에 설치되는 부속이다.

| 그림 4-46 나사 티 |

| 그림 4-47 용접 티 |

| 그림 4-48 설치된 모습 |

04

17 레듀셔(Reducer)

구경이 다른 배관을 연결하여 주는 부속이다.

| 그림 4-49 원심 레듀셔 외형 및 설치모습 | | 그림 4-50 편심 레듀셔 외형 및 설치모습 |

18 캡(Cap)

배관을 마감하는 부속으로 암나사로 되어 있다.

| 그림 4-51 캡 외형과 설치된 모습 |

19 플러그(Plug)

기기 등의 필요부분을 막거나 배관을 마감하는 부속으로 수나사로 되어 있다.

| 그림 4-52 플러그 외형과 설치된 모습 |

20 니플(Nipple)

장니플과 단니플이 있으며, 배관의 양쪽을 수나사로 가공되어진 기성제품을 사용함으로서 시공
단축을 필요로 하는 부분에 주로 사용된다.

| 그림 4-53 니플 외형과 설치된 모습 |

21 유니온(Union)

배관 또는 소방용 기기를 분해하지 않고 교체 또는 정비를 요하는 부분에 유니온을 설치한다.

| 그림 4-54 유니온 외형과 설치된 모습 |

펌프 주변배관의 점검

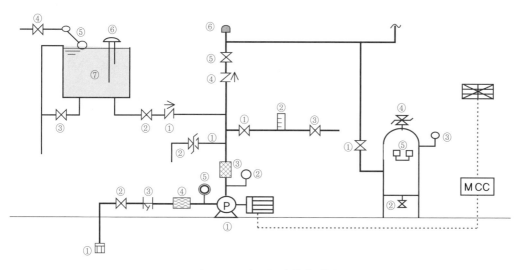

│ 그림 4-55 펌프 주변배관 계통도 │

번호	명칭	번호	명칭
	(1) 펌프 흡입측 배관	④	개폐밸브
①	후드밸브	⑤	볼탑
②	개폐표시형 개폐밸브	⑥	감수경보장치
③	스트레이너	⑦	물올림탱크
④	플렉시블 조인트		**(4) 펌프성능시험배관**
⑤	연성계(또는 진공계)	①	개폐밸브
	(2) 펌프 토출측 배관	②	유량계
①	펌프	③	개폐밸브(유량 조절용)
②	압력계		**(5) 순환배관**
③	플렉시블 조인트	①	순환배관
④	체크밸브	②	릴리프밸브
⑤	개폐표시형 개폐밸브		**(6) 기동용 수압개폐장치(압력챔버)**
⑥	수격방지기	①	개폐밸브
	(3) 물올림장치	②	배수밸브
①	체크밸브	③	압력계
②	개폐밸브	④	안전밸브(밴트밸브)
③	개폐밸브	⑤	압력 스위치

01 펌프 흡입측 배관

1 펌프 흡입측 배관기기의 명칭 및 설치목적

(1) 후드밸브

① **기능** : 체크밸브 기능(물을 한쪽 방향으로만 흐르게 하는 기능)과 여과 기능

② **설치목적** : 수원의 위치가 펌프보다 아래에 설치되어 있을 경우 즉시 물을 공급할 수 있도록 유지시켜 준다.

(2) 개폐표시형 개폐밸브

① **기능** : 배관의 개·폐 기능

② **설치목적** : 후드밸브 보수 시 사용

참고 펌프 흡입측에는 버터플라이밸브 설치 불가

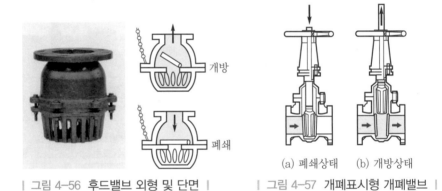

| 그림 4-56 후드밸브 외형 및 단면 | | 그림 4-57 개폐표시형 개폐밸브 |

(3) 스트레이너

① **기능** : 이물질 제거(여과 기능)

② **설치목적** : 펌프 기동 시 흡입측 배관 내의 이물질을 제거하여 임펠러를 보호한다.

| 그림 4-58 스트레이너 외형 및 분해모습 |

(4) 플렉시블 조인트

① 기능 : 충격흡수

② 설치목적 : 펌프의 진동이 펌프의 흡입측 배관으로 전달되는 것을 흡수하여, 흡수측 배관을 보호하는 데 목적이 있다.

| 그림 4-59 펌프 흡입·토출측에 설치된 모습 |

| 그림 4-60 플렉시블 조인트 외형 |

(5) 연성계(또는 진공계)

① 기능 : 흡입압력 표시

② 설치목적 : 펌프의 흡입양정을 알기 위해서 설치한다.

참고 연성계(또는 진공계) 설치 제외조건 : 수원의 수위가 펌프보다 높거나, 수직회전축 펌프의 경우

Tip

① 압력계 : 양압(토출압력)을 표시

② 진공계 : 음압(흡입압력)을 표시

③ 연성계 : 양압과 음압을 표시

| 그림 4-61 설치 사진 |

| 그림 4-62 압력계 |

| 그림 4-63 진공계 |

| 그림 4-64 연성계 |

2 후드밸브의 정상상태 여부 확인 점검방법

(1) 펌프 몸체 상부에 부착된 물올림컵밸브 ①을 개방한다.

(2) 물올림컵에 물이 가득차면 ②밸브를 잠근다.

(3) 이때, 물올림컵 수위상태를 확인한다.

　① 수위변화가 없을 때 : 정상

　② 물이 빨려 들어갈 때 : 후드밸브 내 체크밸브의 기능 고장

　③ 물이 계속 넘칠 경우 : 펌프 토출측에 설치된 스모렌스키 체크밸브의 기능 고장(펌프
　측으로 역류)

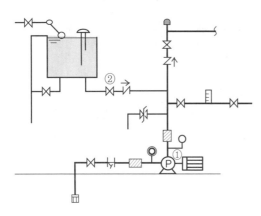

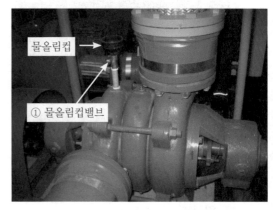

| 그림 4-65 펌프 주변배관 |　　| 그림 4-66 펌프 상단의 물올림컵 |

3 수원의 위치가 펌프보다 낮은 경우 펌프 설치 시 유의사항

(1) 물올림탱크 설치(캐비테이션 방지 목적)

(2) 흡입측 배관은 펌프마다 각각 설치

　물올림탱크를 펌프 2대에 공용으로 사용 시 흡입측 배관을 겸용 사용할 경우 에어포켓
　(Air Pocket) 현상이 발생한다.

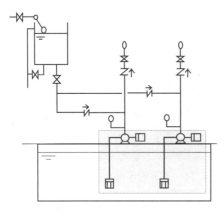

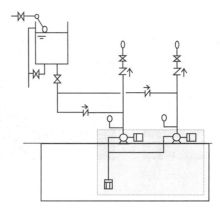

| 그림 4-67 올바른 시공방법 |　　| 그림 4-68 올바르지 않은 시공방법 |

(3) 흡입배관의 마찰손실을 줄인다.

$$\Delta h = f \times \frac{l}{d} \times \frac{v^2}{2g}$$

① 펌프 흡입측 관경(d)을 토출측 관경보다 크게 한다.

② 흡입측의 배관길이(l)를 가급적 짧게 한다.

③ 흡입측 배관에 밸브 등의 부속을 가급적 적게 사용한다.

(4) 펌프의 설치위치를 가급적 낮게 하여 흡입 실양정의 값을 줄인다(소방펌프와 수원과의 높이의 차이는 4m 이하가 바람직).

(5) 흡입측 양정이 커질 경우에는 입형 펌프 사용

(6) 흡입측 배관이 펌프 흡입측 구경보다 클 경우 ⇒ 편심 레듀셔 사용(캐비테이션 방지)

(7) 흡입측 배관에 연성계 또는 진공계 설치

(8) 흡입배관은 기포가 생기지 않도록 수평으로 설치

(9) 흡입측 배관 끝에 후드밸브 설치

(10) 흡입측 배관에 버터플라이밸브 설치 금지

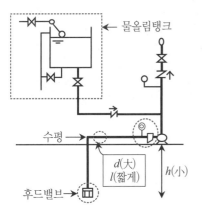

| 그림 4-69 시공 시 주의해야 할 부분 |

| 그림 4-70 펌프 흡입측 배관 연결부분에 편심 레듀셔 설치 모습 |

02 펌프 토출측 배관

1 펌프 토출측 배관기기의 명칭 및 설치목적

(1) 펌프

원심펌프는 펌프 회전 시의 토출량이 부하에 따라 일정하지 않은 비용적(Turbo)형의 펌프로서, 임펠러의 회전으로 유체에 회전운동을 주어 이때 발생하는 원심력에 의한 속도에너지를 압력에너지로 변환하는 방식의 펌프이다.

① **기능** : 소화수에 유속과 압력을 부여

② **설치목적** : 소화용수를 공급하기 위하여 설치

③ **소화펌프의 종류** : 소화용 주펌프와 충압펌프로 주로 사용되는 펌프를 정리하면 다음과 같다.

구 분		특 징
주펌프	볼류트펌프	안내날개가 없으며 임펠러가 직접 물을 케이싱으로 유도하는 펌프로서 저양정 펌프에 사용
	터빈펌프	안내날개가 있어 임펠러 회전운동 시 물을 일정하게 유도하여 속도에너지를 효과적으로 압력에너지로 변환이 되므로 고양정 펌프에 사용
충압펌프	웨스코펌프	소유량이지만 높은 양정을 낼 수 있어 주로 충압펌프에 사용

| 그림 4-71 **다단 볼류트 주펌프** |

| 그림 4-72 **웨스코 충압펌프** |

(2) 압력계

① **기능** : 펌프의 성능시험 시 토출압력을 표시

② **설치목적** : 펌프의 토출측 압력을 알기 위해서 설치

③ **설치위치** : 펌프와 체크밸브 사이(펌프 토출측 플랜지에서 가까운 곳)에 설치

(3) 플렉시블 조인트

① **기능** : 충격흡수

② **설치목적** : 펌프의 진동이 펌프의 토출측 배관으로 전달되는 것을 흡수하여, 토출측 배관을 보호하는 데 목적이 있다.

(4) 체크밸브

① **기능** : 물의 역류방지 기능(물을 한쪽 방향으로만 흐르게 하는 기능)

② **설치목적** : 펌프 토출측 배관 내 압력을 유지하며, 또한 기동 시 펌프의 기동부하를 줄

이기 위해서 설치하며 수격작용의 방지 목적으로 펌프 토출측에는 스모렌스키 체크밸브를 설치한다.

> **Tip** 스모렌스키 체크밸브의 바이패스밸브 관련
>
> 스모렌스키 체크밸브는 측면에 바이패스밸브가 부착되어 있어 필요시 체크밸브 2차측의 물을 1차측으로 배수시킬 수 있지만 평상시에는 완전히 폐쇄시켜 관리하여야 한다. 만약 약간이라도 개방되어 있다면 2차측의 가압수가 펌프측으로 누설되어 충압펌프의 주기적인 기동원인이 된다.

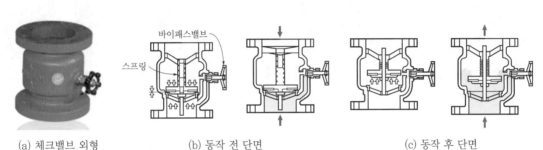

(a) 체크밸브 외형   (b) 동작 전 단면   (c) 동작 후 단면

| 그림 4-73 체크밸브 외형과 동작 전·후 단면 |

(5) 개폐표시형 개폐밸브

① **기능** : 배관의 개·폐 기능

② **설치목적** : 펌프의 수리·보수 시 밸브 2차측의 물을 배수시키지 않기 위해서이며, 또한 펌프성능시험 시에 사용하기 위함이다.

(6) 수격방지기(Water Hammer Cushion)

① **기능** : 배관 내 압력변동 또는 수격흡수 기능

② **설치목적** : 배관 내 유체가 제어될 때 발생하는 수격 또는 압력변동 현상을 질소가스로 충전된 합성고무로 된 벨로즈가 흡수하여 배관을 보호할 목적으로 설치한다.

③ **설치위치** : 배관의 끝부분, 펌프 토출측 및 입상관 상층부 등

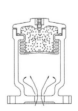

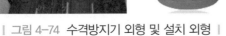

(a) 동작 전   (b) 동작 후

| 그림 4-74 수격방지기 외형 및 설치 외형 | | 그림 4-75 가스식 단면 |

123

2 탬퍼 스위치(Tamper Switch)

(1) 탬퍼 스위치의 정의

탬퍼 스위치(Tamper Switch)란 급수배관에 설치되어 급수를 차단할 수 있는 개폐밸브에 설치하여 밸브의 개·폐상태를 제어반에서 감시할 수 있도록 한 것으로서 밸브가 폐쇄될 경우 제어반에 경보 및 표시가 된다.

│ 그림 4-76 자석식 탬퍼 스위치 │   │ 그림 4-77 리미트식 탬퍼 스위치 │

(2) 탬퍼 스위치의 설치기준

① 급수 개폐밸브가 잠길 경우 탬퍼 스위치의 동작으로 인하여 감시제어반 또는 수신기에 표시되어야 하며 경보음을 발할 것
② 탬퍼 스위치는 감시제어반 또는 수신기에서 동작의 유무 확인과 동작시험, 도통시험을 할 수 있을 것
③ 급수 개폐밸브의 작동표시 스위치에 사용하는 전기배선은 내화전선 또는 내열전선으로 설치할 것

(3) 탬퍼 스위치 주요 설치장소

① 지하수조로부터 펌프 흡입측 배관에 설치한 개폐밸브
② 주·보조 펌프의 흡입측 개폐밸브
③ 주·보조 펌프의 토출측 개폐밸브
④ 스프링클러설비의 옥외 송수관에 설치하는 개폐밸브
⑤ 유수검지장치 및 일제개방밸브의 1차측 및 2차측 개폐밸브
⑥ 고가수조와 스프링클러 입상관과 접속된 부분의 개폐밸브

(4) 적용 소화설비

스프링클러설비, 간이스프링클러설비, 화재조기진압용 스프링클러설비, 물분무소화설비, 포소화설비

참고 제외설비 : 옥내·외 소화전

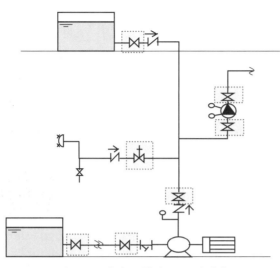

| 그림 4-78 탬퍼 스위치 주요 설치장소 |

03 ▶ 물올림장치

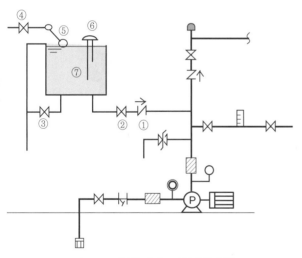

| 그림 4-79 물올림탱크 주변배관 (1) |

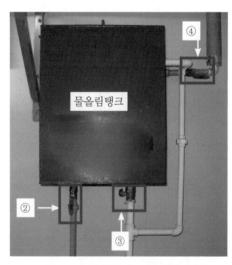

| 그림 4-80 물올림탱크 주변배관 (2) |

1 ▷ 설치목적

(1) 물올림장치는 펌프의 위치가 수원의 위치보다 높을 경우에만 설치하는 것이다.

(2) 후드밸브가 고장 등으로 누수되어 흡입측 배관 및 펌프에 물이 없을 경우 펌프가 공회전
을 하게 되는데 이를 방지하기 위하여 설치하는 보충수 역할을 하는 탱크이다.

2 설치기준

(1) 물올림장치 : 전용의 탱크 설치

(2) 탱크의 유효수량 : 100L 이상

(3) 보급수관의 구경 : 15mm 이상

(4) Over Flow관 : 50mm 이상

(5) 펌프로의 급수배관 : 25mm 이상

　　(펌프와 체크밸브 사이에서 분기)

(6) 배수밸브 설치

(7) 감수경보장치 설치

| 그림 4-81　**물올림장치 설치모습** |

3 물올림장치의 명칭 및 설치목적

(1) 물올림관의 체크밸브

① 기능 : 역류 방지 기능

② 설치목적 : 펌프 기동 시 가압수가 물올림탱크로 역류되지 않도록 하기 위해서 설치하며, 주로 스윙 타입의 체크밸브가 설치된다.

참고　설치 시 유의사항 : 체크밸브의 방향이 바뀌지 않도록 주의

| 그림 4-82　스윙 체크밸브 외형 및 동작 전·후 모습 |

(2) 물올림관의 개폐밸브

① 기능 : 배관의 개·폐 기능

② 설치목적 : 물올림관의 체크밸브 고장 수리 시, 물올림탱크 내 물을 배수시키지 않기 위해서 설치한다.

(3) 배수관의 개폐밸브

① 기능 : 배관의 개·폐 기능

② 설치목적 : 물올림탱크의 배수, 청소 및 점검 시 사용하기 위해서 설치한다.

(4) 보급수관의 개폐밸브

① 기능 : 보급수관의 개·폐 기능

② 설치목적 : 볼탑의 수리 시 및 물올림탱크 점검 시 사용하기 위해서 설치한다.

(5) 볼탑

① 기능 : 저수위 시 급수 및 만수위 시 단수 기능

② 설치목적 : 물올림탱크 내 물을 자동급수하여 항상 물올림탱크 내 100L 이상의 유효
수량을 확보하기 위해서 설치한다.

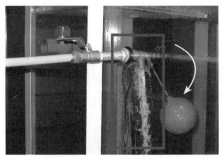 

| 그림 4-83 저수위 시 급수되는 모습 | | 그림 4-84 만수위 시 급수차단 모습 |

(6) 감수경보장치

① 기능 : 저수위 시 경보하는 기능

② 설치목적 : 물올림탱크 내 물의 양이 감소하는 경우에 감수를 경보하는 목적이 있다.

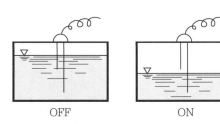 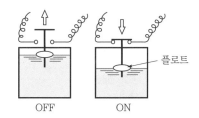

| 그림 4-85 전극봉 타입 | | 그림 4-86 플로트 스위치 타입 |

(7) 물올림탱크

① 기능 : 후드밸브에서 펌프 사이에 물을 공급하는 기능

② 설치목적 : 수원이 펌프보다 낮은 경우에 설치하며, 펌프 및 흡입측 배관의 누수로 인
한 공기고임의 방지 목적으로 설치한다.

4 물올림탱크의 감수경보 원인

(1) 펌프, 후드밸브, 배관접속부 등의 누수

(2) 물올림탱크 하단 배수밸브의 고장(개방)

(3) 자동급수장치(볼탑)의 고장

(4) 외부에서의 급수 차단

(5) 물올림탱크의 균열로 인한 누수

(6) 감수경보장치의 고장

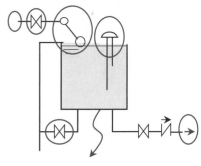

┃ 그림 4-87 감수경보 시 점검항목 ┃

5 감수경보장치의 정상 여부 확인방법

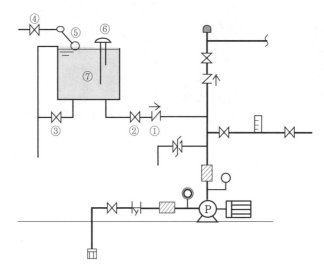

┃ 그림 4-88 물올림탱크 주변배관 ┃

① 자동급수밸브 ④ 폐쇄 후 ② 배수밸브 ③을 개방 ⇒ 배수 ③ 물올림탱크 내의 수위가 $\frac{1}{2}$ 정도 되었을 때, 감수경보장치 ⑥ 동작	배수(시험)
④ 수신반에 "물올림탱크 저수위" 표시등 점등 및 경보(부저 명동)가 되는지 확인	확 인
⑤ 배수밸브 ③ 잠금 ⑥ 자동급수밸브 ④ 개방 ⇒ 급수 ⇒ 감수경보장치 ⑥ 동작 ⑦ 수신반의 "물올림탱크 저수위" 표시등 소등 및 경보(부저) 정지 확인	복 구

04 펌프성능시험배관

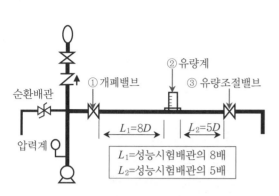

| 그림 4-89 펌프성능시험배관 설치도 |

| 그림 4-90 펌프성능시험배관 주변 |

1 설치목적

펌프의 성능곡선을 수시로 확인하여 펌프의 토출량 및 토출압력이 설치 당시의 특성곡선에 부합 여부를 진단하고 부합되지 않을 경우 어느 정도의 편차가 있는지를 조사하여 보수 및 유지관리를 위한 자료의 획득에 있다.

2 펌프성능시험배관의 명칭 및 설치목적

(1) 개폐밸브

① 기능 : 펌프성능시험배관의 개 · 폐 기능

② 설치목적 : 펌프성능시험 시 사용하기 위해서 설치한다.

참고 유량측정 시 완전개방하여 사용하고, 평상시는 폐쇄하여 관리한다.

(2) 유량계

① 기능 : 펌프의 유량측정

② 설치목적 : 펌프의 유량을 측정하기 위하여 설치한다.

③ 유량계의 성능 : 정격토출량의 175% 이상 측정 가능한 유량계를 설치한다.

④ 유량계의 종류 : 오리피스 타입의 유량계는 클램프 타입에 비해 유량범위가 넓고 정확한 유량측정이 가능하기 때문에 펌프성능시험배관에 주로 설치되고 있다.

구분	오리피스 타입	클램프 타입
장점	• 유량측정이 정확하다. • 유량범위가 크다. 　→ 성능시험배관의 구경이 작아진다.	• 저렴하다. • 생산중단 됨. 　→ 클램프 타입 유량계 불량 시 오리피스 타입 유량계로 교체해야 한다.
단점	클램프 타입 유량계에 비해 비싸지만 성능시험배관의 구경이 작아지므로 시공비는 별반 차이가 없다.	• 유량측정이 부정확하다. • 유량범위가 작다. 　→ 성능시험배관의 구경이 커진다.

| 그림 4-91 **오리피스 타입 유량계** | | 그림 4-92 **클램프 타입 유량계** |

Tip 오리피스 타입과 클램프 타입

① 오리피스 타입(Orifice Type) 구경별 유량범위

규 격	25A	32A	40A	50A	65A	80A	100A	125A	150A
유량범위 (L/min)	35~ 180	70~ 360	100~ 550	220~ 1,100	450~ 2,200	700~ 3,300	900~ 4,500	1,200~ 6,000	2,000~ 10,000

② 클램프 타입(Clamp Type) 구경별 유량범위 〈생산 중단〉

규 격	25A	32A	40A	50A	65A	80A	100A	150A	200A
유량범위 (L/min)	12~ 150	55~ 275	75~ 375	150~ 550	250~ 900	300~ 1,125	500~ 2,000	900~ 3,900	1,800~ 7,200

(3) 개폐밸브(유량조절용)

① 기능 : 펌프성능시험배관의 개·폐 기능

② 설치목적 : 펌프성능시험 시 유량조절을 위해서 설치하며, 유량조절을 위하여 글로브밸브를 설치한다.

참고 유량계 2차측에 설치되는 개폐밸브는 유량조절용 글로브밸브를 설치하여야 하지만 현장 점검 시 OS & Y 밸브나 버터플라이밸브로 잘못 설치된 경우를 종종 볼 수 있다.

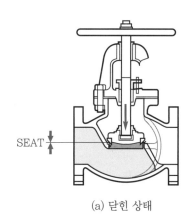
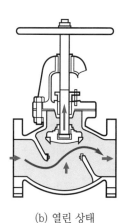

(a) 닫힌 상태　　　　　　(b) 열린 상태

| 그림 4-93 글로브밸브 외형 및 단면 |

3 펌프성능시험배관 시공방법

(1) 성능시험배관의 분기

펌프의 토출측 개폐밸브 이전에서 분기한다.

(2) 배관의 재질

배관용 탄소강관(KS D 3507) 또는 압력배관용 탄소강관(KS D 3562)을 사용한다.

(3) 배관의 구경

펌프 정격토출량의 150%에서 정격토출압력의 65% 이상을 토출할 수 있는 구경일 것

> **참고** 유량계는 펌프 정격토출량의 175% 이상 측정이 가능해야 하므로, 결국 펌프성능시험배관의 구경
> 은 유량계의 구경과 동일한 구경으로 설치하게 된다.

(4) 배관절단부의 마감처리

배관 시공 시 절단부위 등을 거칠음이 없도록 리이머 등으로 깨끗이 처리한 후 시공할 것

(5) 직관부 설치

유량계를 중심으로 상류측에는 성능시험배관의 구경 8배 이상, 하류측은 5배 이상의 직
관부를 둘 것

(6) 밸브 설치

유량측정장치를 기준으로 전단 직관부에 개폐밸브를, 후단 직관부에는 유량조절밸브를
설치할 것

(7) 유량계 설치

① 유량측정장치는 성능시험배관의 직관부에 설치

② 유량계의 성능 : 펌프 정격토출량의 175% 이상 측정할 수 있을 것

③ 유량계는 수평배관과 수직으로 설치

④ 유량계의 구경 : 성능시험배관의 구경과 동일할 것

⑤ 유량계 설치방향이 맞도록 설치할 것

4 펌프성능시험

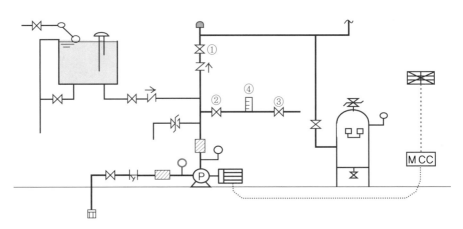

| 그림 4-94 펌프 주변배관 계통도 |

(1) 준비

① 제어반에서 주펌프, 충압펌프 정지(감시제어반 및 동력제어반 ; 펌프선택 스위치 정지위치로 전환)

| 그림 4-95 감시제어반 펌프
정지전환 |

| 그림 4-96 동력제어반 펌프 수동전환 |

② 펌프 토출측 밸브 ① 폐쇄

③ 설치된 펌프의 명판을 보고 현황(토출량, 양정)을 파악하여 펌프성능시험을 위한 표 작성

| 그림 4-97 주펌프 설치사진 |

| 그림 4-98 주펌프 명판 |

| 펌프성능시험 결과표 |

[가정 : 펌프 토출량 : 1,000(L/min), 전양정 : 100m]

구 분		체절운전	정격운전 (100%)	정격유량의 150% 운전	적정 여부	
토출량 (L/min)		0	1,000	1,500	① 체절운전 시 토출압은 정격토출압의 140% 이하일 것( )	• 설정압력 :
토출압 (MPa)		펌프성능시험 전에 작성			② 정격운전 시 토출량과 토출압이 규정치 이상일 것 ( ) (펌프 명판 및 설계치 참조)	• 주펌프 기동 : MPa 정지 : MPa
	이론치	1.4	1.0	0.65		
	실측치	펌프성능시험 실측치 기록			③ 정격토출량 150%에서 토출압이 정격토출압의 65% 이상일 것( )	• 충압펌프 기동 : MPa 정지 : MPa

※ 릴리프밸브 작동 압력 :   MPa

④ 유량계에 100%, 150% 유량 표시(네임펜 사용)

| 그림 4-99 펌프성능시험배관 |

| 그림 4-100 유량계에 100%, 150% 표기 |

Tip 동력제어반에서 펌프를 제어하는 방법

동력제어반은 대부분 펌프 직근에 설치되어 있어, 펌프성능시험 시 1명은 동력제어반에서 점검팀장의 지시에 따라 펌프를 기동·정지시킨다.
① 차단기 ON
② 펌프선택 스위치 수동위치로 전환
③ 펌프 기동 시 : ON 스위치 누름
④ 펌프 정지 시 : OFF 스위치 누름

(a) 펌프제어 모습   (b) 차단기 ON   (c) 선택 스위치 수동전환   (d) 펌프 기동 시 ON 스위치 누름   (e) 펌프 정지 시 OFF 스위치 누름

| 그림 4-101 **동력제어반에서 펌프를 제어하는 방법** |

Tip 펌프성능시험 시 인원배치

펌프성능시험 시 1명은 동력제어반에서 점검팀장의 지시에 따라 펌프를 기동·정지시키며, 1명은 펌프성능시험배관의 개폐밸브를 조작하고, 1명은 점검팀장으로서 펌프성능시험을 지휘하며 시험 시 압력계의 압력을 확인하여 성능시험표에 기록한다.

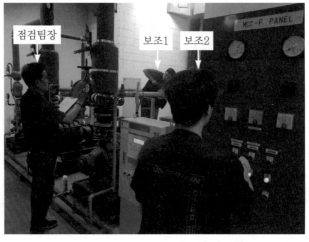

| 그림 4-102 **펌프성능시험 시 인원배치** |

(2) 체절운전

펌프 토출측 밸브와 성능시험배관의 유량조절밸브를 잠근 상태, 즉 펌프의 토출량을 "0"인 상태로 하여 펌프를 기동하여 체절압력을 확인하여 정격토출압력의 140% 이하인지와 체절운전 시 체절압력 미만에서 릴리프밸브가 동작하는지를 확인하는 시험이다.

| 그림 4-103 펌프 체절운전 모습 |

① 성능시험배관상의 개폐밸브 ② 폐쇄(이미 폐쇄되어져 있는 상태임) ② 릴리프밸브 상단 캡을 열고, 스패너를 이용하여 릴리프밸브 조절볼트를 시계방향으로 돌려 작동압력을 최대로 높여 놓는다(∵ 릴리프밸브가 개방되기 전에 설치된 펌프가 낼 수 있는 최대의 압력을 확인하기 위한 조치이다).	준비
③ 주펌프 수동 기동 ④ 펌프 토출측 압력계의 압력이 급격히 상승하다가 정지할 때의 압력이 펌프가 낼 수 있는 최고의 압력(체절압력)이다. 이때의 압력을 확인하고 체크해 놓는다. ⑤ 주펌프 정지	체절압력 확인
⑥ 스패너로 릴리프밸브 조절볼트를 반시계방향으로 적당히 돌려 스프링의 힘을 작게 해준다(∵ 릴리프밸브가 펌프의 체절압력 미만에서 개방되도록 조절하기 위한 조치이다). ⑦ 주펌프를 다시 기동시켜서 릴리프밸브에서 압력수가 방출되는지를 확인한다. ⑧ 만약 압력수를 방출하지 않으면, 릴리프밸브가 압력수를 방출할 때까지 조절볼트를 반시계방향으로 돌려준다. ⑨ 릴리프밸브에서 압력수를 방출하는 순간의 압력계상의 압력이 당해 릴리프밸브에 세팅된 동작압력이 된다. ⑩ 주펌프 정지 ⑪ 릴리프밸브 상단 캡을 덮어 조여 놓는다.	릴리프밸브 조정

참고 ① **체절운전** : 토출량이 "0"인 상태에서 펌프가 낼 수 있는 최고의 압력점에서의 운전을 말한다.
② **체절압력**(Churn Pressure) : 체절운전 시의 압력을 말한다.

Tip **릴리프밸브 조정방법**

상단부의 조절볼트를 이용하여 현장상황에 맞게 세팅한다.
① 조절볼트를 조이면(시계방향으로 돌림 : 스프링의 힘 세짐)
  ⇒ 릴리프밸브 작동압력이 높아진다.
② 조절볼트를 풀면(반시계방향으로 돌림 : 스프링의 힘 작아짐)
  ⇒ 릴리프밸브 작동압력이 낮아진다.

| 그림 4-104 **릴리프밸브 조절방법** |

| 그림 4-105 **릴리프밸브 캡을 열어 스패너로 조절하는 모습** |

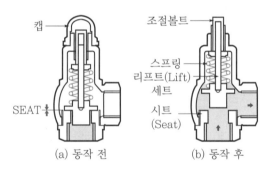

| 그림 4-106 **릴리프밸브 단면** |

(3) 정격부하운전(100% 유량운전)

펌프를 기동한 상태에서 유량조절밸브를 개방하여 유량계의 유량이 정격유량상태(100%)
일 때, 토출압력이 정격압력 이상이 되는지를 확인하는 시험이다.

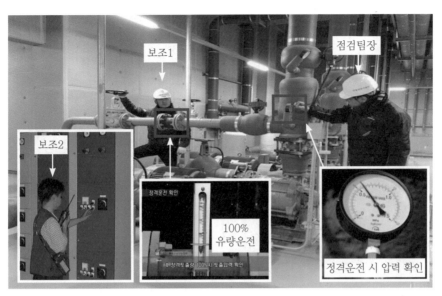

| 그림 4-107 정격부하운전 모습 |

Tip 펌프성능시험 시 참고사항

정격부하운전시험과 최대운전시험을 연속하여 실시하는 경우도 있지만, 일반적으로 집수정과 배수펌프 용량은 작은 반면 소화펌프의 용량은 크기 때문에 성능시험 시 소화펌프를 짧은 시간동안 작동하여도 집수정에 물이 가득차게 된다. 따라서 통상 정격부하운전을 하고 펌프를 정지시킨 후 배수처리 상황을 확인하고 나서 최대운전을 실시하게 된다.

① 성능시험배관상의 개폐밸브 ② 완전개방, 유량조절밸브 ③ 약간만 개방
② 주펌프 수동 기동
③ 유량조절밸브 ③을 서서히 개방하여 정격토출량(100% 유량)일 때의 토출압력을 확인
④ 주펌프 정지

| 그림 4-108 유량조절밸브 개방 |　| 그림 4-109 100% 유량운전 |　| 그림 4-110 150% 유량운전 |

(4) 최대운전(150% 유량운전)

유량조절밸브를 더욱 개방하여 유량계의 유량이 정격토출량의 150%가 되었을 때 토출압력이 정격양정의 65% 이상이 되는지를 확인하는 시험이다.

| 그림 4-111 최대운전 모습 |

참고 정격부하운전 실시 후 집수정의 배수가 완료되면 실시(개폐밸브 ②는 이미 개방상태임)

① 유량조절밸브 ③을 중간 정도만 개방시켜 놓는다.

② 주펌프 수동 기동

③ 유량계를 보면서 유량조절밸브 ③을 조절하여 정격토출량의 150%일 때의 토출압력을 확인

④ 주펌프 정지

(5) 복구

① 성능시험배관상의 개폐밸브 ②와 유량조절밸브 ③ 폐쇄, 펌프 토출측 밸브 ① 개방

② 제어반에서 주·충압펌프 선택 스위치 자동전환(충압펌프 자동전환 후 주펌프 자동전환)

(6) 펌프성능 판단

조사한 자료로 펌프의 성능곡선 및 펌프성능시험 결과표를 작성하여 성능을 판정한다.

5 펌프성능시험 결과 확인사항

다음의 펌프성능시험 결과표에서 노란색 부분은 설치된 펌프의 현황(토출량, 양정)을 파악하여 펌프성능시험 전에 작성해 놓아야 하며, 펌프성능시험 시 조사한 자료를 성능시험 결과표의 "토출압" 부분에 해당하는 실측치를 기록하여 펌프의 성능을 판정한다.

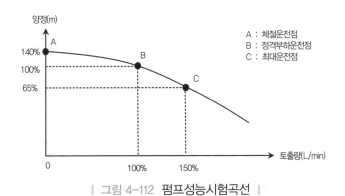

| 그림 4-112 펌프성능시험곡선 |

| **펌프성능시험 결과표** | | | | | |

구 분		체절운전	정격운전 (100%)	정격유량의 150% 운전	적정 여부	
토출량 (L/min)		0	펌프성능시험 전에 작성		① 체절운전 시 토출압은 정격토출압의 140% 이하일 것( ) ② 정격운전 시 토출량과 토출압이 규정치 이상일 것 ( ) (펌프 명판 및 설계치 참조) ③ 정격토출량 150%에서 토출압이 정격토출압의 65% 이상일 것( )	• 설정압력 : • 주펌프 기동 : MPa 정지 : MPa • 충압펌프 기동 : MPa 정지 : MPa
토출압 (MPa)	이론치					
	실측치	펌프성능시험 실측치 기록				

※ 릴리프밸브 작동압력 :   MPa

> **참고** 상기 성능시험표의 이론치에 해당하는 부분은 점검표에는 없으나, 현장에서는 펌프성능시험 시 판정기준이 되므로 통상 펌프성능시험 전에 작성을 해 놓는다.

> **조건** 펌프에 양압이 걸리는 경우로 기술한다.

(1) 체절운전(무부하시험 : No Flow Condition)

① 펌프 토출측 밸브와 성능시험배관의 유량조절밸브를 잠근 상태에서 펌프를 기동

② 체절압력이 정격토출압력의 140% 이하인지 확인

③ 체절운전 시 체절압력 미만에서 릴리프밸브가 작동하는지 확인

(2) 정격부하운전(정격부하시험 : Rated Load, 100% 유량운전)

    ① 펌프를 기동한 상태에서 유량조절밸브를 개방하여 유량계의 유량이 정격유량 상태 (100%)일 때

    ② 압력계 압력이 정격압력 이상이 되는지 확인

(3) 최대운전(피크부하시험 : Peak Load, 150% 유량운전)

    ① 유량조절밸브를 더욱 개방하여 유량계의 유량이 정격토출량의 150%가 되었을 때

    ② 압력계의 압력이 정격양정의 65% 이상이 되는지 확인

(4) 가압송수장치가 정상 작동되는지

(5) 펌프 기동 표시 및 경보 등이 적절하게 동작되는지

(6) 전동기의 운전전류값이 적용범위 내인지

(7) 운전 중에 불규칙적인 소음, 진동, 발열은 없는지

6 펌프성능시험 시 주의사항

(1) 성능시험 시 유량계에 작은 기포가 통과하여서는 아니된다.

> 참고 유량측정 시 기포가 통과할 경우 정확한 유량측정이 곤란하기 때문이며, 기포가 통과하는 원인을 살펴보면 다음과 같다.
> ① 흡입배관의 이음부로 공기가 유입될 때
> ② 후드밸브와 수면 사이가 너무 가까울 때
> ③ 후드밸브와 수면 사이가 지나치게 멀 때
> ④ 펌프에 공동현상이 발생할 때

(2) 개폐밸브의 급격한 개폐금지 (∵ 수격현상이 발생함)

(3) 배수처리 관계에 유의 (∵ 집수정의 배수펌프 용량은 소화펌프에 비해 작음)

(4) 펌프 · 모터의 회전축 근처에 있지 말 것 (∵ 위험)

(5) 제어반과 현장측과의 의사전달을 확실히 할 것(무전 시 복명복창 철저)

(6) 펌프성능시험 시 토출측 개폐밸브를 완전히 폐쇄한 후 점검할 것

05 순환배관

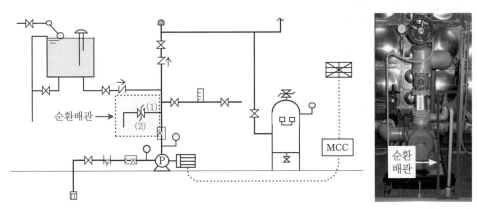

| 그림 4-113 순환배관 설치도 및 설치 사진 |

1 순환배관 설치목적

펌프의 체절운전 시 수온이 상승하여 펌프 및 모터에 무리가 발생하므로 순환배관상의 릴리프밸브를 통해 과압을 방출하여 수온 상승을 방지하기 위해서 설치한다.

2 순환배관 설치기준

(1) 순환배관 분기위치 : 체크밸브와 펌프 사이

(2) 순환배관 구경 : 20mm 이상

(3) 체절압력 미만에서 개방되는 릴리프밸브 설치

> 참고 순환배관에 설치되는 릴리프밸브는 체절압력을 확인하고, 체절압력 미만에서 개방되도록 현장에서 세팅한다.

3 순환배관의 명칭 및 설치목적

(1) 순환배관

① 기능 : 체절운전 시 압력수 배출

② 설치목적 : 펌프의 체절운전 시 수온 상승 방지 목적으로 설치한다.

(2) 릴리프밸브

① 기능 : 설정압력에서 압력수 방출

② 설치목적 : 펌프의 체절운전 시 압력수를 방출하여 펌프 및 설비를 보호하기 위해서 설치한다(∵ 수온이 급격하게 상승되면 임펠러가 손상됨).

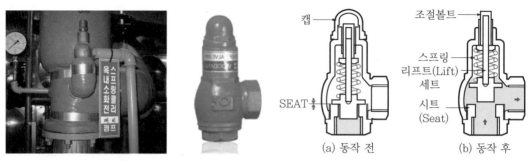

∥ 그림 4-114 릴리프밸브 외형 및 동작 전·후 단면 ∥

4 〉 체절운전 시 주의사항

(1) 사전에 필히 릴리프밸브 몸체에 표시된 규격압력을 확인 후 펌프를 기동시킨다.

(2) 펌프의 체절운전상태를 최소한 짧게 한다(∵ 펌프 손상 방지 목적).

(3) 순환배관상의 규격은 체절운전 시 수량이 충분히 흐를 수 있는 규격인지 확인한다(최소 20mm 이상).

5 〉 점검 시 주요 지적사항

(1) 체절운전 시 릴리프밸브가 손상되는 경우

릴리프밸브 내부에는 스프링이 있는데 오래된 건물의 경우 내부의 스프링이 습기에 의하여 부식되어 체절운전 시 릴리프밸브가 동작된 후 복구되지 않는 경우를 점검 시 종종 볼 수 있다. 따라서 노후된 릴리프밸브는 소방안전관리자에게 체절운전 시 릴리프밸브가 손상될 수 있다는 내용을 설명하여 주고 소방안전관리자 입회하에 체절운전을 실시하고 노후된 릴리프밸브는 교체를 권장해 주는 것이 바람직하며, 만약의 경우를 대비하여 점검 전에 여분의 릴리프밸브를 준비해 가는 것도 좋은 방법이다.

(2) 체절운전 시 릴리프밸브가 작동하지 않는 경우

펌프의 체절압력을 확인 후 릴리프밸브의 조절볼트를 조정하여 체절압력 미만에서 개방되도록 조정하여 준다.

(3) 순환배관 연결 부적절

순환배관의 토출측 배관을 펌프 흡입측 배관 또는 배수관 등에 직접 연결·설치하여 체절운전 시 릴리프밸브의 작동 여부를 확인하기 곤란한 경우를 점검 시 종종 볼 수 있다. 사실 순환배관을 통하여 평상시 물이 지속적으로 흐르는 것도 아니고 펌프 체절운전 시 체절압력 미만에서 릴리프밸브가 작동되어 물이 배출된다. 따라서 순환배관의 토출측 배관 연결이 부적정한 경우는 릴리프밸브의 작동 여부를 확인할 수 있는 구조(사이트글라스 설치 또는 물받이컵 설치 등)로 변경할 것을 건물관리자에게 안내하여 준다.

| 그림 4-115 펌프 흡입측 배관에 연결한 경우 |

| 그림 4-116 배수배관에 연결한 경우 |

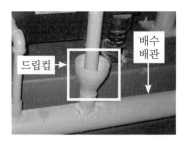

| 그림 4-117 순환배관이 잘 설치된 경우 |

06 기동용 수압개폐장치(압력챔버)

기동용 수압개폐장치라 함은 소화설비의 배관 내 압력변동을 검지하여 자동적으로 펌프를 기동 및 정지시키는 것으로서 압력챔버 또는 기동용 압력 스위치를 말한다. 현재 국내에 주로 설치된 기동용 수압개폐장치는 압력챔버이므로 압력챔버 위주로 알아본다.

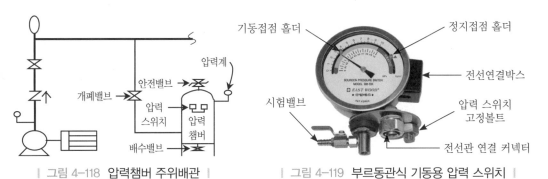

| 그림 4-118 압력챔버 주위배관 | | 그림 4-119 부르동관식 기동용 압력 스위치 |

1 압력챔버의 역할

(1) 펌프의 자동기동 및 정지

압력챔버 및 압력 스위치를 사용하여 압력챔버 내 수압의 변화를 감지하여, 설정된 펌프의 기동·정지점이 될 때 펌프를 자동으로 기동 및 정지시킨다.

(2) 압력변화의 완충작용

압력챔버 상부의 공기가 완충작용을 하여 공기의 압축 및 팽창으로 인하여 급격한 압력변화를 방지하여 준다.

(3) 압력변동에 따른 설비의 보호

압력챔버로 인하여 펌프의 기동 시 챔버 상부의 공기가 완충역할을 하여 주변기기의 충격과 손상을 방지하여 준다.

2 압력챔버의 명칭 및 설치목적

(1) 개폐밸브

① 기능 : 배관의 개·폐 기능

② 설치목적 : 압력챔버의 가압수 공급 및 압력챔버의 공기교체 시 2차측 배관의 물을 배수시키지 않기 위해서 설치한다.

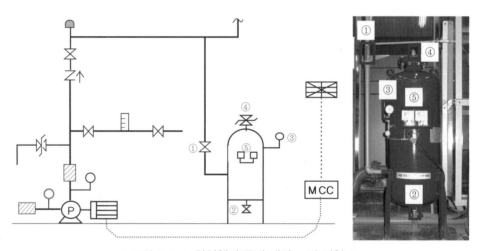

| 그림 4-120 압력챔버 주변 배관도 및 외형 |

(2) 배수밸브

① 기능 : 배수배관의 개·폐 기능

② 설치목적 : 압력챔버의 시험 및 공기교체 시 압력챔버의 물을 배수시키기 위해서 설치한다.

(3) 압력계

① 기능 : 압력챔버 내 압력 표시

② 설치목적 : 압력챔버(배관) 내 압력을 확인하기 위해서 설치한다.

(4) 안전밸브(밴트밸브)

① 기능 : 일정한 압력이 걸리면 압력 방출

② 설치목적 : 압력챔버 내 이상과압 발생 시 압력을 방출하여 압력챔버 주변기기를 보호하기 위해서 설치한다.

| 그림 4-121 압력챔버 상단에 설치된 안전밸브 외형 |

Tip 안전밸브와 릴리프밸브의 차이점

구 분	안전밸브	릴리프밸브
설치위치	압력챔버 상부	순환배관
동작압력	제조 시 세팅하여 출고 (호칭압력~호칭압력의 1.3배 범위)	현장에서 세팅 (현장마다 상이함)
그림		

(5) 압력 스위치

압력 스위치에는 Range와 Diff의 눈금이 있으며, 압력 스위치 상단부의 나사를 이용하여 현장상황에 맞도록 펌프의 기동·정지압력을 세팅한다.

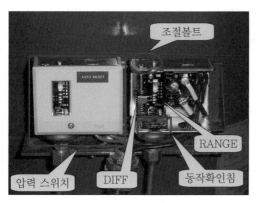 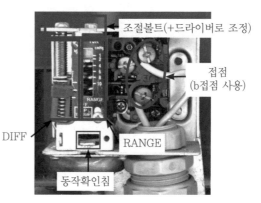

| 그림 4-122 압력 스위치 구성요소 |

① **기능** : 세팅된 압력에 의거 압력챔버 내 압력변동에 따라 압력 스위치 내 접점을 붙여 주는 기능(b접점 사용)

② **설치목적** : 평상시 전 배관의 압력을 검지하고 있다가 일정압력의 변동이 있을 시 압력 스위치가 작동하여 감시제어반으로 신호를 보내어 설정된 제어순서에 의해 펌프를 자동기동 및 정지를 시키는 역할을 한다.

③ **압력 스위치의 구성요소**

    ㉠ Range : 펌프의 정지압력을 표시

    ㉡ Diff : 펌프 정지점과 기동점과의 차이(=정지압력−기동압력)를 표시

    ㉢ 조절볼트 : 압력 스위치 상단에 위치하고 있는 조절볼트를 +드라이버를 이용하여 좌·우로 돌려 Range와 Diff의 눈금을 조정하여 펌프 기동·정지압력을 세팅한다.

    ㉣ 접점 : 압력 스위치를 제어반과 연결하기 위한 단자로서 "b"접점을 이용한다. 1993년 11월 23일 이후부터는 감시제어반에서 동작·도통시험을 하기 위하여 압력 스위치 단자에 종단저항을 설치한다.

적용 시점	종단저항 유무	전 압	도통·동작시험
1993. 11. 11. 이후	종단저항 설치	DC 24V	가능
1993. 11. 10. 이전	종단저항 없음	AC 220V	불가

| 그림 4-123 **종단저항이 설치된 경우** |

| 그림 4-124 **종단저항이 없는 경우** |

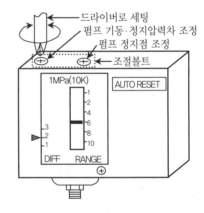

| 그림 4-125 **압력 스위치 구성요소** |

    ㉤ 동작확인침 : 배관 내 압력이 압력 스위치에 설정된 압력범위 내에 있으면 동작확인침이 상승하고, 설정압력 이하로 내려가면 동작확인침이 하강한다. 점검 시 이 동작확인침을 이용하여 주펌프와 충압펌프의 압력 스위치를 구분하는 데 유용하게 사용된다.

04

배관 내 압력		동작확인침 상태		감시제어반 상태	
평상시 설정압력범위 내에 있는 경우	상승		• 펌프 PS : 소등 • 부저 : 미동작		
상황발생 시 설정압력범위 이하인 경우	하강		• 펌프 PS : 점등 • 부저 : 동작		

3 주 · 충압펌프용 압력 스위치 구분방법

(1) 충압펌프만 자동으로 놓은 후 동작확인침을 내려서 확인하는 방법

① 충압펌프만 자동전환(감시 및 동력제어반), 주펌프 전원차단

② 압력 스위치마다 드라이버로 동작확인침을 내려 본다.

③ 동작확인침을 누르는 순간 충압펌프가 기동되면 그 압력 스위치가 충압펌프용 압력 스위치이다.

(a) 동력제어반　　(b) 감시제어반

| 그림 4-126 충압펌프 자동전환 |

| 그림 4-127 동작확인침을 내리는 모습 |　| 그림 4-128 동작확인침 동작 시 충압펌프 동작 확인 |

(2) 주·충압펌프의 전원을 차단 후 각 압력 스위치의 동작확인침을 내려서 확인하는 방법

① 동력제어반의 전원을 차단(차단기 OFF)한다.

② 각 압력 스위치의 동작확인침을 순서대로 내려 본다.

③ 감시제어반의 각 펌프 압력 스위치 표시등의 점등 여부를 무전을 통하여 확인한다.

| 그림 4-129 동력제어반
전원차단 |

| 그림 4-130 동작확인침
내리는 모습 |

| 그림 4-131 감시제어반 압력 스위치
점등 확인 |

Tip 압력챔버 상단에 펌프 명칭 표시

점검 시 압력챔버 상단 및 압력 스위치에 담당하는 펌프의 명칭을 네임펜 등으로 표기해 두면 점검 및 유지관리 시 용이하다.

| 그림 4-132 압력챔버 상단 및 압력 스위치에 펌프 명칭 표시 |

4 압력챔버 내 공기가 없을 경우의 현상

압력챔버 내부의 압축된 공기가 펌프의 기동·정지 시 원할한 기동·정지가 될 수 있도록 쿠션 역할을 해 주어야 하나, 챔버 내 공기가 없을 경우는 펌프가 연속적으로 운전되지 않고 짧은 주기로 기동·정지를 반복하는 현상이 생긴다.

04

5 ▷ 압력챔버 내 공기가 없을 경우의 위험성

배관 내 압력 저하로 펌프가 한번 기동되면 짧은 주기로 기동 · 정지를 반복하게 된다. 이는 동력제어반의 전자접촉기(MC ; Magnetic Contactor)가 계속하여 ON, OFF를 반복하게 되고, 결국 모터의 기동전류가 큰 관계로 차단기가 트립(OFF)되거나, 열동계전기가 동작(Trip)되어 펌프는 정지하게 된다. 만약 이러한 상태에서 화재가 발생하면 펌프는 당연히 기동되지 않게 된다. 따라서 펌프 점검 시에는 압력챔버의 공기를 교체해 주도록 한다.

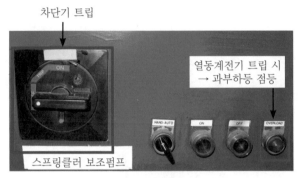

| 그림 4-133 동력제어반 외부 |

| 그림 4-134 동력제어반 내부 |

6 ▷ 압력챔버 공기교체 방법

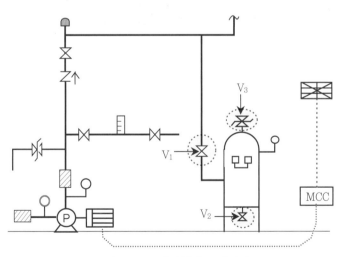

| 그림 4-135 압력챔버 주변배관 |

① 제어반에서 주·충압펌프의 기동을 중지시킨다(펌프의 안전조치를 하지 않고 배수하면 펌프가 기동됨).	안전조치
② V₁ 밸브를 잠근다(챔버 내 가압수 유입 차단). ③ V₂, V₃를 개방하여 압력챔버 내부의 물을 배수한다. ☞ V₂를 개방하여 챔버 내 압축공기에 의한 가압수를 배출시킨 후 V₃를 개방하여 에어를 공급시켜 완전 배수한다. | 그림 4-136 안전밸브 개방모습 | 참고 1. 챔버 내 청소 　　챔버 내부의 물을 배수시키고 나서 V₁ 밸브를 열었다 닫았다를 여러 번 반복하면 배관 내 가압수로 압력챔버 내부의 녹물 등 이물질을 청소할 수 있다. 　　2. 챔버 내 에어 공급 　　만약 V₃가 안전밸브(밴트밸브)가 아니고 릴리프밸브로 되어 있는 경우에는 압력 스위치 연결용 동관 연결볼트를 풀어 신선한 공기를 유입시켜 챔버 내 물을 완전히 배수시키고 나서 다시 견고히 조립한다. 　 | 그림 4-137 안전밸브가 릴리프　　| 그림 4-138 조작동관을 풀어 　　밸브로 설치된 경우 |　　　　에어를 넣는 모습 |	배 수
④ V₂를 통하여 완전히 배수가 되면 V₂, V₃를 폐쇄시킨다. ⑤ V₁ 밸브를 개방하여 압력챔버 내 물을 서서히 채운다(이 경우는 배관 내의 압력만으로 가압하는 경우이다).	급 수
⑥ 충압펌프 자동전환 　⇒ 배관 내를 가압하여 설정압력에 도달되면 충압펌프는 자동정지된다. 　　(∵ 용량이 작은 충압펌프로 먼저 배관 내를 가압한다) ⑦ 주펌프 자동전환 　⇒ 배관 내를 가압하여 설정압력에 도달되면 주펌프는 자동정지된다. 참고 주펌프 수동정지의 경우 자동전환 방법 　　주펌프의 압력 스위치의 동작확인침을 드라이버를 이용하여 상단으로 올려 압력 스위치를 수동으로 복구시키고, 수신기에서 복구 또는 펌프수동정지 스위치를 조작하여 펌프 자기유지를 해제하고 주펌프를 자동전환시켜 놓는다.	자동전환

04

자동전환

| 그림 4-139 수신반 내 펌프수동정지 스위치 |

| 그림 4-140 주펌프 압력
스위치 수동 복구 |

7 압력챔버 내 공기 유·무 확인방법

(1) 제어반에서 주·충압펌프의 기동을 중지시킨다.

(2) V_1 밸브를 잠근다.

(3) V_2 밸브를 개방하여 개방된 밸브를 통해 방출되는 물의 상태를 보고 판정한다.

　① V_2 밸브로 물이 세게 방출되는 경우 : 압력챔버 내부에 압축공기가 있는 정상인 경우이다.

　　⇒ 압력챔버 내부의 압축된 공기에 의해서 챔버 내 물이 세게 방수되는 경우이다.

　② V_2 밸브로 챔버 내부에 물이 없는 것처럼 나오지 않는 경우 : 압력챔버 내부에 압축공기가 전혀 없고 물만 가득차 있는 경우이다.

　　⇒ 이때의 조치방법은 앞서 언급된 "압력챔버의 공기를 넣는 방법"을 참고하여 압력챔버 내부의 물을 전부 빼내고 공기를 주입하여 주어야 한다.

| 그림 4-141 물이 세게 방출되는 경우 |

| 그림 4-142 물이 나오지 않는 경우 |

(4) V_2 폐쇄, V_1 개방하고, 제어반에서 충압펌프를 자동전환 후 주펌프를 자동전환시켜 정상상태로 복구한다.

SECTION 03

펌프 압력세팅

01 소화펌프 자동 · 수동 정지 관련 적용시점

펌프 기동방식	적용시점
자동 정지	2006년 12월 29일 이전 건축허가대상에 적용
수동 정지	2006년 12월 30일 이후 건축허가대상에 적용

02 가압송수장치의 기동장치

1 기동장치의 종류

화재안전기준에서는 수계 소화설비 공통으로 가압송수장치의 기동장치에 대하여 "기동용 수압개폐장치 또는 이와 동등 이상의 성능이 있는 것을 설치할 것"으로 규정하고 있다. 즉 가압송수장치를 기동시키는 방법은 기동용 수압개폐장치 이외에도 이와 동등 이상의 성능이 있는 여러 가지 기술적인 방법의 적용이 가능하다는 것으로서 기술자에게 적용의 폭을 넓혀준 부분으로 해석할 수 있다고 생각한다.

2 기동용 수압개폐장치의 종류

(1) 정의

기동용 수압개폐장치라 함은 소화설비의 배관 내 압력변동을 검지하여 자동적으로 펌프를 기동 및 정지시키는 것으로서 압력챔버 또는 기동용 압력 스위치를 말하며, 기동용 압력 스위치는 부르동식과 전자식으로 구분된다.

(2) 압력챔버

① 구성 : 압력챔버는 챔버(용기), 압력 스위치, 압력계, 안전밸브와 배수밸브로 이루어져 있다.

② 설치위치 : 압력챔버는 펌프 토출측 개폐밸브 이후에서 분기하여 통상 25mm의 배관으로 연결하여 설치하며 연결배관에는 점검을 위하여 개폐밸브를 설치한다.

③ 압력 스위치

㉠ 기능 : 펌프의 기동 · 정지압력을 압력 스위치에 세팅하여 평상시 전 배관의 압력을

검지하고 있다가, 일정압력의 변동이 있을 때 압력 스위치가 작동하여 감시제어반으로 신호를 보내어 설정된 제어순서에 의해 펌프를 자동기동 또는 정지시키게 된다.

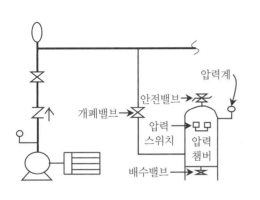

| 그림 4-143 압력챔버 주위배관 |

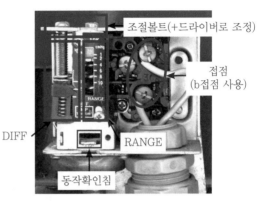

| 그림 4-144 압력 스위치의 구성요소 |

ⓒ 압력세팅 : 압력 스위치에는 Range와 Diff의 눈금이 있으며 압력 스위치 상단부의 나사를 이용하여 현장상황에 맞도록 펌프의 기동·정지 압력을 세팅한다.

- Range : 펌프의 정지압력을 표시
- Diff : 펌프 정지점과 기동점과의 차이(=정지압력－기동압력)를 표시
- 사용압력에 따른 비교 : 국내 검정을 받는 압력 스위치는 현재 1MPa(10kg/cm²)과 2MPa(20kg/cm²)의 2종류가 생산되고 있으며, 압력 스위치의 Range와 Diff의 범위가 한정적이어서 점검현장에서 기동·정지압력을 정밀하게 세팅하는 데 어려움이 많은 것이 현실이다.

사용압력	Diff	Range
1MPa(10kg/cm²)	1~3	1~10
2MPa(20kg/cm²)	3~5	1~20

| 그림 4-145 압력챔버에 부착되는 압력 스위치의 규격 |

| 그림 4-146 압력 스위치의 외형 |

(3) 기동용 압력 스위치

① **구성** : 다음 사진은 국내에서 생산되고 있는 기동용 압력 스위치의 외형을 나타낸 것으로서 펌프 기동점과 정지점을 전 범위에서 직접 정밀하게 세팅이 가능하며, 배관 내의 압력을 직접 확인도 가능하다.

| 그림 4-147 **전자식 기동용 압력 스위치** |

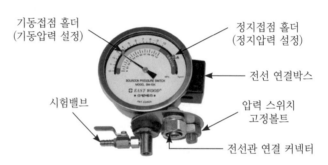

| 그림 4-148 **부르동관식 기동용 압력 스위치** |

* 동림테크노(주), "기동용 압력 스위치", http://enginepump.com / (주)동화엔지니어링, "전자식 압력 스위치", http://www.gofire.co.kr

② **설치위치**(NFPA 20 설치기준 소개)

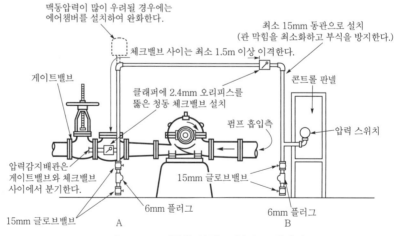

| 그림 4-149 **기동용 압력 스위치 주변배관** |

* 기동용 압력 스위치 주변배관 : NFPA 20, (Installation of stationary pump for fire protection) (2007) Fig A.10.5.2.1(a)

㉠ 15mm 글로브밸브 A, B : 시험 시 개방하여 동관 내 압력을 감압시켜 펌프의 자동 기동 확인 및 청소 시 사용한다.

㉡ 압력 스위치 연결배관 분기위치 : 각 펌프의 토출측 게이트밸브와 체크밸브 사이에서 분기하여 연결·설치한다.

㉢ 연결배관의 재질 및 구경 : 부식 방지를 위하여 15mm의 동관을 사용(내식성의 금속배관)한다.

㉣ 콘트롤 판넬 : 압력 스위치는 별도의 전용함에 수납한다.

㉤ 체크밸브 설치 : 압력 스위치 연결배관을 배관에서 직접 분기하기 때문에 맥동현상 완화를 위해 연결배관에는 2.4mm의 오리피스가 있는 체크밸브를 1.5m 이상 이격하여 2개를 설치한다. 배관 내 압력이 낮아지면 체크밸브의 클래퍼가 열려 압력이 빨리 떨어져 압력 스위치가 신속하게 감지하여 펌프를 기동시키며, 펌프가 기동하여 압력이 상승되면 체크밸브의 클래퍼가 닫혀 오리피스를 통해 감압되어 압력 스위치에 압력이 전달된다.

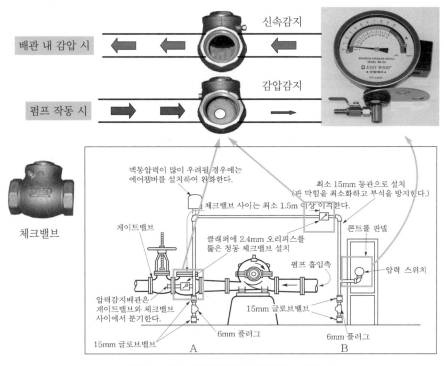

┃ 그림 4-150 연결배관의 체크밸브 동작 ┃

③ 기동용 압력 스위치 설정방법

㉠ 전자식

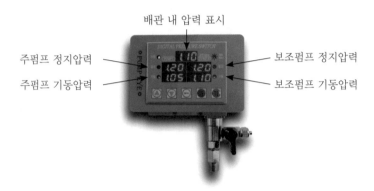

| 그림 4-151 전자식 기동용 압력 스위치 외형 |

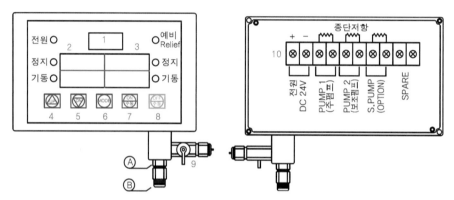

| 그림 4-152 전자식 기동용 압력 스위치 외형 및 명칭 |

| 전자식 압력 스위치 각 부분별 명칭 |

번호	명 칭	내 용
1	펌프 2차측 압력 표시	현재 펌프 2차측 배관 내 압력을 표시
2	압력 표시창	펌프 1(주), 압력 설정값(기동/정지) 표시
3	압력 표시창	펌프 1(보조), 압력 설정값(기동/정지) 표시
4	입력값 상승	압력값을 상승시키는 버튼
5	입력값 하강	압력값을 하강시키는 버튼
6	MODE 버튼	버튼을 누를 때마다 MODE 변경
7	펌프 수동 기동	펌프 수동 기동 버튼
8	펌프 수동 정지	펌프 수동 정지 버튼/ 입력값 완료 버튼
9	시험밸브	배수를 하여 시험하는 밸브
10	단자대	수신반과 연결되는 단자대

Tip 압력 설정방법

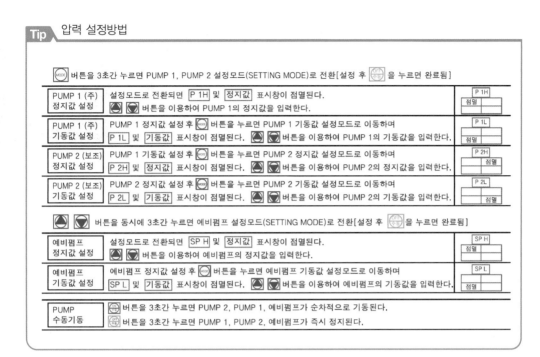

MODE 버튼을 3초간 누르면 PUMP 1, PUMP 2 설정모드(SETTING MODE)로 전환[설정 후 🔄 을 누르면 완료됨]		
PUMP 1 (주) 정지값 설정	설정모드로 전환되면 P 1H 및 정지값 표시창이 점멸된다. 🔼 🔽 버튼을 이용하여 PUMP 1의 정지값을 입력한다.	P 1H 점멸
PUMP 1 (주) 기동값 설정	PUMP 1 정지값 설정 후 MODE 버튼을 누르면 PUMP 1 기동값 설정모드로 이동하며 P 1L 및 기동값 표시창이 점멸된다. 🔼 🔽 버튼을 이용하여 PUMP 1의 기동값을 입력한다.	P 1L 점멸
PUMP 2 (보조) 정지값 설정	PUMP 1 기동값 설정 후 MODE 버튼을 누르면 PUMP 2 정지값 설정모드로 이동하며 P 2H 및 정지값 표시창이 점멸된다. 🔼 🔽 버튼을 이용하여 PUMP 2의 정지값을 입력한다.	P 2H 점멸
PUMP 2 (보조) 기동값 설정	PUMP 2 정지값 설정 후 MODE 버튼을 누르면 PUMP 2 기동값 설정모드로 이동하며 P 2L 및 기동값 표시창이 점멸된다. 🔼 🔽 버튼을 이용하여 PUMP 2의 기동값을 입력한다.	P 2L 점멸
🔼 🔽 버튼을 동시에 3초간 누르면 예비펌프 설정모드(SETTING MODE)로 전환[설정 후 🔄 을 누르면 완료됨]		
예비펌프 정지값 설정	설정모드로 전환되면 SP H 및 정지값 표시창이 점멸된다. 🔼 🔽 버튼을 이용하여 예비펌프의 정지값을 입력한다.	SP H 점멸
예비펌프 기동값 설정	예비펌프 정지값 설정 후 MODE 버튼을 누르면 예비펌프 기동값 설정모드로 이동하며 SP L 및 기동값 표시창이 점멸된다. 🔼 🔽 버튼을 이용하여 예비펌프의 기동값을 입력한다.	SP L 점멸
PUMP 수동기동	🔄 버튼을 3초간 누르면 PUMP 2, PUMP 1, 예비펌프가 순차적으로 기동된다. ⏹ 버튼을 3초간 누르면 PUMP 1, PUMP 2, 예비펌프가 즉시 정지된다.	

참고 1. 펌프의 압력이 세팅되고 정상상태에서는 압력 스위치의 DC 24V 전원을 절대 단선시키지 말 것.
(사유 : 화재로 인한 단선으로 인식하여 펌프가 정지점 무시하고 작동됨)
2. PUMP 1에는 주펌프, PUMP 2에는 보조펌프의 압력 스위치를 연결할 것

ⓛ 부르동관식 : 압력 스위치의 커버를 열고 기동접점 홀더의 나사를 풀어 기동하고
자 하는 압력의 위치에 놓고 나사를 돌려 고정하고, 정지접점 홀더의 나사를 풀어
정지하고자 하는 압력의 위치에 놓고 나사를 돌려 고정시키고 커버를 돌려 닫아
놓는다.

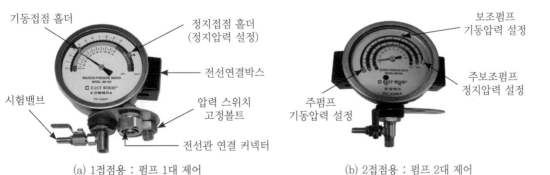

(a) 1접점용 : 펌프 1대 제어　　　　　　(b) 2접점용 : 펌프 2대 제어

┃ 그림 4-153 부르동관식 기동용 압력 스위치 ┃

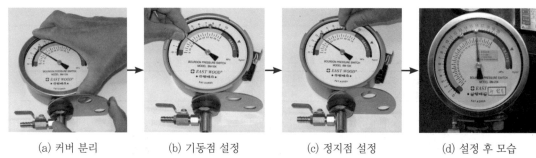

| (a) 커버 분리 | (b) 기동점 설정 | (c) 정지점 설정 | (d) 설정 후 모습 |

┃ 그림 4-154 부르동관식 기동용 압력 스위치 압력설정 모습 ┃

03 펌프 자동정지 세팅

소화펌프의 자동정지 세팅은 2006년 12월 29일 이전 건축허가를 받은 특정소방대상물에 적용하며, 화재발생 등으로 배관 내의 압력이 설정압력 이하로 낮아지면 펌프는 자동으로 기동되며, 배관 내의 압력이 설정압력에 도달하면 자동으로 정지되는 방법이다. 펌프 자동정지 세팅 시의 주안점은 펌프의 정지점을 체절점 근처에 설정함으로서 펌프가 반복적으로 기동·정지되는 단속운전의 문제점을 해결하는 것으로서 일반적인 세팅기준은 다음과 같다.

1 주·충압펌프 정지점 : 릴리프밸브 동작압력−0.5kg/cm²(세팅 시 기준값)

화재발생 초기에 헤드 1개가 개방되거나 옥내소화전을 1개만 사용하는 경우 펌프 정격양정에 비해 소유량만을 사용하게 되므로 배관 내의 압력 저하에 따라 펌프가 기동되면 순식간에 배관 내 압력은 체절압력 근처에 다다르게 되어 펌프는 잠시 정지한 후 압력 저하에 따라 다시 기동되는 단속운전을 하게 되는데 이러한 현상을 해소하기 위하여 펌프의 정지점은 체절점 근처인 릴리프밸브 동작압력 아래의 직근압력에 세팅한다.

2 충압펌프 기동점 : 주·충압펌프 정지압력−1~3kg/cm²

압력 스위치는 "10K용" 또는 "20K용"에 따라 "DIFF"값이 다르므로 현장에 설치되는 압력 스위치에 따라 1~3kg/cm² 사이의 적정한 값을 적용한다.
(1) 10K용 압력 스위치(P/S) : 1~2kg/cm² 적용
(2) 20K용 압력 스위치(P/S) : 2~3kg/cm² 적용

3 충압펌프의 기동·정지점

주펌프의 기동·정지점 범위 내에 있어야 한다.

4 주펌프 기동점 : 충압펌프 기동압력 -0.5kg/cm² 이상

주펌프의 기동점은 다음 (1), (2)에 의한 산출값 중 큰 값보다 커야 한다. 세팅 시 기준은 주·충압펌프 정지점이기 때문에 이 부분은 통상 만족이 된다.

(1) 최고위 살수헤드에서 압력챔버까지의 낙차압력에 1.5kg/cm²를 가산한 압력
   (옥내의 경우 : $+2$kg/cm²)

(2) 옥상수조 위치에서 압력챔버까지의 낙차압력에 0.5kg/cm²를 가산한 압력

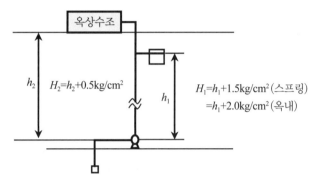

| 그림 4-155 H_1이 높은 일반적인 예 |

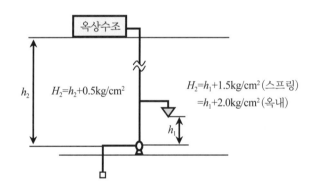

참고 층수가 높고 지하층에만 소화설비가 설치된 경우에 해당

| 그림 4-156 H_2가 높은 경우의 예 |

5 주펌프를 분리하여 병렬로 설치 시

주펌프 I, II 기동압력차 0.7kg/cm²이다.

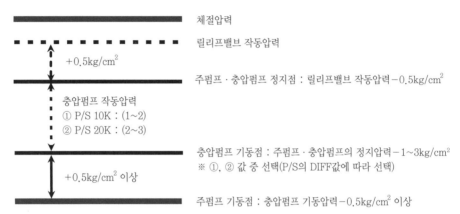

※ 주펌프의 기동값은 (1), (2) 중 큰 값보다 클 것

   (1) 최고위 살수헤드에서 압력챔버까지의 낙차압력에 1.5kg/cm²(옥내 : +2kg/cm²)를 가산한 압력

   (2) 옥상수조 위치에서 압력챔버까지의 낙차압력에 0.5kg/cm²를 가산한 압력

| 그림 4-157 **주펌프 자동정지(주펌프 1대, 충압펌프 1대)** |

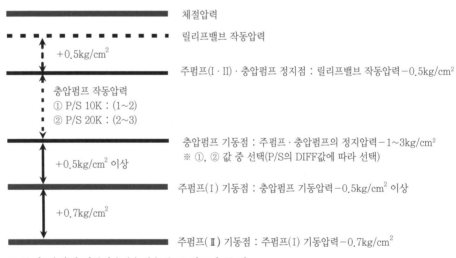

※ 주펌프(II)의 기동값은 (1), (2) 중 큰 값보다 클 것

   (1) 최고위 살수헤드에서 압력챔버까지의 낙차압력에 1.5kg/cm²(옥내 : +2kg/cm²)를 가산한 압력

   (2) 옥상수조 위치에서 압력챔버까지의 낙차압력에 0.5kg/cm²를 가산한 압력

| 그림 4-158 **주펌프 자동정지(주펌프 2대, 충압펌프 1대)** |

6 ⟩ 펌프 자동정지 시퀀스

(1) 감시제어반에서 도통시험이 가능한 경우

압력 스위치의 단자에는 DC 24V가 인가되며 도통시험을 위한 종단저항이 설치된다.

압력 스위치 단자전압	도통시험	적용시점
DC 24V	가능	1993. 11. 11. 이후

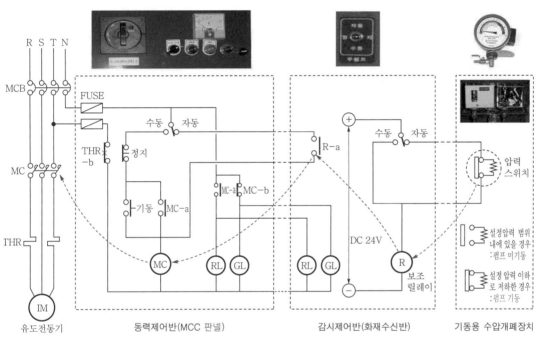

| 그림 4-159 **펌프 제어 시퀀스(펌프 자동정지 ; 감시제어반에서 도통시험 가능한 경우)** |

(2) 감시제어반에서 도통시험이 불가한 경우

압력챔버의 압력 스위치는 동력제어반에 직접 연결되어 압력 스위치 단자에는 AC 220V가 인가되므로 점검 시 주의를 요한다.

압력 스위치 단자전압	도통시험	적용시점
AC 220V	불가	1993. 11. 10. 이전

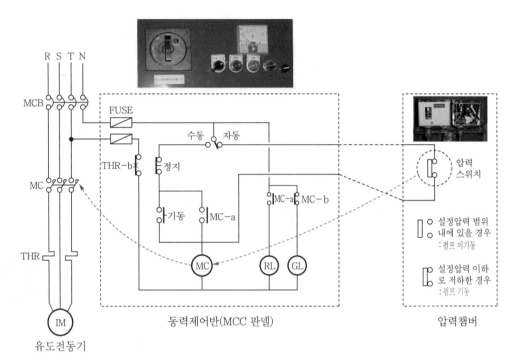

| 그림 4-160 펌프 제어 시퀀스(펌프 자동정지 ; 감시제어반에서 도통시험 불가한 경우) |

04 펌프 수동정지 세팅방법

펌프 수동정지하는 방법을 압력 스위치 자체 설정만으로 제어하는 기계적인 방법과 주펌프의 정지점을 펌프 정격양정에 설정하고 펌프가 한번 기동되면 계속 동작될 수 있도록 자기유지회로를 추가로 구성하는 전기적인 방법이 있다.

| 펌프 수동정지 세팅방법의 구분 |

구 분	기계적인 방법	전기적인 방법
기동용 수압개폐장치 ① 기동용 압력 스위치 ② 압력챔버	• 주펌프 정지점 : 체절압력 이상에 세팅 ⇒ 펌프 수동정지	• 주펌프 정지점 : 펌프 정격양정에 세팅하고 주펌프 기동 시 정지되지 않도록 자기유지회로 설치 ⇒ 펌프 수동정지

1 기계적인 방법

소화펌프를 수동으로 정지시키는 것은 주펌프의 정지점을 체절압력 이상에 세팅을 하면 간단히 해결된다. 주펌프의 정지점을 체절압력 이상에 세팅하여 배관 내 압력 저하 시 한번 펌프가 기동이 되면 펌프는 체절압력 이상으로 올리지 못하므로 사람이 수동으로 정지하기 전까지는 계속하여 동작이 되는 방식이다.

| 세팅기준 |

구 분	기 준
주펌프 정지점	주펌프 체절압력 + 0.5kg/cm^2
충압펌프 정지점	주펌프 정지압력 − 1.5kg/cm^2
충압펌프 기동점	충압펌프 정지압력 − 1∼2kg/cm^2
주펌프 기동점	충압펌프 기동압력 − 0.5kg/cm^2

참고 주펌프의 기동압력은 다음 ①, ②를 또한 만족하여야 한다. 세팅기준은 주펌프 정지점이기 때문에 이 부분은 통상 만족이 된다.
① 최고위 살수헤드에서 압력챔버까지의 낙차압력에 1.5kg/cm^{2}를 가산한 압력
   (옥내의 경우 : +2kg/cm^2)
② 옥상수조 위치에서 압력챔버까지의 낙차압력에 0.5kg/cm^{2}를 가산한 압력

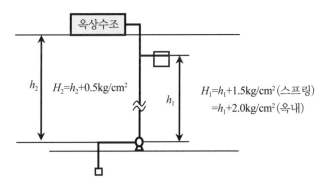

| 그림 4-161 H_1이 높은 일반적인 예 |

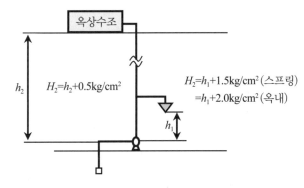

참고 층수가 높고 지하층에만 소화설비가 설치된 경우에 해당
| 그림 4-162 H_2가 높은 경우의 예 |

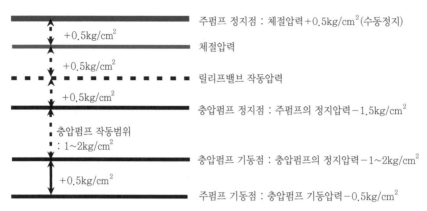

※ 주펌프의 기동값은 ①, ② 중 큰 값보다 클 것(만족)
 ① 최고위 살수헤드에서 압력챔버까지의 낙차압력에 $1.5kg/cm^2$(옥내 : $+2kg/cm^2$)를 가산한 압력
 ② 옥상수조 위치에서 압력챔버까지의 낙차압력에 $0.5kg/cm^2$를 가산한 압력

| 그림 4-163 펌프 세팅기준(주펌프 1대, 충압펌프 1대) |

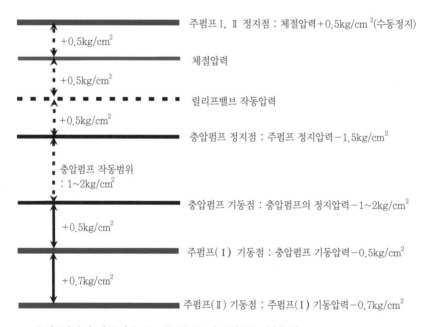

※ 주펌프(Ⅱ)의 기동값은 ①, ② 중 큰 값보다 클 것(만족)
 ① 최고위 살수헤드에서 압력챔버까지의 낙차압력에 $1.5kg/cm^2$(옥내 : $+2kg/cm^2$)를 가산한 압력
 ② 옥상수조 위치에서 압력챔버까지의 낙차압력에 $0.5kg/cm^2$를 가산한 압력

| 그림 4-164 펌프 세팅기준(주펌프 2대, 충압펌프 1대) |

2 전기적인 방법

　주펌프의 정지점을 펌프 전양정에 세팅하고 자기유지회로를 감시제어반 또는 동력제어반에 구성하여 배관 내 압력이 설정압력 이하로 저하되어 펌프가 기동되면 자기유지회로에 의하여 펌프를 계속하여 동작시키는 방법이다.

　동력제어반에 자기유지회로를 구성하면 동력제어반으로 이동하여야만 펌프를 정지시킬 수 있지만, 감시제어반에 자기유지회로를 구성하면 감시제어반과 동력제어반 어느 곳에서도 필요 시 펌프를 정지시킬 수 있는 장점이 있으므로 자기유지회로는 대부분 감시제어반에 구성한다.

> 참고 자기유지접점 : 릴레이(또는 전자접촉기)의 a접점을 이용하여 자기유지회로를 구성하면 한 번의 동작신호로 릴레이가 여자(통전)되면 a접점이 자기유지하므로 다음 정지신호를 주기 전까지는 동작상태를 계속 유지하는 접점을 말한다.

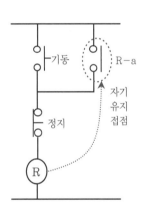

| 그림 4-165 **자기유지회로** |

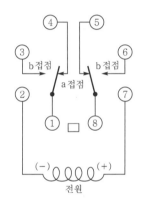

| 그림 4-166 **릴레이 접점 구성** |

| 그림 4-167 **릴레이 외형** |

(1) 세팅기준

① **주펌프 기동점** : 주펌프의 기동압력은 다음 중 높은 쪽으로 압력값이 저하하였을 때 기동되도록 함(최소한 자연낙차압력을 극복하고 펌프를 기동시키고자 하는 개념)−세팅 시 기준값

　㉠ 최고위 살수헤드에서 압력챔버까지의 낙차압력에 $1.5kg/cm^2$를 가산한 압력 (옥내의 경우 : $+2kg/cm^2$)

　㉡ 옥상수조 위치에서 압력챔버까지의 낙차압력에 $0.5kg/cm^2$를 가산한 압력

② **주펌프 정지점** : 주펌프의 전양정 환산 수두압(자기유지회로 구성으로 인한 수동정지)

③ **충압펌프 기동점** : 주펌프의 기동압력$+0.5kg/cm^2$

④ **충압펌프 정지점** : 주펌프의 전양정 환산 수두압

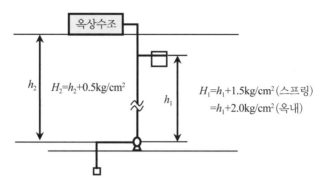

┃ 그림 4-168 H_1이 높은 일반적인 예 ┃

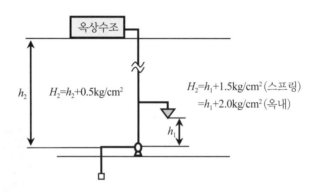

참고 층수가 높고 지하층에만 소화설비가 설치된 경우에 해당
┃ 그림 4-169 H_2가 높은 경우의 예 ┃

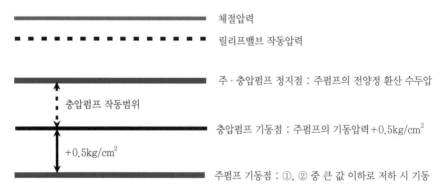

① 최고위 살수헤드에서 압력챔버까지의 낙차압력에 1.5kg/cm^2(옥내 : $+2\text{kg/cm}^2$)를 가산한 압력
② 옥상수조 위치에서 압력챔버까지의 낙차압력에 0.5kg/cm^2를 가산한 압력

┃ 그림 4-170 자기유지회로 구성 시 펌프의 세팅기준(주펌프 1대, 충압펌프 1대) ┃

166

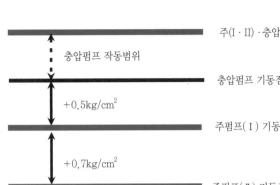

체절압력

릴리프밸브 작동압력

주(I · II)·충압펌프 정지점 : 주펌프의 전양정 환산 수두압

충압펌프 작동범위

충압펌프 기동점 : 주펌프(I)의 기동압력+0.5kg/cm^2

+0.5kg/cm^2

주펌프(I) 기동점 : 주펌프(II) 기동압력+0.7kg/cm^2

+0.7kg/cm^2

주펌프(II) 기동점 : ①, ② 중 큰 값 이하로 저하 시 기동

① 최고위 살수헤드에서 압력챔버까지의 낙차압력에 1.5kg/cm^2(옥내 : +2kg/cm^2)를 가산한 압력
② 옥상수조 위치에서 압력챔버까지의 낙차압력에 0.5kg/cm^{2}를 가산한 압력

| 그림 4-171 자기유지회로 구성 시 펌프의 세팅기준(주펌프 2대, 충압펌프 1대) |

(2) 작동 시퀀스

① 감시제어반에 자기유지회로를 구성한 경우(대부분 현장에 적용됨) : 펌프작동 이후 펌프정지는 감시제어반 또는 동력제어반 어느 곳에서도 제어가 가능하다.

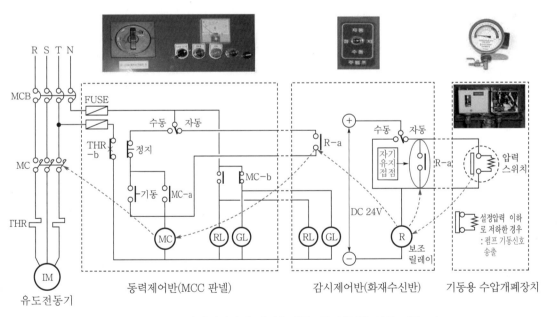

| 그림 4-172 감시제어반에 자기유지회로를 설치한 경우 시퀀스 |

② 동력제어반에 자기유지회로를 구성한 경우 : 펌프작동 이후 펌프정지는 동력제어반에서만 가능하다.

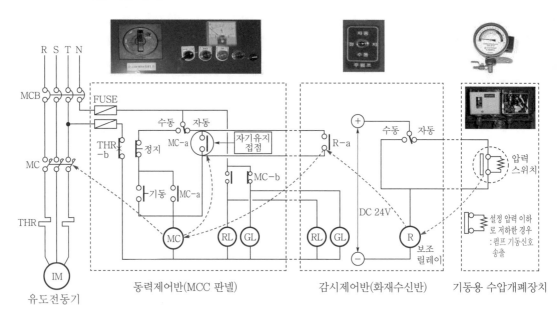

| 그림 4-173 동력제어반에 자기유지회로를 설치한 경우 시퀀스 |

05 압력 스위치 설정압력 적정 여부 확인방법

점검현장에서 기동용 수압개폐장치에 각 펌프의 기동·정지압력을 세팅 완료한 후에 적정하게 세팅이 되었는지 확인하는 방법에 대해 알아보자.

1 압력챔버가 설치된 펌프 자동정지 방식의 경우

산출한 펌프의 기동·정지점이 맞게 세팅이 되었는지 다시 한번 확인하고, 압력챔버의 압력계의 지침이 충압펌프의 기동·정지점 범위 내에 있는지 확인하고 점검에 임한다.

(1) 점검 전 안전조치

① 노후된 건물에 습식 스프링클러가 설치된 대상의 경우 유수검지장치 1차측 밸브 폐쇄
: 노후된 건물에 습식 스프링클러설비가 설치된 경우 펌프에서 헤드까지 가압수로 채워져 있으며 배관의 부식과 평상시 수압과 수격에 의한 스트레스가 쌓여 있는 상태에서 용량이 큰 소화펌프가 기동함으로서 배관 또는 헤드에 손상을 줄 우려가 있기 때문이다.

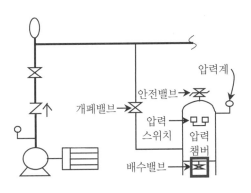

| 그림 4-174 압력챔버 주위배관 |

| 그림 4-175 압력챔버 배수밸브 개방 |

② 점검 전 압력챔버 공기교체 실시 : 점검 시에는 항상 압력챔버의 압력 스위치에 압력 세팅을 하기 전에 챔버의 공기교체를 실시한다.

(2) 충압펌프 압력 스위치 확인방법

① 준비 : 주펌프는 정지시키고 충압펌프만 자동으로 전환한다.

② 작동

ㄱ 압력챔버 하부의 배수밸브를 개방하여 압력을 저하시킨다.

ㄴ 기동압력까지 압력이 저하되어 충압펌프가 기동되면 배수밸브를 잠근다.

ㄷ 설정압력까지 압력을 채운 뒤 충압펌프는 자동정지된다.

③ 확인

ㄱ 충압펌프가 기동·정지될 때의 압력계의 지침을 확인하여 압력 스위치에 맞게 설정되었는지 확인한다.

ㄴ 충압펌프의 기동·정지점은 주펌프의 기동·정지점 범위 내에 있는지 확인한다.

(3) 주펌프 압력 스위치 확인방법

① 준비 : 충압펌프는 정지시키고 주펌프만 자동으로 전환한다.

② 작동

ㄱ 압력챔버 하부의 배수밸브를 개방하여 압력을 저하시킨다.

ㄴ 기동압력까지 압력이 저하되어 주펌프가 기동되면 배수밸브를 잠근다.

ㄷ 설정압력까지 압력을 채운 뒤 주펌프는 자동정지된다.

③ 확인 : 주펌프가 기동·정지될 때의 압력계의 지침을 확인하여 압력 스위치에 맞게 설정되었는지 확인한다.

(4) 주·충압펌프를 모두 자동전환하고 확인하는 방법

주·충압펌프를 모두 자동으로 놓고 시험할 경우에는 각 펌프의 기동·정지가 짧은 순간에 이루어지므로 각 펌프의 기동·정지점을 확인하는 데 어려움이 있다. 따라서 각각의 펌프에 대하여 세팅 적정 여부를 확인하고 나서 주·충압펌프 자동상태에서 배관 내 물을 배수시켜 펌프가 순차적으로 기동이 되는지를 확인한다.

① 준비 : 주·충압펌프를 자동위치로 전환한다.

② 작동 및 확인

    ㉠ 압력챔버의 배수밸브를 개방하여 주·충압펌프가 기동할 때의 압력을 확인·기록한다.

    ㉡ 주·충압펌프가 기동되면 압력챔버의 배수밸브를 잠그고, 주·충압펌프가 정지될 때의 압력을 확인·기록한다.

③ 판정

    ㉠ 펌프의 기동·정지압력 적정 여부 : 설정된 펌프의 기동·정지압력에서 펌프가 정확히 기동·정지되면 정상이다.

    ㉡ 주·충압펌프 기동순서 적정 여부 : 충압펌프의 기동·정지점은 주펌프의 기동·정지점 범위 내에 있어야 하므로 배수밸브를 열었을 때 충압펌프가 먼저 기동되고 잠시후 주펌프가 기동되면 정상이다.

2 기동용 압력 스위치가 설치된 펌프 자동정지 방식의 경우

기동용 압력 스위치는 각 펌프의 토출측 개폐밸브와 체크밸브에 설치되므로 각 펌프마다 펌프 토출측 개폐밸브를 잠그고 압력 스위치 연결배관에 설치된 시험용 글로브밸브를 개방하여 실시한다.

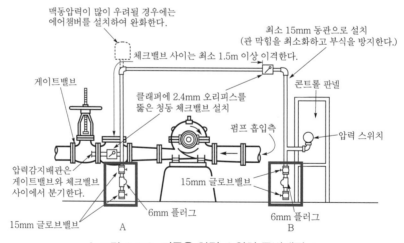

| 그림 4-176 기동용 압력 스위치 주변배관 |

(1) 준비

시험하고자 하는 펌프를 자동전환한다.

04

(2) 작동

① 기동용 압력 스위치 연결배관에 설치된 시험용 글로브밸브를 개방하여 압력을 저하시킨다.

② 기동압력까지 압력이 저하되어 펌프가 기동되면 글로브밸브를 잠근다.

③ 설정압력까지 압력을 채운 뒤 펌프는 자동정지된다.

(3) 확인

① 펌프가 기동 · 정지될 때의 압력계의 지침을 확인하여 압력 스위치에 맞게 설정되었는지 확인한다.

② 충압펌프의 기동 · 정지점은 주펌프의 기동 · 정지점 범위 내에 있는지 확인한다.

3 › 펌프 수동정지 방식의 경우

충압펌프는 자동정지되므로 주펌프에 대해서만 실시한다.

(1) 준비

주펌프만 자동전환한다.

(2) 작동

압력챔버 배수밸브를 개방하여 주펌프가 기동할 때의 압력을 확인한다.

(3) 확인

① 주펌프에 설정된 기동압력에서 기동하는지 확인한다.

② 주펌프가 자동으로 작동된 이후에 수동으로 정지할 때까지 지속적으로 동작되는지 확인한다.

펌프실 점검순서

소화펌프의 점검순서는 점검자에 따라 약간의 차이는 있겠으나, 일반적인 펌프실의 점검순서를 기술하니 점검업무 수행 시 참고하기 바란다.

참고 점검자 배치 : 제어반 1명, 펌프실 2명 위치

01 제어반 펌프 제어 스위치 : 펌프정지 위치로 전환

1 감시제어반

펌프운전 선택 스위치 및 부저 스위치를 정지위치로 전환한다.

2 동력제어반

펌프운전 선택 스위치 수동위치로 전환한다.

| 그림 4-177 감시제어반 펌프 · 부저
정지위치로 전환 |

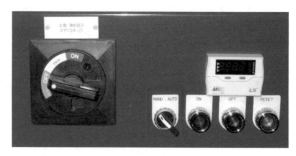

| 그림 4-178 동력제어반 펌프운전 선택 스위치
수동위치로 전환 |

02 압력챔버 에어 교체

압력챔버의 물을 배수하는 시간이 약 5~10분 정도 소요되므로, 펌프성능시험 실시 전에 압력챔버 하부의 배수밸브와 상부의 안전(밴트)밸브를 개방하여 압력챔버 내 물을 배수한다.

| 그림 4-179 압력챔버 급수밸브 차단모습 |

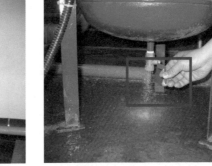

| 그림 4-180 압력챔버 배수밸브 개방모습 |

03 펌프성능시험표 작성

1 명판 확인

펌프의 명판을 보고 정격토출량·양정 및 동력 등을 확인한다.

| 그림 4-181 주펌프 설치사진 |

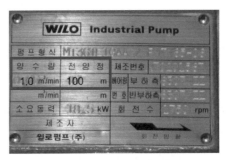

| 그림 4-182 주펌프 명판 |

2 펌프성능시험표 작성

미리 파악한 자료를 기초로 성능시험을 위한 시험표를 작성한다.

| 펌프성능시험 결과표 |

[가정 : 펌프 토출량 : 1,000(L/min), 전양정 : 100m]

구 분		체절운전	정격운전 (100%)	정격유량의 150% 운전	적정 여부	
토출량 (L/min)		0	1,000	1,500	① 체절운전 시 토출압은 정격토출압의 140% 이하일 것( )	· 설정압력 :
토출압 (MPa)	이론치	펌프성능시험 전에 작성 1.4	1.0	0.65	② 정격운전 시 토출량과 토출압이 규정치 이상일 것 ( ) (펌프 명판 및 설계치 참조)	· 주펌프 기동 : MPa 정지 : MPa
	실측치	펌프성능시험 실측치 기록			③ 정격토출량 150%에서 토출압이 정격토출압의 65% 이상일 것( )	· 충압펌프 기동 : MPa 정지 : MPa

※ 릴리프밸브 작동압력 :   MPa

> **참고** ① 상기 성능시험표의 이론치에 해당하는 부분은 점검표에는 없으나, 현장에서는 펌프성능시험 시 판정기준이 되므로 통상 펌프성능시험 전에 작성을 해 놓는다.
> ② 실측치는 펌프성능시험 시 실측치를 기록한다.

3 유량계에 정격토출량(100%)과 150% 유량 표시

원활한 펌프성능시험 진행을 위해 사전에 네임펜 등을 이용하여 각 펌프의 유량계에 100%, 150% 유량을 표시해 놓는다. 또한 소화펌프의 현황을 성능시험배관에 네임펜 등으로 기록을 해두면 차기 점검 및 유지관리 시 용이하다.

| 그림 4-183 펌프성능시험배관 |

| 그림 4-184 유량계에 100%, 150% 표기 |

04 **펌프 토출측 밸브 폐쇄**

(1) 각 펌프 흡입측 및 토출측에 설치된 탬퍼 스위치 기능을 확인(감시제어반과 무전을 통해 확인)한다.

(2) 각 펌프 토출측 밸브를 폐쇄시켜 놓는다.

| 그림 4-185 탬퍼 스위치 점검모습 | | 그림 4-186 펌프 토출측 밸브를 폐쇄한 모습 |

05 **집수정의 위치 및 크기 확인**

펌프성능시험 시 많은 물이 배수되지만, 통상 집수정의 크기와 배수펌프 용량이 작기 때문에 짧은 시간의 성능시험 시에도 집수정이 넘치는 경우가 종종 있으므로 집수정의 위치와 크기를 사전에 확인하고, 배수처리 관계를 확인해 가면서 점검에 임한다. 간혹 배수상황을 점검하지 않고 펌프성능시험에만 집중하여 시험을 계속하다 보면 배수가 되지 않아 펌프실 바닥에 물이 차는 경우를 종종 경험하게 된다.

| 그림 4-187 펌프실에 설치된 집수정과 배수펌프 |

06 펌프계통이 맞는지 확인

현장에 설치된 펌프가 감시제어반과 동력제어반에서 계통이 맞지 않게 표시된 경우를 볼 수 있는데, 점검 전에 각 펌프를 수동으로 순간기동(약 0.5초 정도 짧게 기동)하여 감시제어반과 동력제어반 그리고 펌프의 계통이 바른지 확인한다. 특히 신축 건축물에서 펌프 설치대수가 많은 경우 반드시 확인 후 점검에 임한다. 펌프성능시험 시 시험하고자 하는 펌프가 아닌 다른 펌프가 기동이 되는 경우를 점검 시 간혹 볼 수 있으므로 유의해야 할 사항이다.

07 펌프성능시험 실시

1 펌프성능시험 시 펌프제어 위치

(1) 동력제어반에서 펌프제어

펌프성능시험 시 동력제어반에서 펌프를 제어하는 것이 일반적이다. 왜냐하면 펌프와 동력제어반은 통상 가까운 거리에 설치되어 있어 펌프성능시험을 하는 점검원을 직접 보면서 펌프제어를 할 수 있으며, 혹시 점검 시 문제가 발생하더라도 무전이 아닌 즉시 감시가 되기 때문에 신속한 조치가 가능하기 때문이다.

(a) 펌프제어   (b) 차단기 ON   (c) 선택 스위치   (d) 펌프기동 시   (e) 펌프정지 시
모습   수동전환   ON 스위치 누름   OFF 스위치 누름

| 그림 4-188 동력제어반에서 펌프를 제어하는 경우 |

(2) 감시제어반에서 펌프제어

동력제어반이 기계실 내에 있어 소음이 너무 커서 무전이 어려운 경우 등 부득이한 경우에는 감시제어반에서 펌프를 제어할 수도 있다. 이 경우에는 동력제어반의 펌프운전 선택 스위치를 자동의 위치로 전환하고, 감시제어반에서는 정지의 위치에 놓고, 펌프성능시험원의 무전요청에 따라 펌프를 수동으로 기동시키고자 할 때는 운전선택 스위치를 수동위치로 전환하여 기동시키고, 펌프를 정지시키고자 할 때는 펌프운전 선택 스위치를 정지위치로 전환하여 정지시켜 펌프를 제어하게 된다.

176

"자동"위치	점검 후 자동운전 위치로 전환	
"정지"위치	펌프를 정지시키고자 할 때 전환	
"수동"위치	펌프를 수동으로 기동시키고자 할 때 전환	

| 그림 4-189 감시제어반 펌프운전 선택 스위치의 외형 및 기능 |

2 펌프성능시험 실시

(1) 체절운전

체절운전 시 체절압력을 기재하고, 릴리프밸브 세팅 및 작동압력을 확인한다.

(2) 정격운전

정격부하운전 시의 압력을 확인한다.

(3) 최대부하운전

최대부하운전 시의 압력을 확인한다.

3 판 정

펌프성능시험 결과표를 보고 이상 유무를 판정한다.

08 펌프세팅 및 확인

1 펌프 압력세팅

도면을 참고하여 각 설비의 펌프 기동점과 정지점을 파악하여 압력 스위치에 정확히 세팅이 되었는지 확인하고 그렇지 않을 경우 재세팅한다.

2 펌프 압력세팅 확인

펌프 압력세팅이 완료되면 설정압력에서 작동·정지되는지를 압력챔버 하단의 배수밸브를 개방시키는 등의 조치를 통해 배관 내 압력을 저하시켜 확인한다.

177

09 물올림탱크 확인

수조의 설치위치가 펌프의 설치위치보다 낮은 경우 물올림탱크가 설치되는데, 물올림탱크의 설치상태, 외형 및 기능의 이상 유무를 확인한다.

10 수조 확인

수조의 유효수량은 적정한지, 저수위 경보 스위치 작동상태 및 표지 부착상태 등을 확인한다.

11 원상복구

펌프실의 점검이 완료되면 모든 밸브와 스위치를 정상상태로 복구하여 놓는다.

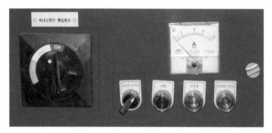

| 그림 4-190 동력제어반 차단기 ON, 선택 스위치 자동위치로 전환 |

| 그림 4-191 감시제어반 펌프운전 선택 스위치 자동위치로 전환 |

펌프 주변배관의 고장진단

소화펌프 미작동 상태에서 감시제어반의 펌프 압력 스위치 표시등이 점등되는 원인

| 그림 4–192 감시제어반
압력 스위치 점등 |

| 그림 4–193 펌프 자동운전 조건(감시 · 동력제어반 펌프 선택
스위치 자동위치) |

> **Tip**
>
> ① **펌프의 자동운전 조건** : 감시제어반과 동력제어반(MCC 판넬)의 펌프 운전 스위치가 둘다 "자동"위치에
> 있어야 펌프가 세팅된 압력범위 내에서 자동으로 운전된다.
> ② 압력챔버의 압력 스위치에는 각 펌프의 압력이 세팅되어 있고, 배관 내의 압력이 설정된 압력 이하가 되
> 면 제어반의 해당 펌프의 압력 스위치 표시등이 점등됨과 동시에 펌프가 작동되어 압력을 채워주어야 한
> 다. 만약, 표시등만 점등되고 펌프가 작동되지 않았다면 배관 내 압력이 설정압력 이하로 저하된 비정상
> 적인 상태로서 다음 사항을 확인 · 점검한다.

원 인	조치방법	
제어반에서 각 펌프의 운전 스위치가 "자동"위치에 있지 않은 경우	"자동"위치로 전환한다.		그림 4–194 펌프 자동 · 수동 전환 스위치	
동력제어반(MCC 판넬)의 자동 · 수동 선택 스위치가 "자동"위치에 있지 않은 경우	"자동"위치로 전환한다. **참고** 동력제어반(MCC 판넬)의 자동 · 수동 선택 스위치의 의미	

위 치	제어내용
자동위치	펌프를 감시제어반에서 제어하겠다는 의미임. ⇒ 평상시 자동위치에 있어야 함.
수동위치	동력제어반(MCC 판넬)에서 펌프를 직접 수동으로 기동 · 정지하고자 할 때 위치

원 인	조치방법
	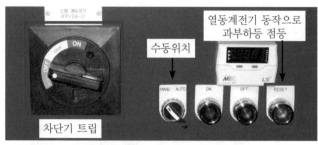 그림 4-195 동력제어반((MCC 판넬)
열동계전기(THR) 또는 전자식 과전류계전기(EOCR)가 동작[트립(Trip)]된 경우 [동력제어반의 "과부하등(노란색 표시등)"이 점등된 경우]	참고 "과부하등"이 점등되어 있다면 열동계전기(THR 또는 EOCR)가 트립된 경우이다. 열동계전기는 모터에 정격전류 이상이 흐르게 될 경우 동작[트립(Trip)]된다. 전자식 과전류계전기(EOCR)가 설치된 경우에는 동력제어반 전면의 리셋버튼을 누르고 열동계전기(THR)가 설치된 경우에는 동력제어반의 문을 열고 열동계전기의 리셋버튼을 손으로 눌러서 복구한다. 열동계전기가 복구되면 과부하등이 소등되고, 펌프정지 표시등(녹색등)이 점등된다.   그림 4-196 열동계전기(THR 또는 EOCR) 동작 시 과부하등 점등 예 | 그림 4-197 동력제어반(MCC) 내 열동계전기

  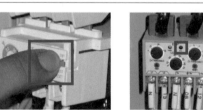 

| 그림 4-198 열동계전기(THR) | | 그림 4-199 전자식 과전류계전기(EOCR) |

동력제어반의 "차단기"가 트립(OFF)된 경우	"차단기"를 투입(ON)시켜 놓는다.

원 인	조치방법
동력제어반 조작회로 내부의 "사기형 퓨즈"가 단선된 경우	단선된 "사기형 퓨즈"를 교체한다. **참고** 퓨즈의 단선 확인방법 동력제어반(MCC 판넬)의 문을 열고, 사기형 퓨즈의 단선 유무를 확인한다. 다음 그림에서 보듯이 퓨즈의 상단부분을 육안으로 확인함으로서 정상·단선 여부를 알 수 있다. | 그림 4-200 정상인 사기형 퓨즈 |　　| 그림 4-201 단선된 사기형 퓨즈 |

02 충압펌프가 5분마다 기동과 정지를 반복하는 경우의 원인

충압펌프가 일정한 주기로 기동·정지되는 이유는 어느 곳에서 인가 누수현상이 발생하여 배관 내부의 압력이 낮아지기 때문이며 원인을 살펴보면 다음과 같다(단, 스프링클러설비가 설치된 것으로 가정).

원 인	조치사항	관련 사진
옥상 고가수조에 설치된 체크밸브가 역류되는 경우	체크밸브 정비	| 그림 4-202 옥상수조에 설치된 체크밸브 |

원 인	조치사항	관련 사진
주ㆍ충압(보조)펌프의 토출측 체크밸브가 역류되는 경우	체크밸브 정비	 | 그림 4-203 펌프 토출측에 설치된 체크밸브 |
송수구의 체크밸브가 역류되는 경우	체크밸브 정비	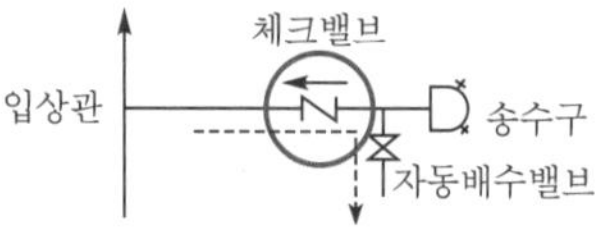 | 그림 4-204 연결송수관에 설치된 체크밸브 |
알람밸브 배수밸브의 미세한 개방 또는 누수 시	확실히 폐쇄 또는 시트고무 손상 시 정비	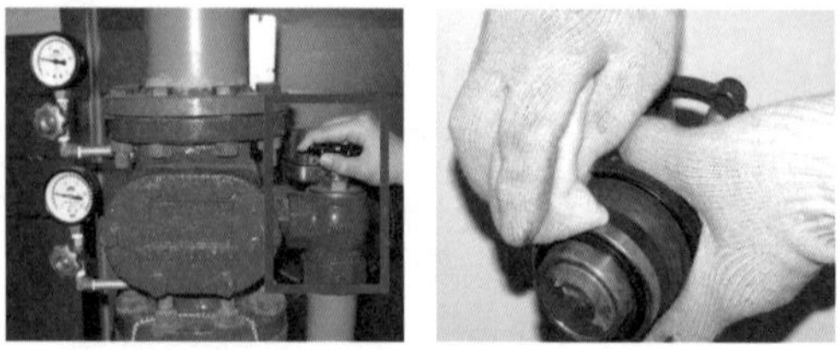 | 그림 4-205 알람밸브의 배수밸브에서 누수 |
말단시험밸브의 미세한 개방 또는 누수 시	확실히 폐쇄	 | 그림 4-206 말단시험밸브의 개방 |
배관 파손에 의하여 외부로 누수되는 경우	파손부분 보수	
살수장치의 미세한 개방 또는 누수	살수장치 정비	
압력챔버에 설치된 배수밸브의 미세한 개방 또는 누수 시	확실히 폐쇄	

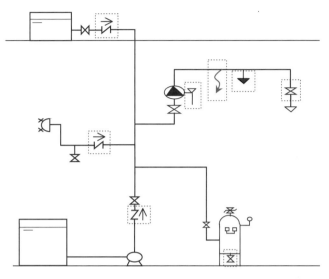

| 그림 4-207 충압펌프 수시기동 시 확인항목 |

03 **펌프는 기동이 되나 압력계상의 압력이 차지 않을 경우의 원인(=송수 안 되는 원인)**

참고 수원이 펌프보다 낮게 설치되어 있는 것으로 가정한다.

(1) 수조에 물이 없는 경우

수조에 물을 채운다.

(2) 모터의 회전방향이 반대인 경우

동력제어반에서 모터의 입력전원의 3상 중 2상을 바꾸어 준다.

참고 3상 모터의 경우 3상 중 2상을 바꾸어 주면 모터의 회전방향이 바뀐다.

| 그림 4-208 펌프 명판을 통해 회전방향 확인 |

(3) 펌프 흡입측 배관에 설치된 개폐밸브가 폐쇄된 경우

개폐밸브를 개방한다.

> 참고 주기적인 물탱크 청소 후 밸브를 개방하여 놓지 않는 경우를 점검 시 종종 볼 수 있다. 특히 탬퍼스위치를 설치하지 않는 옥내소화전의 경우는 감시제어반에서 밸브를 감시할 수 없으므로 주의를 요하는 부분이다.

(4) 펌프 흡입측 배관에 에어가 있을 때(캐비테이션 발생)

물올림컵밸브를 개방하여 에어를 제거한다.

(5) 펌프 흡입측의 스트레이너에 이물질이 꽉 찬 경우

스트레이너를 분해하여 이물질을 제거한다.

(6) 회전축의 연결이음쇠가 분리된 경우

확실히 결합한다.

| 그림 4-209 **물올림컵밸브 개방** | | 그림 4-210 **스트레이너 분해** | | 그림 4-211 **분리된 연결이음쇠** |

(7) 모터와 펌프는 회전이 되는데 펌프가 고장난 경우(정상압력을 올리지 못하는 경우)

펌프를 수리 또는 교체한다.

(8) 물올림탱크 설치 시 펌프 흡입측 배관을 겸용으로 사용하는 경우

흡입측 배관을 각 펌프마다 설치한다.

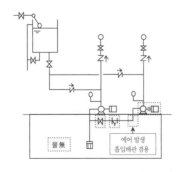 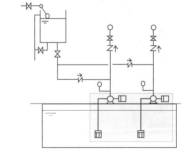

| 그림 4-212 **펌프가 송수되지 않을 시 확인항목** | | 그림 4-213 **펌프 흡입배관 바른 설치 예시도** |

04 제어반의 저수조(또는 물올림탱크)에 저수위 경보표시등이 점등되었을 경우의 원인

| 그림 4-214 감시제어반의 지하수조 저수위 표시등 점등모습 |

원인	점검 및 조치방법
수조에 유효수량이 확보되어 있지 않은 경우	① 점검 : 수조의 유효수량 확인 　지하저수조, 옥상수조와 물올림탱크에는 저수위 경보 스위치가 설치되어 있으므로 저수위 경보표시등이 점등된 수조의 수위계 확인 또는 수조(또는 물올림탱크)의 맨홀을 열어 직접 소화용수의 수량을 육안으로 확인한다. ② 조치방법 : 소화용수가 없는 경우 자동으로 수조에 물을 채워야 하나 채워지지 않은 경우이므로 자동급수장치를 확인 점검한 후 수조에 유효수량을 확보한다.

| 그림 4-215 유효수량 확인 |　　　| 그림 4-216 저수위 경보 스위치 설치모습 |

플로트 타입의 저수위 경보 스위치가 물탱크 내부 구조물에 걸려 감수상태로 표시되는 경우	① 점검 : 플로트 타입의 저수위 경보 스위치가 물탱크의 내부 구조물(볼탑 또는 물탱크 내부 강선 등)에 걸려 있지는 않은지 맨홀 덮개를 열어 확인한다. ② 조치방법 : 플로트 타입의 저수위 경보 스위치가 물탱크 내부 구조물에 걸려 있을 경우 정상위치로 놓는다.
저수위 경보 스위치 선정이 잘못된 경우	① 점검 : 플로트 타입의 저수위 경보 스위치가 설치된 경우 수조를 확인해 본 결과 물은 있으나 저수위 경보표시등이 점등되는 경우는 저수위 경보 스위치의 전선을 끌어 올려 유효수량이 없는 것처럼 했을 때 제어반의 저수위 경보표시등이 소등되는 경우가 있다. ② 조치방법 : 이 경우는 저수위 경보 스위치가 접점이 바뀌어서 설치된 경우이므로 저수위 경보 스위치를 교체한다.
저수위 경보 스위치가 불량인 경우	① 점검 : 확인 결과 유효수량은 확보되어 있으나 제어반에 저수위로 표시되는 경우는 저수위 경보 스위치가 불량인 경우이다. ② 조치방법 : 저수위 경보 스위치를 교체한다.

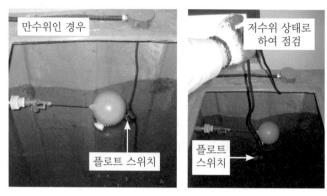

| 그림 4-217 저수위 경보 스위치 점검모습 |

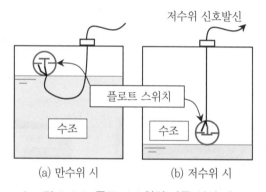

| 그림 4-218 플로트 스위치 바른 설치 예 |

01 탬퍼 스위치의 정의, 설치기준, 설치장소, 적용 소화설비와 제어반의 탬퍼 스위치 표시등 점등 시 원인 및 조치방법에 대하여 쓰시오.

1. 탬퍼 스위치(Tamper Switch)의 정의

   탬퍼 스위치(Tamper Switch)란 급수배관에 설치되어 급수를 차단할 수 있는 개폐밸브에 설치하여 밸브의 개·폐상태를 제어반에서 감시할 수 있도록 한 것으로서 밸브가 폐쇄될 경우 제어반에 경보 및 표시가 된다.

2. 탬퍼 스위치의 설치기준

   ① 급수개폐밸브가 잠길 경우 탬퍼 스위치의 동작으로 인하여 감시제어반 또는 수신기에 표시되어야 하며 경보음을 발할 것

   ② 탬퍼 스위치는 감시제어반 또는 수신기에서 동작의 유무 확인과 동작시험, 도통시험을 할 수 있을 것

   ③ 급수개폐밸브의 작동표시 스위치에 사용하는 전기배선은 내화전선 또는 내열전선으로 설치할 것

3. 탬퍼 스위치(Tamper Switch) 주요 설치장소

   ① 지하수조로부터 펌프 흡입측 배관에 설치한 개폐밸브

   ② 주·보조펌프의 흡입측 개폐밸브

   ③ 주·보조펌프의 토출측 개폐밸브

   ④ 스프링클러설비의 옥외송수관에 설치하는 개폐표시형 밸브

   ⑤ 유수검지장치 및 일제개방밸브의 1차측 및 2차측 개폐밸브

   ⑥ 고가수조와 스프링클러 입상관과 접속된 부분의 개폐밸브

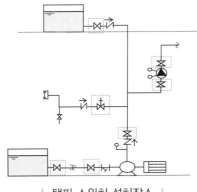

| 탬퍼 스위치 설치장소 |

4. 적용 소화설비

   스프링클러설비, 간이스프링클러설비, 화재조기진압용 스프링클러설비, 물분무소화설비, 포소화설비

   참고 제외설비 : 옥내·외 소화전

5. 제어반에서 탬퍼 스위치 표시등 점등 시 원인 및 조치방법

원 인	점검 및 조치방법
개폐밸브가 폐쇄된 경우	제어반에 표시된 장소의 개폐밸브가 폐쇄된 경우이므로 개방시켜 놓는다.
개폐밸브는 개방되어 있으나 제어반에 폐쇄신호가 들어오는 경우 : 개폐밸브가 개방된 상태이나 탬퍼 스위치 접점이 정확하게 일치되지 않은 경우	개폐밸브가 개방된 상태에서 탬퍼 스위치 접점이 정확하게 일치되지 않은 경우이므로 밸브를 돌려 접점 위치에 맞게 조정하여 준다.

02 소화펌프의 성능시험을 하고자 한다. 다음 물음에 답하시오. (단, 수조는 소화펌프보다 아래에 설치되어 있으며, 정격부하운전과 최대운전은 시간차를 두고 실시하는 것으로 가정한다.)

1. 펌프성능시험 전 준비사항을 쓰시오.

2. 체절운전하는 방법을 상세히 기술하시오(체절압력 확인 및 릴리프밸브 조정방법 포함).

3. 정격부하운전(100% 유량운전) 시험방법을 기술하시오.

4. 최대운전(150% 유량운전) 시험방법을 기술하시오.

5. 펌프성능시험 완료 후 판정방법에 대해 기술하시오.

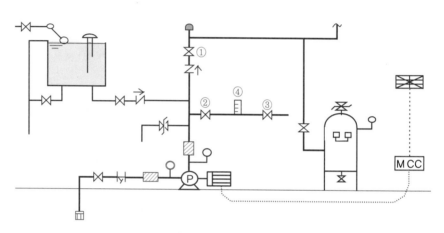

| 펌프 주변배관 계통도 |

1. 펌프성능시험 전 준비사항
   ① 제어반에서 주·충압펌프 정지
   　　(감시제어반 : 선택 스위치 정지위치, 동력제어반 : 선택 스위치 수동위치 및 차단기 OFF)
   ② 펌프 토출측 밸브 ① 폐쇄
   ③ 설치된 펌프의 현황(토출량, 양정)을 파악하여 펌프성능시험을 위한 표 작성
   ④ 유량계에 100%, 150% 유량 표시(네임펜 사용)

2. 체절운전방법(절차)

① 성능시험배관상의 개폐밸브 ② 폐쇄(이미 폐쇄되어져 있는 상태임) ② 릴리프밸브 상단 캡을 열고, 스패너를 이용하여 릴리프밸브 조절볼트를 시계방향으로 돌려 작동압력을 최대로 높여 놓는다(∵ 릴리프밸브가 개방되기 전에 설치된 펌프가 낼 수 있는 최대의 압력을 확인하기 위한 조치이다).	준 비
③ 주펌프 수동기동 ④ 펌프 토출측 압력계의 압력이 급격히 상승하다가 정지할 때의 압력이 펌프가 낼 수 있는 최고의 압력(체절압력)이다. 이때의 압력을 확인하고 체크해 놓는다. ⑤ 주펌프 정지	체절압력 확인

⑥ 스패너로 릴리프밸브 조절볼트를 반시계방향으로 적당히 돌려 스프링의 힘을 작게 해준다(∵ 릴리프밸브가 펌프의 체절압력 미만에서 개방되도록 조절하기 위한 조 치이다). ⑦ 주펌프를 다시 기동시켜서 릴리프밸브에서 압력수가 방출되는지를 확인한다. ⑧ 만약 압력수를 방출하지 않으면, 릴리프밸브가 압력수를 방출할 때까지 조절볼트를 반시계방향으로 돌려준다. ⑨ 릴리프밸브에서 압력수를 방출하는 순간의 압력계상의 압력이 당해 릴리프밸브에 세팅된 동작압력이 된다. ⑩ 주펌프 정지 ⑪ 릴리프밸브 상단 캡을 덮어 조여 놓는다.	릴리프밸브 조정

3. 정격부하운전(100% 유량운전)

① 성능시험배관상의 개폐밸브 ② 완전 개방, 유량조절밸브 ③ 약간 개방

② 주펌프 수동기동

③ 유량조절밸브 ③을 서서히 개방하여 정격토출량(100% 유량)일 때의 흡입·토출압력을 조사
　[펌프에 양압이 걸리는 경우에는 정격토출량(100% 유량)일 때의 토출압력을 조사]

④ 주펌프 정지

> 참고 수조가 펌프보다 위에 있는 경우 : 유량조절밸브 ③ 잠금(∵ 펌프를 정지하여도 성능시험배관에서 물
> 이 나오기 때문임)

4. 최대운전(150% 유량운전)

정격부하운전 실시 후 집수정의 배수가 완료되면 실시(개폐밸브 ②는 이미 개방상태임)

① 유량조절밸브 ③을 중간 정도만 개방시켜 놓는다.

　(∵ 유량조절밸브를 완전히 폐쇄된 상태에서 펌프를 기동하면 밸브를 개방할 때 힘이 많이 들기
　때문임)

② 주펌프 수동기동

③ 유량계를 보면서 유량조절밸브 ③을 조절하여 정격토출량의 150%일 때의 흡입·토출압력을 조사
　[펌프에 양압이 걸리는 경우에는 정격토출량(100% 유량)일 때의 토출압력을 조사]

④ 주펌프 정지

5. 펌프성능시험 완료 후 판정방법

조사한 자료로 펌프의 성능곡선 및 펌프성능시험 결과표를 작성하여 성능을 판단한다.

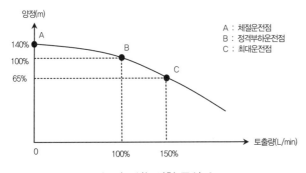

| 펌프성능시험 곡선 |

참고 조건 : 수원이 펌프보다 낮게 설치된 경우이다.

① 체절운전(무부하시험 ; No Flow Condition)

　　㉠ 펌프 토출측 밸브와 성능시험배관의 유량조절밸브를 잠근 상태에서 펌프를 기동한다.

　　㉡ 체절압력이 정격토출압력의 140% 이하인지 확인한다.

　　㉢ 체절운전 시 체절압력 미만에서 릴리프밸브가 작동하는지 확인한다.

② 정격부하운전(정격부하시험 ; Rated Load, 100% 유량운전)

　　㉠ 펌프를 기동한 상태에서 유량조절밸브를 개방하여 유량계의 유량이 정격유량상태(100%)일 때

　　㉡ 토출측과 흡입측 압력계의 차압이 정격압력 이상이 되는지 확인

　　　[펌프에 양압이 걸리는 경우에는 정격토출량(100% 유량)일 때 토출측의 압력이 정격압력 이상이 되는지 확인]

③ 최대운전(피크부하시험 ; Peak Load, 150% 유량운전)

　　㉠ 유량조절밸브를 더욱 개방하여 유량계의 유량이 정격토출량의 150%가 되었을 때

　　㉡ 토출측과 흡입측 압력계의 차압이 정격양정의 65% 이상이 되는지 확인

　　　(펌프에 양압이 걸리는 경우에는 정격토출량의 150% 유량일 때의 토출압력이 정격양정의 65% 이상이 되는지 확인)

03 스프링클러설비의 기동용 수압개폐장치로 설치된 압력챔버 점검결과 압력챔버 내 공기가 모두 누설된 상태이다. 압력챔버 내부의 물을 모두 빼내고 공기를 채우는 방법을 기술하시오.

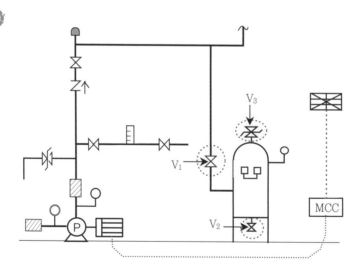

| 압력챔버 주변배관 |

① 제어반에서 주·충압펌프의 기동을 중지시킨다(펌프의 안전조치를 하지 않고 배수하면 펌프가 기동됨).	안전 조치
② V₁ 밸브를 잠근다(챔버 내 가압수 유입차단). ③ V₂, V₃를 개방하여 압력챔버 내부의 물을 배수한다. ⇒ V₂를 개방하여 챔버 내 압축공기에 의한 가압수를 배출시킨 후 V₃를 개방하여 에어를 공급시켜 완전 배수한다. ┃ 안전밸브 개방모습 ┃	배 수
④ V₂를 통하여 완전히 배수가 되면 V₂, V₃를 폐쇄시킨다. ⑤ V₁ 밸브를 개방하여 압력챔버 내 물을 서서히 채운다(이 경우는 배관 내의 압력만으로 가압하는 경우이다).	급 수
⑥ 충압펌프 자동전환 ⇒ 배관 내를 가압하여 설정압력에 도달되면 충압펌프는 자동정지된다(∵ 용량이 작은 충압펌프로 먼저 배관 내를 가압한다). ⑦ 주펌프 자동전환 ⇒ 배관 내를 가압하여 설정압력에 도달되면 주펌프는 자동정지된다. 참고 **주펌프 수동정지의 경우 자동전환 방법** : 주펌프의 압력 스위치의 동작확인침을 드라이버를 이용하여 상단으로 올려 압력 스위치를 수동으로 복구시킨 후 주펌프를 자동전환시켜 놓는다.	자동 전환

04 점검차 대상처에 도착했을 때, 펌프는 미기동상태에서 감시제어반에 주·충압펌프 압력 스위치가 점등되어져 있다. 그 원인을 5가지 기술하시오.

원 인	조치방법
제어반에서 각 펌프의 운전 스위치가 "자동"위치에 있지 않은 경우	"자동"위치로 전환한다.
동력제어반(MCC 판넬)의 자동·수동선택 스위치가 "자동"위치에 있지 않은 경우	"자동"위치로 전환한다.
열동계전기(THR) 또는 전자식 과전류계전기(EOCR)가 동작[트립(Trip)]된 경우 [동력제어반의 "과부하등(노란색 표시등)"이 점등된 경우]	전자식 과전류계전기(EOCR)가 설치된 경우에는 동력제어반 전면의 리셋버튼을 누르고 열동계전기(THR)가 설치된 경우에는 동력제어반의 문을 열고 열동계전기의 리셋버튼을 손으로 눌러서 복구한다. 열동계전기가 복구되면 과부하등이 소등되고, 펌프정지 표시등(녹색등)이 점등된다.
동력제어반의 "차단기"가 트립(OFF)된 경우	"차단기"를 투입(ON)시켜 놓는다.
동력제어반 조작회로 내부의 "사기형 퓨즈"가 단선된 경우	단선된 "사기형 퓨즈"를 교체한다.

05 충압펌프가 5분마다 기동 및 정지를 반복한다. 그 원인으로 생각되는 사항을 2가지 이상 쓰시오.

[조건] 펌프는 자동정지되며, 스프링클러설비가 설치된 것으로 가정한다.

충압펌프가 일정한 주기로 기동·정지되는 이유는 어느 곳에서 인가누수현상이 발생하여 배관 내부의 압력이 낮아지기 때문이며 원인을 살펴보면 다음과 같다.

원 인	조치사항
옥상고가수조에 설치된 체크밸브가 역류되는 경우	체크밸브 정비
주·충압(보조)펌프의 토출측 체크밸브가 역류되는 경우	체크밸브 정비
송수구의 체크밸브가 역류되는 경우	체크밸브 정비
알람밸브 배수밸브의 미세한 개방 또는 누수 시	확실히 폐쇄 또는 시트고무 손상 시 정비
말단시험밸브의 미세한 개방 또는 누수 시	확실히 폐쇄
배관 파손에 의하여 외부로 누수되는 경우	파손부분 보수
살수장치의 미세한 개방 또는 누수	살수장치 정비
압력챔버에 설치된 배수밸브의 미세한 개방 또는 누수 시	확실히 폐쇄

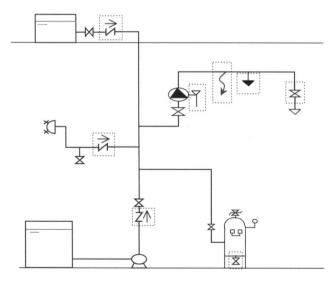

| 충압펌프 수시기동 시 확인 항목 |

06 펌프는 기동이 되나 압력계 상의 압력이 차지 않을 경우의 원인(= 송수 안 되는 원인)을 쓰시오. (단, 수원이 펌프보다 낮게 설치되어 있는 것으로 가정한다.)

1. 수조에 물이 없는 경우

   ⇒ 수조에 물을 채운다.

2. 모터의 회전방향이 반대인 경우

   ⇒ 동력제어반에서 모터의 입력전원의 3상 중 2상을 바꾸어 준다.

3. 펌프 흡입측 배관에 설치된 개폐밸브가 폐쇄된 경우

   ⇒ 개폐밸브를 개방한다.

4. 펌프 흡입측 배관에 에어가 있을 때(캐비테이션 발생)

   ⇒ 물올림컵밸브를 개방하여 에어를 제거한다.

5. 펌프 흡입측의 스트레이너에 이물질이 꽉 찬 경우

   ⇒ 스트레이너를 분해하여 이물질을 제거한다.

6. 회전축의 연결이음쇠가 분리된 경우

   ⇒ 확실히 결합한다.

7. 모터와 펌프는 회전이 되는데 펌프가 고장난 경우(정상압력을 올리지 못하는 경우)

   ⇒ 펌프를 수리 또는 교체한다.

8. 물올림탱크 설치 시 펌프 흡입측 배관을 겸용으로 사용하는 경우

   ⇒ 흡입측 배관을 각 펌프마다 설치한다.

CHAPTER

05

옥내소화전설비의 점검

옥내소화전설비 주요 점검내용

01 개 요

옥내소화전설비는 건물에 화재가 발생하였을 경우 건물 내 관계자 또는 자체소방대원이 화재발생 초기에 신속하게 물을 방수하여 소화할 수 있도록 설치하는 소화설비이다. 화재발생 시 호스를 전개하고 밸브를 개방하여 방수되는 물로 즉시 소화작업을 해야 하므로 평상시 정상 작동을 위한 철저한 점검이 필요하다.

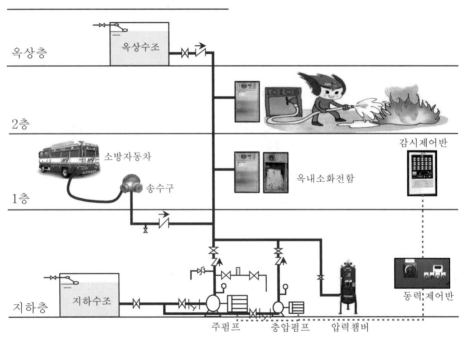

| 그림 5-1 옥내소화전 계통도(자동기동방식) |

02 동작설명

1 자동기동방식

화재발생 시 소화전 사용으로 배관 내 압력이 저하하면 펌프가 자동으로 작동되어 지속적으로 소화작업이 가능한 방식으로 동파의 우려가 없는 대부분의 건물에 해당된다.

동작순서	관련 사진
① 화재발생	
② 소화전함을 열고 관창을 잡고 적재된 호스를 함 밖으로 꺼낸다.	
③ 소화전밸브를 왼쪽으로 돌려서 개방한다.	 개방.
④ 두 손으로 관창을 잡고 불이 난 곳까지 펼쳐 불을 끈다.	
⑤ 배관 내 감압으로 소화전 펌프가 자동으로 기동이 되고, 소화전함 상부의 기동표시등이 점등된다.	 소화펌프 작동 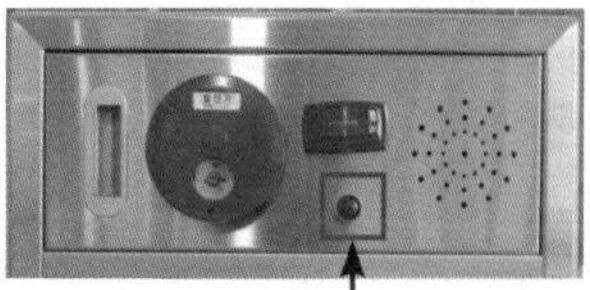 펌프 기동표시등 점등

동작순서	관련 사진
⑥ 소화작업이 완료되면 소화전밸브를 잠근다.	
⑦ 소화펌프가 배관 내 가압 후 자동으로 정지한다.	

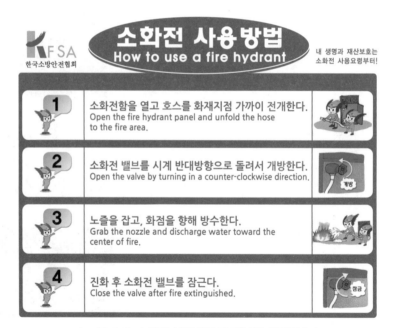

| 그림 5-2 소화전 사용방법 표지(자동기동방식) |

2 수동기동방식

공장, 창고, 학교 등 동절기 동파의 우려가 있는 장소에 설치하는 방식으로, 평상시에는 물로 가압되어 있지 않다가 화재 등으로 인하여 사용 시 소화전함에 설치된 기동 스위치로 소화펌프를 작동시켜 소화작업을 하는 방식이다.

동작순서	관련 사진
① 화재발생	
② 소화전함을 열고 관창을 잡고 적재된 호스를 함 밖으로 꺼낸다.	
③ 소화전밸브를 왼쪽으로 돌려서 개방한다.	
④ 소화전함 상부의 펌프 기동 스위치를 눌러 소화펌프를 기동시킨다. 펌프가 기동이 되면 소화전함 상부의 펌프 기동표시등이 점등된다.	
⑤ 약간의 시간이 지나면 소화수가 나온다.	
⑥ 두 손으로 관창을 잡고 불이 난 곳까지 펼쳐 불을 끈다.	

동작순서	관련 사진
⑦ 화재진압 후 소화전함에 부착된 펌프 정지 스위치를 눌러 소화펌프를 정지시킨다.	기동표시등　기 동　정 지 펌프 정지 시 소등
⑧ 소화전밸브를 잠근다.	잠금

┃ 그림 5-3 소화전 사용방법 표지(수동기동방식) ┃

03 제어반 점검

제어반은 동력제어반과 감시제어반(화재수신기)이 있으며, 옥내소화전 펌프가 자동으로 기동이 되기 위해서는 동력제어반의 펌프 선택 스위치가 자동의 위치에 있어야 하며, 감시제어반의 펌프 선택 스위치도 자동의 위치에 있어야 한다. 어느 곳에서 펌프 선택 스위치가 자동의 위치에 있지 않으면 소화전 사용으로 배관 내 압력이 저하되어도 자동으로 펌프는 기동이 되지 않으므로 점검 시 반드시 자동의 위치에 있는지 확인이 필요하다.

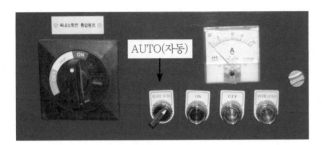

| 그림 5-4 동력제어반 펌프 선택 스위치 자동위치 |

| 그림 5-5 감시제어반 펌프 선택 스위치 자동위치 |

| 동력제어반 명칭 및 기능 |

명 칭	그 림	기 능	평상시 상태
차단기		펌프(모터)에 전원을 투입하는 차단기로서 펌프 자동 운전을 위해서 평상시 ON 위치에 있어야 함.	ON 위치
펌프 선택 스위치		펌프 자동·수동운전 선택 스위치로서 자동운전을 위해서 평상시 자동위치에 있어야 함. • 평상시 : 자동위치(AUTO) • 시험 시 : 수동위치(MANU/HAND)	자동 (AUTO)
펌프 기동버튼		펌프를 수동으로 기동시킬 때 눌러서 사용하며 펌프 선택 스위치가 수동일 경우만 작동됨. • 펌프 기동 시 : 램프 점등(적색) • 펌프 정지 시 : 램프 소등	램프 소등

명 칭	그 림	기 능	평상시 상태
펌프 정지버튼	OFF	펌프를 수동으로 정지시킬 때 사용하며 펌프 선택 스위치가 수동일 경우만 작동됨. • 펌프 정지 시 : 램프 점등(녹색) • 펌프 기동 시 : 램프 소등	램프 점등
과부하등	OVER LOAD	모터에 과전류가 흐르면 조작전원이 차단되며 이때 과부하등이 점등됨. • 평상시 : 램프 소등 • 과부하로 차단 시 : 램프 점등(황색) ※ 과부하등이 점등되면 펌프운전 불가	램프 소등

1 ▷ 동력제어반의 점검

동력제어반은 MCC(Moter Control Center) 판넬이라고도 부르며 펌프 직근에 설치되어 펌프를 제어하는 판넬로서 다음 사항을 점검한다.

(1) 전원은 투입되어 있는지 확인(차단기 "ON" 위치 확인)
(2) 펌프 선택 스위치는 "자동(AUTO)" 위치에 있는지 확인
(3) 각 펌프의 작동표시등 정상 점등 여부 확인(펌프성능시험 시 표시등 확인)
(4) 적색 도장 및 "옥내소화전설비용 동력제어반" 표지 부착 여부 확인

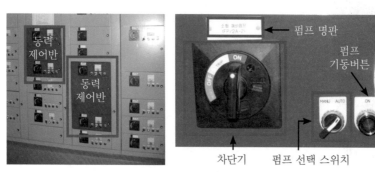

| 그림 5-6 동력제어반 외형 및 명칭 |

2 ▷ 감시제어반의 점검

화재수신기에 감시제어반의 기능을 넣은 복합형 화재수신기로 제작 · 설치되고 있으며 감시제어반의 다음 사항을 점검한다.

참고 감시제어반 표시등 및 스위치 기능은 제9장 자동화재탐지설비의 점검 편을 참고 바란다.

05

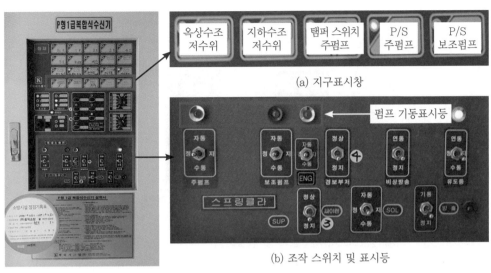

(a) 지구표시창

(b) 조작 스위치 및 표시등

| 그림 5-7 복합형 수신기의 외형 |

(1) 각 펌프의 자동 및 수동으로의 작동 및 중단되는지 확인

① 자동작동 여부 확인 : 펌프의 압력챔버 하부 배수밸브를 개방시켜 설정압력 이하로 저하시 자동작동 여부를 확인한다.

(a) 압력챔버 하부 배수밸브 개방   (b) 펌프작동 확인

| 그림 5-8 펌프 자동기동 확인 |

② 수동작동 여부 확인 : 감시제어반의 펌프 선택 스위치를 수동으로 전환시켜 펌프작동 여부를 확인한다.

펌프작동 확인

| 그림 5-9 펌프 수동기동 확인 |

(2) 각 펌프의 작동표시등 및 음향경보 기능 상태 확인

펌프 동작 시 제어반의 펌프작동 표시등 점등과 음향경보(부저)를 확인한다.

| 그림 5-10 펌프 작동표시등 및 부저 확인 |

(3) 수조 또는 물올림탱크의 저수위 표시 및 경보기능

수조에 설치된 저수위 경보 스위치를 저수위 상태로 하여 감시제어반에 저수위 경보표시 및 경보되는지 확인한다.

(a) 만수위인 경우 (b) 저수위 상태로 하여 점검

| 그림 5-11 저수위 경보 스위치 점검모습 |

| 그림 5-12 감시제어반에 저수위 경보표시등 점등 |

(4) 모든 확인회로의 도통 · 동작시험(펌프 압력 스위치, 수조 · 물올림탱크 저수위 회로)

① **도통시험** : 도통시험 스위치를 누르고 회로선택 스위치를 돌려 확인회로의 도통 정상 여부를 확인한다.

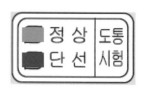

| 그림 5-13 도통시험 스위치 누름 | | 그림 5-14 회로선택 스위치 돌림 | | 그림 5-15 도통시험등 |

05

② 동작시험 : 동작시험 스위치와 자동복구 스위치를 누르고 회로선택 스위치를 돌려 작동표시 및 경보가 정상적인지 확인한다.

| 그림 5-16 동작시험, 자동복구 스위치 누름 | | 그림 5-17 회로선택 스위치 돌림 |

참고 도통시험, 동작시험 및 예비전원시험은 제9장 자동화재탐지설비의 점검 편을 참고 바란다.

(5) 예비전원 확보상태 및 적합 여부 확인

예비전원시험 스위치를 눌러 예비전원 자동절환상태 및 예비전원 전압이 정상적인지 확인한다.

| 그림 5-18 시험 전(평상시) | | 그림 5-19 예비전원시험 스위치 누름 | | 그림 5-20 전압 확인 |

(6) 비상전원이 있는 경우 상용 및 비상전원 공급 여부 확인

| 그림 5-21 감시제어반의 상용 및 비상전원 확인표시등 |

04 ▶ 옥내소화전함 점검

(1) 함 개방 용이성 및 장애물 설치 여부 등 사용 편의성 적정 여부

(2) 위치 · 기동 표시등 적정 설치 및 정상 점등 여부

(3) "소화전" 표시 및 사용요령(외국어 병기) 기재 표지판 설치상태 적정 여부

(4) 대형 공간(기둥 또는 벽이 없는 구조) 소화전 함 설치 적정 여부

(5) 방수구 설치 적정 여부

(6) 함 내 소방호스 및 관창 비치 적정 여부

(7) 호스의 접결상태, 구경, 방수 압력 적정 여부

(8) 호스릴방식 노즐 개폐장치 사용 용이 여부

│ 그림 5-22 옥내소화전함 점검내용 │

05 ▶ 방수압 시험

최상층 옥내소화전을 직접 방수압시험을 통하여 다음 사항을 확인한다.

(1) 최상층 소화전밸브 개방 시 펌프 자동기동 여부 확인

(2) 펌프 기동 시 소화전 상부 펌프 기동표시등 점등 여부 확인

(3) 방수압력측정계(피토게이지)를 이용하여 방수압 측정 시 방수압력 적정 여부 확인
(0.17MPa 이상)

참고 방수압력측정계 사용방법은 제1장 점검공기구 사용방법을 참고 바란다.

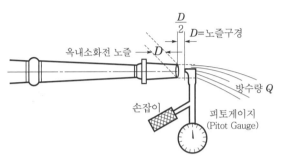

| 그림 5-23 방수압력 측정위치 |

| 그림 5-24 방수압력 측정모습 |

| 그림 5-25 방수거리 확인 |

06 송수구의 점검

화재발생 시 출동한 소방자동차로부터 옥내소화전에 소화수를 공급해 주는 송수구의 점검사항은 다음과 같다.

(1) 설치장소 적정 여부

(2) 연결배관에 개폐밸브를 설치한 경우 개폐상태 확인 및 조작가능 여부

(3) 송수구 설치 높이 및 구경 적정 여부

(4) 자동배수밸브 · 체크밸브 설치 여부 및 설치상태 적정 여부

(5) 송수구 마개 설치 여부

| 그림 5-26 송수구 설치모습 |

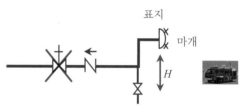

| 그림 5-27 옥내소화전 송수구 점검 |

07 수조의 점검

(1) 동결방지조치 상태 적정 여부

(2) 수위계 설치상태 적정 또는 수위 확인 가능 여부

(3) 수조 외측 고정사다리 설치상태 적정 여부(바닥보다 낮은 경우 제외)

(4) 실내설치 시 조명설비 설치상태 적정 여부

(5) "옥내소화전설비용 수조" 표지 설치상태 적정 여부

(6) 다른 소화설비와 겸용 시 겸용설비의 이름을 표시한 표지 설치상태 적정 여부

(7) 수조-수직배관 접속부분 "옥내소화전설비용 배관" 표지 설치상태 적정 여부

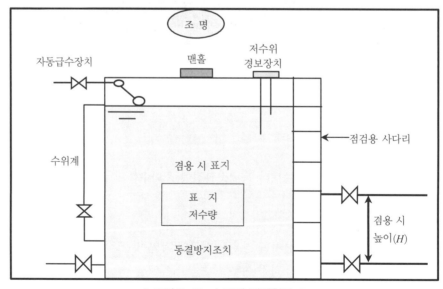

| 그림 5-28 수조의 점검항목 |

옥내소화전설비 점검표 작성 예시

근거 소방시설 자체점검사항 등에 관한 고시[별지 제4호 서식] 〈작성 예시〉

번호	점검항목	점검결과
2-A. 수원		
2-A-001	○ 주된수원의 유효수량 적정 여부(겸용설비 포함)	○
2-A-002	○ 보조수원(옥상)의 유효수량 적정 여부	○
2-B. 수조		
2-B-001	● 동결방지조치 상태 적정 여부	○
2-B-002	○ 수위계 설치상태 적정 또는 수위 확인 가능 여부	○
2-B-003	● 수조 외측 고정사다리 설치상태 적정 여부(바닥보다 낮은 경우 제외)	○
2-B-004	● 실내설치 시 조명설비 설치상태 적정 여부	○
2-B-005	○"옥내소화전설비용 수조" 표지 설치상태 적정 여부	○
2-B-006	● 다른 소화설비와 겸용 시 겸용설비의 이름을 표시한 표지 설치상태 적정 여부	×
2-B-007	● 수조-수직배관 접속부분 "옥내소화전설비용 배관" 표지 설치상태 적정 여부	×
2-C. 가압송수장치		
	[펌프방식]	
2-C-001	● 동결방지조치 상태 적정 여부	○
2-C-002	○ 옥내소화전 방수량 및 방수압력 적정 여부	○
2-C-003	● 감압장치 설치 여부(방수압력 0.7MPa 초과 조건)	○
2-C-004	○ 성능시험배관을 통한 펌프 성능시험 적정 여부	○
2-C-005	● 다른 소화설비와 겸용인 경우 펌프 성능 확보 가능 여부	○
2-C-006	○ 펌프 흡입측 연성계 · 진공계 및 토출측 압력계 등 부속장치의 변형 · 손상 유무	○
2-C-007	● 기동장치 적정 설치 및 기동압력 설정 적정 여부	○
2-C-008	○ 기동스위치 설치 적정 여부(ON/OFF 방식)	○
2-C-009	● 주펌프와 동등 이상 펌프 추가설치 여부	○
2-C-010	● 물올림장치 설치 적정(전용 여부, 유효수량, 배관구경, 자동급수) 여부	○
2-C-011	● 충압펌프 설치 적정(토출압력, 정격토출량) 여부	○
2-C-012	○ 내연기관 방식의 펌프 설치 적정(정상기동(기동장치 및 제어반) 여부, 축전지 상태, 연료량) 여부	○
2-C-013	○ 가압송수장치의 "옥내소화전펌프" 표지설치 여부 또는 다른 소화설비와 겸용 시 겸용설비 이름 표시 부착 여부	×

번호	점검항목	점검 결과
2-C-021	**[고가수조방식]** ○ 수위계 · 배수관 · 급수관 · 오버플로우관 · 맨홀 등 부속장치의 변형 · 손상 유무	/
2-C-031 2-C-032	**[압력수조방식]** ● 압력수조의 압력 적정 여부 ○ 수위계 · 수관 · 급기관 · 압력계 · 안전장치 · 공기압축기 등 부속장치의 변형 · 손상 유무	/ /
2-C-041 2-C-042	**[가압수조방식]** ● 가압수조 및 가압원 설치장소의 방화구획 여부 ○ 수위계 · 급수관 · 배수관 · 급기관 · 압력계 등 부속장치의 변형 · 손상 유무	/ /
2-D. 송수구		
2-D-001	○ 설치장소 적정 여부	○
2-D-002	● 연결배관에 개폐밸브를 설치한 경우 개폐상태 확인 및 조작가능 여부	○
2-D-003	● 송수구 설치 높이 및 구경 적정 여부	○
2-D-004	● 자동배수밸브(또는 배수공) · 체크밸브 설치 여부 및 설치 상태 적정 여부	○
2-D-005	○ 송수구 마개 설치 여부	○
2-E. 배관 등		
2-E-001	● 펌프의 흡입측 배관 여과장치의 상태 확인	○
2-E-002	● 성능시험배관 설치(개폐밸브, 유량조절밸브, 유량측정장치) 적정 여부	○
2-E-003	● 순환배관 설치(설치위치 · 배관구경, 릴리프밸브 개방압력) 적정 여부	○
2-E-004	● 동결방지조치 상태 적정 여부	○
2-E-005	○ 급수배관 개폐밸브 설치(개폐표시형, 흡입측 버터플라이 제외) 적정 여부	○
2-E-006	● 다른 설비의 배관과의 구분 상태 적정 여부	○
2-F. 함 및 방수구 등		
2-F-001	○ 함 개방 용이성 및 장애물 설치 여부 등 사용 편의성 적정 여부	×
2-F-002	○ 위치 · 기동 표시등 적정 설치 및 정상 점등 여부	○
2-F-003	○ "소화전" 표시 및 사용요령(외국어 병기) 기재 표지판 설치상태 적정 여부	○
2-F-004	● 대형 공간(기둥 또는 벽이 없는 구조) 소화전 함 설치 적정 여부	○
2-F-005	● 방수구 설치 적정 여부	○
2-F-006	○ 함 내 소방호스 및 관창 비치 적정 여부	×
2-F-007	○ 호스의 접결상태, 구경, 방수 압력 적정 여부	×
2-F-008	● 호스릴방식 노즐 개폐장치 사용 용이 여부	○
2-G. 전원		
2-G-001	● 대상물 수전방식에 따른 상용전원 적정 여부	○
2-G-002	● 비상전원 설치장소 적정 및 관리 여부	○
2-G-003	○ 자가발전설비인 경우 연료 적정량 보유 여부	/
2-G-004	○ 자가발전설비인 경우 「전기사업법」에 따른 정기점검 결과 확인	/

번호	점검항목	점검결과
2-H. 제어반		
2-H-001	● 겸용 감시 · 동력 제어반 성능 적정 여부(겸용으로 설치된 경우)	○
	[감시제어반]	
2-H-011	○ 펌프 작동 여부 확인 표시등 및 음향경보장치 정상작동 여부	×
2-H-012	○ 펌프별 자동 · 수동 전환스위치 정상작동 여부	○
2-H-013	● 펌프별 수동기동 및 수동중단 기능 정상작동 여부	○
2-H-014	● 상용전원 및 비상전원 공급 확인 가능 여부(비상전원이 있는 경우)	○
2-H-015	● 수조 · 물올림탱크 저수위 표시등 및 음향경보장치 정상작동 여부	○
2-H-016	○ 각 확인회로별 도통시험 및 작동시험 정상작동 여부	○
2-H-017	○ 예비전원 확보 유무 및 시험 적합 여부	○
2-H-018	● 감시제어반 전용실 적정 설치 및 관리 여부	○
2-H-019	● 기계 · 기구 또는 시설 등 제어 및 감시설비 외 설치 여부	○
	[동력제어반]	
2-H-021	○ 앞면은 적색으로 하고, "옥내소화전설비용 동력제어반" 표지 설치 여부	×
	[발전기제어반]	
2-H-031	● 소방전원보존형 발전기는 이를 식별할 수 있는 표지 설치 여부	/

※ 펌프성능시험(펌프 명판 및 설계치 참조)

구 분		체절운전	정격운전 (100%)	정격유량의 150% 운전	적정 여부	

토출량 (L/min)	주	0	260	390	1. 체절운전 시 토출압은 정격토출압의 140% 이하일 것 (○)
					2. 정격운전 시 토출량과 토출압이 규정치 이상일 것 (○)
					3. 정격토출량의 150%에서 토출압이 정격토출압의 65% 이상일 것(○)
						• 설정압력 :
						• 주펌프
						  기동 : 0.4 MPa
						  정지 : 0.6 MPa
						• 예비펌프
						  기동 : MPa
						  정지 : MPa
						• 충압펌프
						  기동 : 0.5 MPa
						  정지 : 0.6 MPa

	예비	/	/	/		
토출압 (MPa)	주	0.78	0.6	0.42		
	예비	/	/	/		

※ 릴리프밸브 작동압력 : 0.8 MPa

비고	

1. 점검항목 중 "●"는 종합점검의 경우에만 해당한다.
2. 점검결과란은 양호 "○", 불량 "×", 해당없는 항목은 "/"로 표시한다.
3. 점검항목 내용 중 "설치기준" 및 "설치상태"에 대한 점검은 정상적인 작동 가능 여부를 포함한다.
4. '비고'란에는 특정소방대상물의 위치 · 구조 · 용도 및 소방시설의 상황 등이 이 표의 항목대로 기재하기 곤란하거나 이 표에서 누락된 사항을 기재한다(이하 같다).

01 자동기동방식 옥내소화전설비의 사용방법을 기술하시오.

1. 소화전함을 열고 관창을 잡고 적재된 호스를 함 밖으로 꺼낸다.
2. 소화전밸브를 왼쪽으로 돌려서 개방한다.
3. 두 손으로 관창을 잡고 불이 난 곳까지 펼쳐 불을 끈다.
4. 배관 내 감압으로 소화전 펌프가 자동으로 기동이 되고, 소화전함 상부의 기동표시등이 점등된다.
5. 소화작업이 완료되면 소화전밸브를 잠근다.
6. 소화펌프가 배관 내 가압 후 자동으로 정지한다.

02 수동기동방식 옥내소화전설비의 사용방법을 기술하시오.

1. 소화전함을 열고 관창을 잡고 적재된 호스를 함 밖으로 꺼낸다.
2. 소화전밸브를 왼쪽으로 돌려서 개방한다.
3. 소화전함 상부의 펌프기동 스위치를 눌러 소화펌프를 기동시킨다.
   펌프가 기동이 되면 소화전함 상부의 펌프 기동표시등이 점등된다.
4. 약간의 시간이 지나면 소화수가 나온다.
5. 두 손으로 관창을 잡고 불이 난 곳까지 펼쳐 불을 끈다.
6. 화재진압 후 소화전함에 부착된 펌프정지 스위치를 눌러 소화펌프를 정지시킨다.
7. 소화전밸브를 잠근다.

03 자동기동방식의 옥내소화전설비 소화펌프가 자동운전이 되기 위해서는 감시제어반과 동력제어반의 펌프선택 스위치가 어떠한 상태로 있어야 하는지 기술하시오.

제어반은 동력제어반과 감시제어반(화재수신기)이 있으며, 옥내소화전 펌프가 자동으로 기동이 되기 위해서는 동력제어반의 펌프선택 스위치가 자동의 위치에 있어야 하며, 감시제어반의 펌프선택 스위치도 자동의 위치에 있어야 한다.

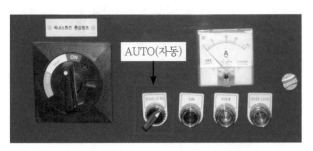

| 동력제어반 펌프선택 스위치 자동위치 |

| 감시제어반 펌프선택 스위치 자동위치 |

04 옥내소화전함 및 방수구 등의 종합점검 내용을 쓰시오.

1. 함 개방 용이성 및 장애물 설치 여부 등 사용 편의성 적정 여부
2. 위치·기동 표시등 적정 설치 및 정상 점등 여부
3. "소화전" 표시 및 사용요령(외국어 병기) 기재 표지판 설치상태 적정 여부
4. 대형 공간(기둥 또는 벽이 없는 구조) 소화전 함 설치 적정 여부
5. 방수구 설치 적정 여부
6. 함 내 소방호스 및 관창 비치 적정 여부
7. 호스의 접결상태, 구경, 방수 압력 적정 여부
8. 호스릴방식 노즐 개폐장치 사용 용이 여부

05 옥내소화전설비 송수구의 종합점검 내용을 쓰시오.

1. 설치장소 적정 여부
2. 연결배관에 개폐밸브를 설치한 경우 개폐상태 확인 및 조작가능 여부
3. 송수구 설치 높이 및 구경 적정 여부
4. 자동배수밸브(또는 배수공)·체크밸브 설치 여부 및 설치상태 적정 여부
5. 송수구 마개 설치 여부

CHAPTER 06

스프링클러설비의 점검

습식 밸브(알람 체크밸브)의 점검

스프링클러설비는 물을 소화약제로 사용하는 자동식 소화설비로서 화재가 발생할 경우 소방대상물의 천장에 설치된 스프링클러헤드에서 자동으로 물을 방수하여 화재를 진압하는 소화설비이다. 습식, 건식, 준비작동식, 일제살수식 밸브의 점검방법에 대해 알아보자.

01 습식 스프링클러설비

습식 스프링클러설비는 동파의 우려가 없는 장소에 거의 대부분 설치되며, 펌프에서 헤드에 이르기까지 가압된 물로 채워져 있어 화재 시 열에 의해 헤드가 개방되면 개방된 헤드를 통해 즉시 가압수를 방출하여 화재를 진압하는 가장 신뢰성이 있는 방식이다.

1 습식 스프링클러설비의 계통도

경보밸브의 종류	1차측	2차측	사용 헤드	화재감지
알람 체크밸브 (Alarm Check Valve)	가압수	가압수	폐쇄형 헤드	폐쇄형 스프링클러헤드

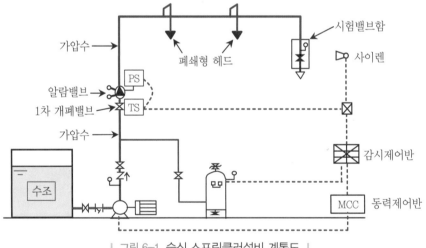

| 그림 6-1 습식 스프링클러설비 계통도 |

2 습식 스프링클러설비 작동설명

동작순서	관련 사진
① 화재발생	![화재발생 그림] | 그림 6-2 화재발생 |
② 화열에 의해 화재발생 장소 상부의 헤드 개방	![폐쇄형 헤드] | 그림 6-3 폐쇄형 헤드 개방되는 모습 |
③ 배관 내 소화수가 개방된 헤드로 방수 ⇒ 소화	![헤드에서 방수되는 모습] | 그림 6-4 헤드에서 방수되는 모습 |

④ 알람밸브 내 클래퍼 개방

| 그림 6-5 알람밸브 동작 전 | | 그림 6-6 알람밸브 동작 후 |

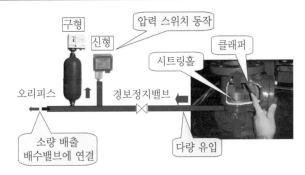

| 그림 6-7 클래퍼 개방에 따른 압력수 유입으로 압력 스위치가 동작되는 흐름 |

동작순서	관련 사진
㉠ 알람밸브의 압력 스위치 동작 (클래퍼가 개방되면 2차측 배관으로 가압수가 송수됨과 동시에 시트링의 홀(Hole ; 구멍)로도 가압수가 유입되어 압력 스위치를 동작시킨다)	 압력 스위치 ┃ 그림 6-8 알람밸브의 압력 스위치 동작 ┃
㉡ 제어반의 주경종 동작, 화재표시등, 알람밸브 동작표시등 점등 및 부저 동작 ㉢ 해당구역 음향장치 작동	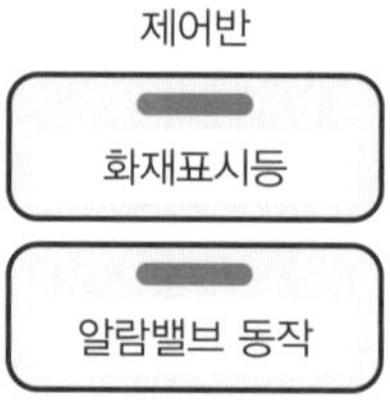 제어반 화재표시등 알람밸브 동작 ┃ 그림 6-9 제어반 표시등 점등  ┃ ┃ 그림 6-10 음향장치 (사이렌) 작동 ┃

⑤ 배관 내 감압으로
  ㉠ 기동용 수압개폐장치의 압력 스위치 작동
  ㉡ 소화펌프 기동

	┃ 그림 6-11 압력챔버의
	압력 스위치 작동  ┃ ┃ 그림 6-12 소화펌프 기동 ┃

02 알람 체크밸브(Alarm Check Valve)의 구성

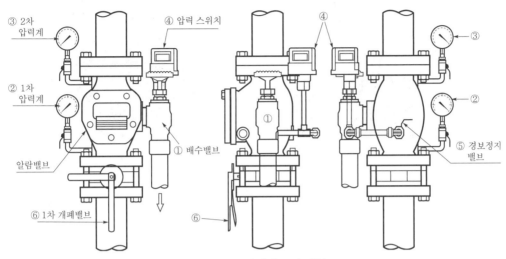

| 그림 6-13 알람밸브의 외형 |

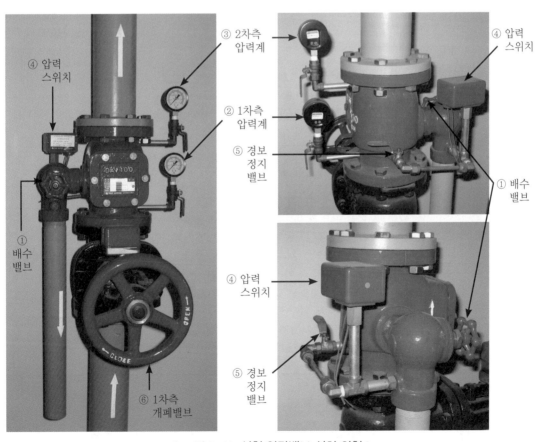

| 그림 6-14 신형 알람밸브 설치 외형 |

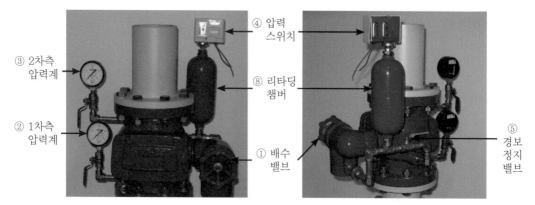

| 그림 6-15 **구형 알람밸브(리타딩 챔버 부착형) 설치 외형** |

| 구성요소별 명칭, 기능 및 평상시 상태 |

순 번	명 칭	기능(설명)	평상시 상태
①	배수밸브	알람밸브 2차측 가압수를 배수시킬 때 사용	폐쇄
②	1차측 압력계	알람밸브의 1차측 압력을 지시	1차측 배관 내 압력을 지시
③	2차측 압력계	알람밸브의 2차측 압력을 지시	2차측 배관 내 압력을 지시
④	압력 스위치	알람밸브 개방 시 제어반에 밸브개방(작동)신호 송출 (a접점 사용 – 평상시 전압 : DC 24V)	알람밸브 동작 시 작동
⑤	경보정지밸브	압력 스위치 연결배관에 설치되며, 가압수의 흐름을 차단하여 경보를 정지하고자 할 때 사용	개방
⑥	1차측 개폐밸브	알람밸브 1차측 배관을 개폐 시 사용	개방
⑦	경보시험밸브	말단시험밸브를 개방하지 않고 경보시험밸브를 개방하여 압력 스위치가 정상작동되는지 시험할 때 사용 참고 경보시험밸브는 거의 부착되어 있지 않음.	폐쇄
⑧	리타딩 챔버 (Retarding Chamber)	클래퍼 개방 시 즉시 압력 스위치가 동작하지 않고 일정시간 동안 유수가 지속될 경우 압력 스위치에 압력이 전달되도록 된 구조로서, 순간적으로 클래퍼가 개방될 경우 경보로 인한 혼선을 방지하기 위해서 설치한다. 참고 구형 알람밸브의 경우는 리타딩 챔버가 있으나, 신형의 경우에는 압력 스위치에 시간지연회로가 내장되어 있다.	대기압 상태

03 알람 체크밸브의 작동점검 방법

1 준비

알람밸브 작동 시 경보로 인한 혼란을 방지하기 위해 사전통보 후 점검하거나 또는 수신반에서 경보 스위치를 정지시킨 후 시험에 임한다.

> **참고** 점검 시에는 일반적으로 경보 스위치는 정지위치로 놓으며 필요시 경보 스위치를 잠깐 정상상태로 전환하여 경보되는지 확인한다.

> **Tip** 알람밸브 2차측의 압력이 1차측의 압력보다 높은 이유
>
> 알람밸브 2차측의 압력이 1차측의 압력과 같거나 높다. 그 이유는 알람 체크밸브 내의 클래퍼는 체크 기능이 있어 펌프의 기동·정지 시 최종의 압력을 2차측에 유지시켜 주기 때문이다.
> 점검 시 2차측의 압력이 1차측의 압력에 비하여 과다하게 높은 경우에는 배수밸브를 개방하여 1차측의 압력과 같거나 약간 높게 조정하여 주는 것이 좋다.

2 작동

(1) 말단시험밸브를 개방하여 가압수를 배출시킨다.

> **Tip** 알람밸브의 시험방법
>
> ① 화재 시 헤드가 개방된 것과 같은 상태를 구현하기 위해서 설치한 것이 말단시험밸브이므로 알람밸브 작동시험 시에는 말단시험밸브를 개방하여 시험하도록 한다.
> ② 알람밸브의 배수밸브를 개방하여도 알람밸브 2차측 가압수가 배출되어 동작시험은 되나, 배수밸브의 주목적은 2차측 가압수를 배수시킬 때 사용하는 밸브이므로 동작시험 시에는 말단시험밸브를 개방하여 시험하도록 한다.

| 그림 6-16 말단시험밸브 및 시험밸브 개방모습 |

(2) 알람밸브 2차측 압력이 저하되어 클래퍼가 개방(작동)된다.

| 그림 6-17 알람밸브 동작 전 |　　　　　| 그림 6-18 알람밸브 동작 후 |

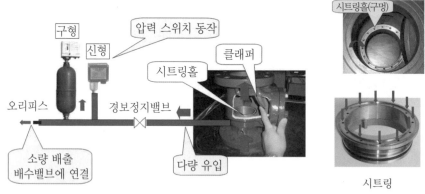

| 그림 6-19 클래퍼 개방에 따른 압력수 유입으로 압력 스위치 동작 |

| 그림 6-20 압력 스위치 연결배관 |

(3) 지연장치에 의해 설정시간 지연 후 압력 스위치가 작동된다.

> **Tip** 비화재 시 알람밸브의 경보로 인한 혼선을 방지하기 위한 장치
>
> ① 구형의 경우 : 리타딩 챔버(Retarding Chamber) 설치
> ② 신형의 경우 : 최근 생산되는 알람밸브는 압력 스위치 내부에 지연회로가 설치(약 4~7초 정도 지연)되어 대부분 출고되고 있으며 일부 제품의 경우에는 지연시간 조절이 가능한 타입도 있다.

접점 지연회로 동작 전 동작 후

| 그림 6-21 압력 스위치 외형 및 동작 전·후 모습 |

지연타이머

| 그림 6-22 지연시간 조정
가능한 압력 스위치 |

3 확인사항

(1) 감시제어반(수신기) 확인사항

① 화재표시등 점등 확인

② 해당구역 알람밸브 작동표시등 점등 확인

③ 수신기 내 경보 부저 작동 확인

(2) 해당 방호구역의 경보(사이렌)상태 확인

(3) 소화펌프 자동기동 여부 확인

| 그림 6-23 알람밸브시험 시 확인사항 |

4 복구(펌프 자동정지 시)

(1) 말단시험밸브를 잠근다.

(2) 가압수에 의해 2차측 배관이 가압되면 클래퍼가 자동으로 복구되며 배관 내 압력을 채운 뒤 펌프는 자동으로 정지된다.

(3) 제어반의 알람밸브 동작표시등이 소등되면 정상복구된 것이다.

(4) 제어반의 스위치를 정상상태로 복구한다.

5 복구(펌프 수동정지 시)

(1) 말단시험밸브를 잠근다.

(2) 충압펌프는 자동상태로 두고, 주펌프만 수동으로 정지한다.

⇒ 가압수에 의해 2차측 배관이 가압되면 클래퍼가 자동으로 복구되며 배관 내 압력을 채운 뒤 충압펌프는 자동으로 정지된다(화재안전기준의 개정으로 2006년 12월 30일 이후에 건축허가동의 대상물의 경우는 주펌프를 수동으로 정지시켜 준다).

(3) 제어반의 알람밸브 동작표시등이 소등되면 정상복구된 것이다.

(4) 제어반의 스위치를 정상상태로 복구한다.

(5) 주펌프를 자동으로 전환한다.

Tip

(1) 클래퍼 중앙에 설치된 볼 체크밸브의 기능

충압펌프가 작동되어 알람밸브 2차측 배관에 서서히 가압수가 공급될 경우 클래퍼는 개방되지 않고 클래퍼 내부의 오리피스를 통하여 2차측에 가압수가 공급될 수 있도록 클래퍼 중앙에 오리피스와 볼 체크밸브가 설치되어 있다. 약간의 충압으로 클래퍼가 들리면 시트링홀을 통하여 압력 스위치 연결배관에 가압수가 유입되기 때문이며, 클래퍼의 오리피스에 내장된 볼(쇠구슬)은 2차측의 가압수가 1차측으로 역류되지 못하도록 하는 체크밸브 역할을 한다.

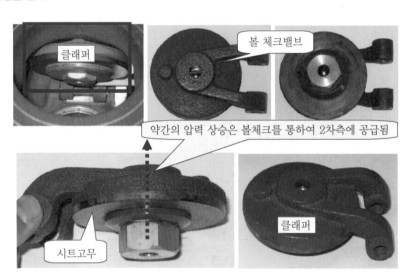

| 그림 6-24 **알람밸브 내부의 클래퍼 외형** |

(2) 알람밸브의 압력 스위치에 수압을 가하여 압력 스위치의 작동 및 경보상태를 확인하는 방법

① 알람밸브의 1차측에 설치된 경보시험밸브(설치된 경우에 한함) 개방 : 클래퍼의 개폐상태와 관계없이 경보시험밸브를 개방하여 압력 스위치에 1차측의 수압을 가하여 압력 스위치를 동작시키는 방법

② 배수밸브 개방 : 2차측 배관의 가압수를 직접 배수시키는 방법으로서 배수밸브의 개방으로 2차측 압력이 저하되고 클래퍼가 개방됨에 따라 시트링홀을 통하여 유입된 가압수에 의하여 압력 스위치를 동작시키는 방법

③ 말단시험밸브 개방 : 2차측 배관의 말단에 설치된 시험밸브를 개방하여 배관 내 가압수를 배출시켜 시험하는 방법으로서, 시험밸브 개방으로 2차측 압력이 저하되고 클래퍼가 개방됨에 따라 시트링홀을 통하여 유입된 가압수에 의하여 압력 스위치를 동작시키는 방법

| 그림 6-25 **경보시험밸브를
개방하여 시험** |

| 그림 6-26 **배수밸브를
개방하여 시험** |

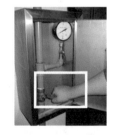

| 그림 6-27 **말단시험
밸브를 개방하여 시험** |

06

(3) 압력 스위치에 수압을 가하지 않고 시험하는 방법

압력 스위치의 커버를 떼어내고 드라이버 등으로 동작확인침을 들어 올리거나 전선 등으로 +, - 단자를 단락(쇼트)시키면 압력 스위치가 동작된 것과 같이 수신기로 동작신호를 송출하게 된다.

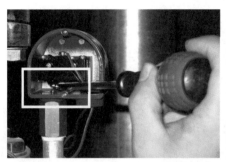

| 그림 6-28 압력 스위치 접점 동작모습 |

04 알람밸브가 복구되지 않을 경우의 원인 및 조치방법

1 알람밸브 작동표시등이 계속 점등되는 이유

알람밸브 동작시험 후 시간이 지나도 자동으로 복구되지 않거나, 화재가 아닌데 주·충압(보조)펌프 기동 시 최상층 부분의 알람밸브가 동작되어 시간이 지나도 복구되지 않는 경우가 점검 시 종종 발생한다. 이런 경우의 원인과 조치방법은 다음과 같다.

| 그림 6-29 알람밸브 작동표시등 점등 |

원 인	점검 및 조치방법
① 알람밸브에 부착된 경보 정지밸브를 잠그면 압력 스위치가 복구되는 경우 : 알람밸브 내부 클래퍼와 시트 부위에 이물질이 침입한 경우이다.	㉠ 플러싱으로 이물질 제거 : 배수밸브를 개방하여 유수에 의하여 이물질 제거를 시도한 후 제어반의 복구 스위치를 눌렀을 때 복구가 되면 유수에 의하여 이물질이 제거된 것이다. ㉡ 커버분리하여 이물질 제거 : ㉠의 방법으로 압력 스위치가 복구되지 않을 경우에는 1차측 개폐밸브를 잠그고 배수밸브를 개방하여 2차측 배관 내의 물을 완전히 배수시킨 후 전면 커버를 분리하여 클래퍼와 시트 부위 사이의 이물질을 제거한다. | 그림 6-30 경보정지밸브 폐쇄모습 |　| 그림 6-31 클래퍼의 이물질 제거 |
② 경보정지밸브를 잠가도 알람밸브의 압력 스위치가 복구되지 않는 경우 : 압력 스위치와 연결된 배관부분의 문제로서 압력 스위치 연결배관이 배수밸브 2차측과 연결된 부분의 오리피스가 이물질로 막혀 있는 경우이다.	연결배관을 분리하여 오리피스에 끼어 있는 이물질을 철사 등으로 밀어서 제거한다. | 그림 6-32 오리피스 막힌 부분 |　| 그림 6-33 배수밸브에 연결된 오리피스 |　| 그림 6-34 오리피스에 낀 이물질 제거모습 | 이물질로 막힌 부분 / 배수밸브 전면 볼트 / 배수밸브 전면 볼트 분리 / 철사 등으로 이물질 제거 | 그림 6-35 전면의 볼트를 풀어서 이물질을 제거하는 모습 (일부 제품에만 부착됨) |

원 인	점검 및 조치방법
③ 알람밸브 내부의 시트 고무가 파손 또는 변형된 경우	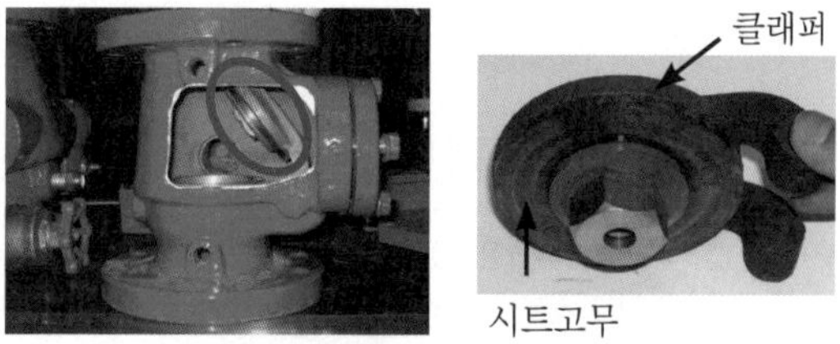 알람밸브 전면 볼트를 풀어 커버를 분리 후 시트고무를 교체한다. ∣ 그림 6-36 알람밸브의 클래퍼 시트고무 ∣
④ 알람밸브에 부착된 배수밸브의 불완전 잠금상태	 배수밸브의 완전폐쇄 ∣ 그림 6-37 배수밸브의 완전폐쇄 ∣
⑤ 알람밸브에 부착된 배수밸브의 시트고무에 이물질이 침입하거나 시트고무가 손상된 경우	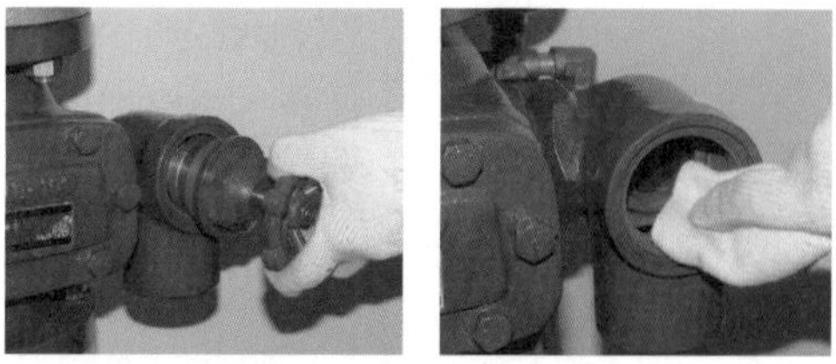 배수밸브 시트고무의 이물질 제거 또는 시트고무 교체 ∣ 그림 6-38 배수밸브 분해 · 청소하는 모습 ∣
⑥ 말단시험밸브의 불완전 잠금상태	 말단시험밸브를 완전히 잠근다. ∣ 그림 6-39 말단시험 밸브의 완전폐쇄 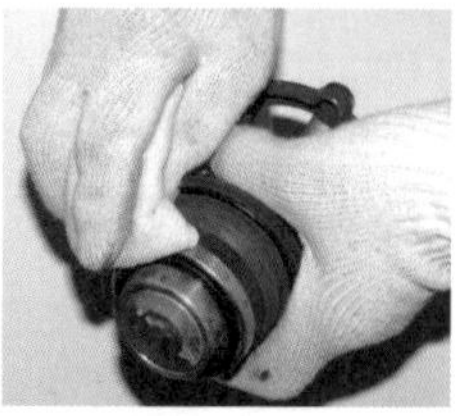 ∣ ∣ 그림 6-40 배수밸브 시트고무 청소 ∣
⑦ 알람밸브 2차측 배관이 누수되는 경우	누수부분을 보수한다. —

2 알람 체크밸브가 설치된 습식 스프링클러설비에서 비화재 시에도 수시로 오보가 울릴 경우의 원인

원 인	점검 및 조치방법
① 압력 스위치 연결배관 상의 오리피스가 막힌 경우	압력 스위치와 연결된 배관부분의 문제로서 압력 스위치 연결배관이 배수밸브 2차측과 연결이 되어 있는 오리피스 부분이 이물질로 막혀 있는 경우 ⇒ 연결부분을 분리하여 오리피스에 끼어 있는 이물질을 철사 등으로 밀어서 제거한다.

| 그림 6-41 오리피스가 막힌 부분 및 이물질 제거모습 |

원 인	점검 및 조치방법
② 알람밸브 내부 클래퍼와 시트 부위에 이물질이 침입한 경우	알람밸브 전면 볼트를 풀어 커버를 분리 후 이물질을 제거한다. **참고** 이물질 제거방법 : 배수밸브를 개방하여 배수되는 물로 플러싱을 해서 복구되는 경우가 많으나, 이러한 조치를 했음에도 불구하고 미복구 시에는 커버를 분리하여 이물질을 제거한다.  | 그림 6-42 클래퍼의 이물질 제거 |
③ 알람밸브의 압력 스위치 자체불량(전기적인 접촉불량)인 경우	압력 스위치를 교체한다.  | 그림 6-43 압력 스위치 불량 |
④ 알람밸브의 배수밸브가 완전폐쇄가 안 된 경우	배수밸브를 완전히 폐쇄한다.  | 그림 6-44 배수밸브 완전폐쇄 |

06

원 인	점검 및 조치방법
⑤ 알람밸브에 부착된 배수 밸브의 시트고무에 이물 질이 침입하거나 시트고 무가 손상된 경우	 배수밸브 시트고무의 이물질 제거 또는 시트고무를 교체한다. | 그림 6-45 배수밸브 정비 |
⑥ 주 · 충압펌프가 자주 기 동하는 경우	압력챔버 압력 스위치 설정 부적정 또는 누수 등으로 인한 주 · 충압펌프의 잦은 기동으로 고층빌딩에서 주로 최상층 부분의 몇 개 층에서 수격으로 인하여 클래퍼가 열리면서 압력 스위치가 동작되는 경우 ⇒ 압력챔버 압력 스위치 재세팅 또는 누수부분 확인 등의 원인을 찾아 정비한다.

건식 밸브의 점검

01 건식 스프링클러설비의 구성

　건식 스프링클러설비는 동파의 우려가 있는 장소에 설치하며, 건식 밸브를 중심으로 1차측에는 가압수를 2차측은 압축된 공기를 각각 채워 놓은 상태로 있다가 화재 시 열에 의해 헤드가 개방되어 2차측의 압력이 저하되면 엑셀레이터가 압력 저하를 감지하여 압축공기로 클래퍼를 신속하게 개방시켜 드라이밸브를 개방하고, 2차측으로 공급된 가압수는 압축공기를 밀어내고 개방된 헤드를 통하여 소화수를 방출하여 화재를 진압하는 방식이다.

1 건식 스프링클러설비의 계통도

경보밸브의 종류	1차측	2차측	사용 헤드	화재감지
건식(드라이) 밸브 (Dry Pipe Valve)	가압수	압축공기	폐쇄형 헤드	폐쇄형 스프링클러헤드

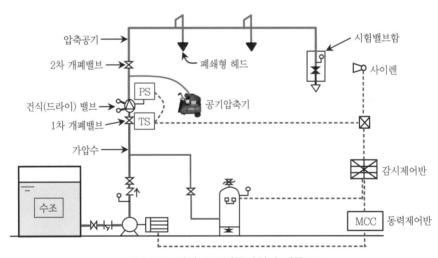

| 그림 6-46 건식 스프링클러설비 계통도 |

2 건식 스프링클러설비 작동설명

동작순서	관련 사진
① 화재발생	 \n| 그림 6-47 화재발생 |
② 화열에 의해 화재발생 장소 상부의 헤드 개방\n⇒ 개방된 헤드를 통하여 2차측 배관의 압축공기 방출	 \n| 그림 6-48 폐쇄형 헤드 개방 |
③ 2차측 배관 내 압력 저하\n⇒ 드라이밸브 개방	 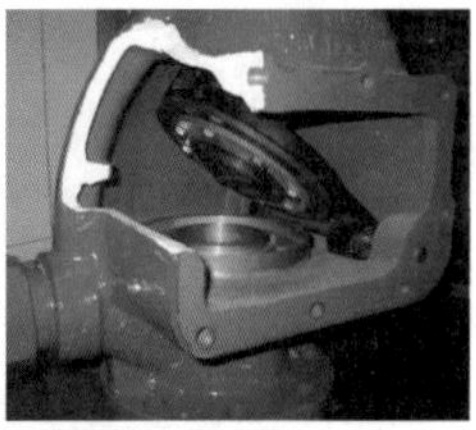 \n| 그림 6-49 개방 전 | | 그림 6-50 개방 후 |
④ 2차측 배관으로 소화수 공급\n⇒ 소화수는 압축공기를 밀어내고 개방된 헤드를 통하여 방수되어 소화작업 실시	 \n| 그림 6-51 헤드에서 방수되는 모습 |
⑤ 드라이밸브의 압력 스위치 동작\n⇒ 드라이밸브가 개방되면 2차측 배관으로 가압수가 송수됨과 동시에 시트링의 홀(Hole ; 구멍)로도 가압수가 유입되어 압력 스위치를 동작시킨다.	 \n| 그림 6-52 드라이밸브에 설치된 압력 스위치 |

동작순서	관련 사진
⑥ 제어반의 주경종 동작, 화재표시등, 드라이밸브 동작표시등 점등 및 부저 동작 ⇒ 해당 구역 음향장치 작동	 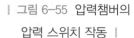  ㅣ그림 6-53 제어반 표시등 점등 ㅣ　ㅣ그림 6-54 음향장치 (사이렌) 작동 ㅣ
⑦ 배관 내 감압으로 ⇒ 기동용 수압개폐장치의 압력 스위치 동작 ⇒ 소화펌프 기동	ㅣ그림 6-55 압력챔버의 압력 스위치 작동 ㅣ　ㅣ그림 6-56 소화펌프 기동 ㅣ

02 드라이밸브의 종류

구 분		우당기술산업	세코스프링클러	파라텍
	모델명	WDP-1	SDP-73	PDPV
건식 밸브	특징	• 클래퍼 복구밸브 有 • 세계 최초개발 • 가압 개방 • 주로 생산	• 커버분리(Only) • 국내 최초개발 • 가압 개방 • 생산 중단됨.	• 래치 고정볼트 2개 有 • 동작원리 : 세코와 동일 • 가압 개방 • 주문 시에만 생산
	외형			

06

구 분		우당기술산업	세코스프링클러	파라텍
저압 건식 밸브	모델명	WDP-2	SLD-71	PLDPV
	특징	• 복구버튼 無 • 다이어프램 타입(P/V) 　+액추에이터에 의한 감압 　개방 • 널리 보급되지 않음.	• 클래퍼 복구레버 有 • 클래퍼 타입(P/V) 　+액추에이터에 의한 감압 　개방 • 주로 보급됨.	• 클래퍼 복구레버 有 • 클래퍼 타입(P/V) 　+액추에이터에 의한 감압 　개방 • 주로 생산함. • 동작원리 : 세코와 동일
	외형			

참고 ① 국내 최초 건식 밸브 개발, 복구 시 커버분리 타입 : 세코스프링클러(SDP-73)
　　② 세계 최초 · 국내개발/수출 : 우당기술산업(WDP-1)

03 파라텍 저압 건식 밸브(PLDPV형)의 점검

　파라텍의 저압 건식 밸브(PLDPV형)는 세코스프링클러의 저압 건식과 부품의 명칭과 모양은 다소 차이가 있으나 동작원리는 동일하다.

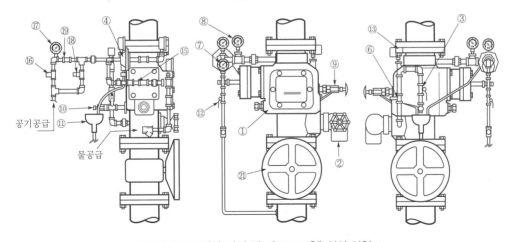

| 그림 6-57 저압 건식 밸브(PLDPV형) 설치 외형 |

| 그림 6-58 정면 |

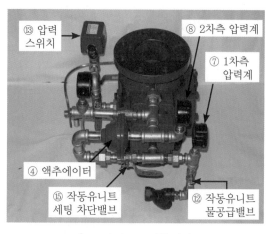

| 그림 6-59 좌측면 |

| 그림 6-60 뒷면 |

| 그림 6-61 측면 |

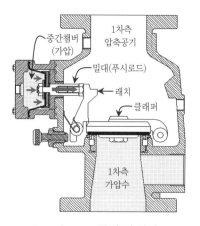

| 그림 6-62 동작 전 단면 |

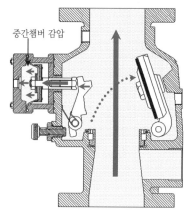

| 그림 6-63 동작 후 단면 |

Tip 동작원리

평상시에는 2차측의 공기압에 의하여 액추에이터의 작동으로 중간챔버의 가압수가 배출되지 않도록 출구를 폐쇄(차단)하고 있어, 중간챔버에 공급된 가압수에 의하여 밀대(푸시로드)가 래치를 밀어 클래퍼는 폐쇄된 상태로 있다.

화재발생 시에는 헤드의 개방으로 2차측의 공기압력이 낮아지면 액추에이터 내부 시트의 공기압도 같이 감압되어 중간챔버의 가압수 출구를 개방시켜 줌으로서 중간챔버의 압력이 저하되어 푸시로드가 후진되고 래치가 이동함으로서 클래퍼가 개방되어 1차측의 소화수는 2차측의 압축공기를 밀어내고 개방된 헤드를 통하여 소화작업을 하게 된다. 한편 시트링을 통하여 유입된 가압수에 의하여 압력 스위치가 동작되어 밸브 개방 신호를 송출한다.

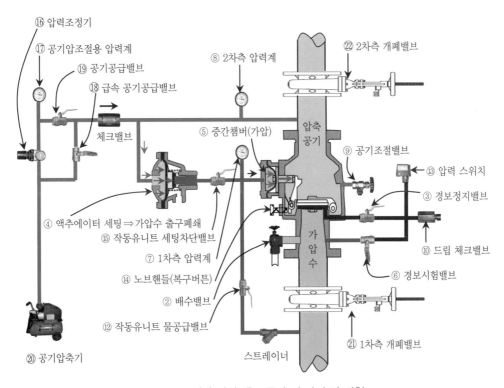

| 그림 6-64 저압 건식 밸브 동작 전 단면 및 명칭 |

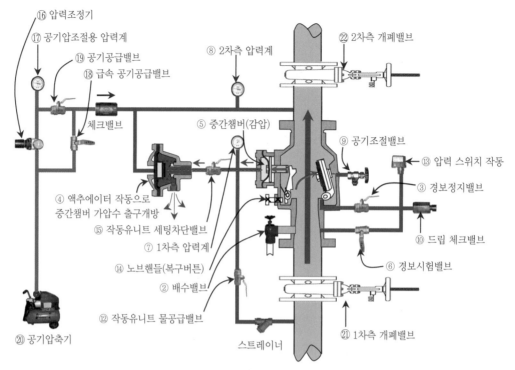

⑯ 압력조정기
⑰ 공기압조절용 압력계
⑲ 공기공급밸브
⑱ 급속 공기공급밸브
체크밸브
⑧ 2차측 압력계
⑤ 중간챔버(감압)
㉒ 2차측 개폐밸브
⑨ 공기조절밸브
⑬ 압력 스위치 작동
③ 경보정지밸브
④ 액추에이터 작동으로 중간챔버 가압수 출구개방
⑩ 드립 체크밸브
⑮ 작동유니트 세팅차단밸브
⑦ 1차측 압력계
⑭ 노브핸들(복구버튼)
⑥ 경보시험밸브
② 배수밸브
⑫ 작동유니트 물공급밸브
⑳ 공기압축기
스트레이너
㉑ 1차측 개폐밸브

| 그림 6-65 저압 건식 밸브 동작 후 단면 및 명칭 |

1 구성요소 및 기능설명

순 번	명 칭	설 명	평상시 상태
①	건식 밸브	평상시 폐쇄되어 있다가 화재 시 개방되어 가압수를 2차측으로 보내는 밸브	잠김 유지
②	배수밸브	건식 밸브 작동 후 2차측의 소화수를 배수시키고자 할 때 사용 (1차측에 연결됨)	잠김 유지
③	경보정지밸브	건식 밸브의 작동 중 계속 작동되는 경보를 정지하고자 할 때 사용하는 밸브	열림 유지
④	액추에이터 (Actuator)	평상시에는 2차측 공기압력에 의하여 저압 건식 밸브 내 중간챔버의 가압수 출구를 막고 있어 밸브가 세팅상태를 유지하도록 해주며, 화재 시에는 2차측의 공기압력이 낮아지게 되면 감압을 감지하여 중간챔버의 가압수 출구를 개방함으로서 저압 건식 중간챔버의 압력이 낮아져 드라이밸브 본체 시트를 개방하게 된다. (프리액션밸브의 솔레노이드밸브와 유사한 역할을 함)	잠김 유지
⑤	중간챔버 (Push Rod Box)	래치와 연결되어 있어 세팅 시 중간챔버 가압으로 밀대를 밀어 래치를 밀어주는 역할을 하는 작은 챔버(공간 ; 실) • 액추에이터 작동 시 중간챔버 감압으로 래치가 밀려 클래퍼가 개방된다. • 클래퍼 타입 프리액션밸브의 중간챔버와 유사하다.	평상시 가압상태

06

순 번	명 칭	설 명	평상시 상태
⑥	경보시험밸브	드라이밸브를 동작시키지 않고 압력 스위치를 동작시켜 경보를 발하는지 시험할 때 사용	잠김 유지
⑦	1차측 압력계	드라이밸브 1차측 물의 압력을 지시	1차측 배관의 수압 지시
⑧	2차측 압력계	드라이밸브 2차측 공기압력을 지시	2차측 배관의 공기압 지시
⑨	공기조절밸브 (누설시험밸브 = 테스트밸브)	2차측 압축공기를 배출시켜 건식 밸브의 작동시험을 하기 위한 밸브	잠금
⑩	드립 체크밸브 (볼 체크밸브 ; 누수확인 밸브)	세팅 시 클래퍼 실링부위의 누수 여부를 확인하기 위해서 설치하며, 압력이 없는 물과 공기는 자동배수되며, 압력이 있는 물과 공기는 차단함(필요시 누름핀을 눌러 수동으로 물과 공기 배출 가능)=오토드립+수동드립	개방
⑪	드립컵 (물 배수컵)	드립 체크밸브에서 나오는 물을 모아주는 컵	–
⑫	작동유니트 물공급밸브	세팅 시 개방하여 중간챔버에 가압수를 공급해 주는 밸브 (프리액션밸브의 세팅밸브와 같은 역할을 한다)	열림
⑬	압력 스위치	드라이밸브 개방 시 제어반에 개방(작동)신호를 보냄.	드라이밸브 동작 시 작동
⑭	노브핸들 (복구버튼)	건식 밸브 작동 후 재세팅 시 클래퍼 복구를 위해서 설치하며, 복구 시 노브핸들을 눌러서 래치를 이동시켜 클래퍼를 복구한다. (드라이밸브가 동작되면 클래퍼가 래치에 걸려 있는 상태이다)	–
⑮	작동유니트 세팅차단밸브 (세팅밸브)	세팅 시 세팅밸브를 잠그어 물공급밸브를 통하여 중간챔버(Push Rod Box)에 채워진 가압수가 액추에이터로의 유입을 차단하고, 2차측 배관에 공기를 채운 뒤 개방한다(액추에이터 세팅밸브).	열림
⑯	압력조정기 (공압 레귤레이터)	2차측 배관에 설정된 공기압을 유지시켜 주는 기능 • 설정압력 미달 시 : 개방되어 공기압 보충 • 설정압력 도달 시 : 폐쇄되어 공기압 차단	설정압력 유지
⑰	공기압조절용 압력계	압력조정기의 설정압력 상태를 확인	공기압 지시
⑱	급속 공기공급밸브 (바이패스밸브)	2차측 배관 내를 공기로 초기 충진할 때 개방하여 압력조정기(공압레귤레이터)를 거치지 않고 다량의 공기를 유입시킬 때 사용하는 밸브로서 충진 후에는 폐쇄한다.	잠김 유지
⑲	공기공급밸브	공압레귤레이터를 통한 공기를 2차측 관 내로 유입시키는 것을 제어하는 밸브	열림 유지
⑳	공기압축기 (에어 컴프레서)	2차측 배관에 압축공기를 공급하는 역할을 한다.	세팅압 유지

237

순 번	명 칭	설 명	평상시 상태
㉑	1차측 개폐밸브	드라이밸브 1차측을 개폐 시 사용	열림 유지
㉒	2차측 개폐밸브	드라이밸브 2차측을 개폐 시 사용	열림 유지

2 작동시험

작동시험하는 방법은 2차측 배관에 설치된 말단시험밸브를 개방하여 시스템 전체를 시험하는 방법과 드라이밸브 자체만을 시험하는 방법이 있다. 여기서는 드라이밸브 자체만을 시험하는 방법을 기술한다.

(1) 준비

① 2차측 개폐밸브 ㉒ 잠금
② 경보 여부 결정(수신기 경보 스위치 "ON" 또는 "OFF")

> **Tip** 경보 스위치 선택
>
> ① 경보 스위치를 "ON" : 드라이밸브 동작 시 음향경보 즉시 발령된다.
> ② 경보 스위치를 "OFF" : 드라이밸브 동작 시 수신기에서 확인 후 필요시 경보 스위치를 잠깐 풀어서 동작 여부만 확인한다.

(2) 작동

① 공기조절밸브 ⑨ 개방 ⇒ 드라이밸브 2차측 공기압 누설
② 액추에이터(Actuator) ④ 동작(공기와 가압수의 압력균형이 깨어져 출구 쪽으로 중간 챔버의 가압수가 배출된다)

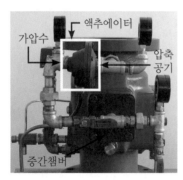

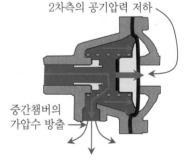

| 그림 6-66 액추에이터 외형 및 동작 전 · 후 모습 |

③ 중간챔버(Push Rod Box) ⑤ 압력 저하 ⇒ 밀대(Push Rod) 후진 ⇒ 래치 이동(클래퍼 락 해제) ⇒ 클래퍼 개방

06

④ 1차측 소화수가 공기조절밸브 ⑨를 통해 방출
⑤ 시트링을 통하여 유입된 가압수에 의해 압력 스위치 ⑬ 작동

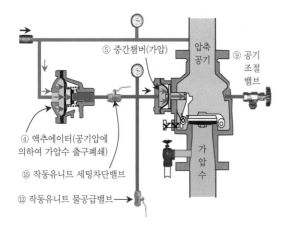

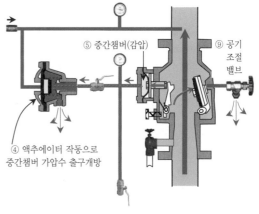

| 그림 6-67 드라이밸브 동작 전 |

| 그림 6-68 드라이밸브 동작 후 |

(3) 확인사항

① 감시제어반(수신기) 확인사항

㉠ 화재표시등 점등 확인

㉡ 해당구역 드라이밸브 작동표시등
점등 확인

㉢ 수신기 내 경보부저 작동 확인

② 해당 방호구역의 경보(사이렌)상태 확인

③ 소화펌프 자동기동 여부 확인

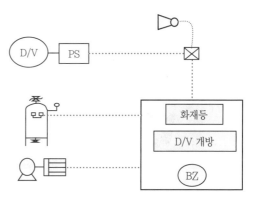

| 그림 6-69 드라이밸브 점검 시 확인사항 |

3 작동 후 조치

(1) 배수

펌프 자동정지의 경우	펌프 수동정지의 경우
① 경보를 멈추고자 한다면 경보정지밸브 ③을 잠근다.	① 펌프 수동정지
② 1차측 개폐밸브 ㉑ 잠금 ⇒ 펌프정지 확인	② 경보를 멈추고자 한다면 경보정지밸브 ③을 잠근다.
③ 작동유니트 물공급밸브 ⑫를 잠근다.	③ 1차측 개폐밸브 ㉑ 잠금
(프리액션밸브의 세팅밸브와 같은 개념임)	④ 작동유니트 물공급밸브 ⑫를 잠근다.
④ 배수밸브 ② 개방	(프리액션밸브의 세팅밸브와 같은 개념임)
⇒ 2차측 가압수 배수 실시	⑤ 배수밸브 ② 개방 ⇒ 2차측 가압수 배수 실시
(현재 클래퍼는 개방된 상태이므로 배수됨)	(현재 클래퍼는 개방된 상태이므로 배수됨)
⑤ 드립 체크밸브 ⑩을 통해 ⇒ 잔류수 자동배수됨.	⑥ 드립 체크밸브 ⑩을 통해 ⇒ 잔류수 자동배수됨.
⑥ 수신기 스위치 확인 복구	⑦ 수신기 스위치 확인 복구

(2) 복구

① 노브핸들(복구버튼) ⑭를 눌러 클래퍼를 안착시킨다. (이때 둔탁한 "퍽"하는 소리가 나며 클래퍼가 정상적으로 안착이 됨을 알 수 있다)  ┃ 그림 6-70 노브핸들 조작모습 ┃	클래퍼 안착
② 배수밸브 ②, 공기조절밸브 ⑨, 작동유니트 세팅차단밸브 ⑮, 공기공급밸브 ⑲를 닫고, 경보시험밸브 ⑥, 급속 공기공급밸브 ⑱이 닫혀져 있는지 확인한다. ③ 작동유니트 물공급밸브 ⑫를 개방하여 중간챔버(Push Rod Box) ⑤에 가압수를 공급하면 ⇒ 밀대(Push Rod) 전진 ⇒ 래치가 이동(클래퍼 락 작동)하여 ⇒ 클래퍼가 폐쇄 · 고정된다.	중간챔버 가압

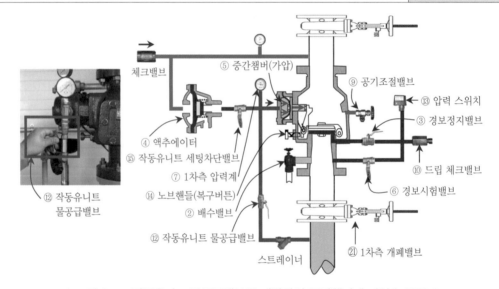

┃ 그림 6-71 작동유니트 물공급밸브를 개방하여 중간챔버에 가압수 공급 ┃

④ 공기압축기 ⑳을 가동하고, 압력설치표를 참고하여 압력조정기 ⑯의 핸들을 좌우로 돌려 2차측에 유지해야 할 압력을 세팅한다(⑰번 압력계를 확인하면서). ⑤ 공기공급밸브 ⑲를 개방하여 2차측에 압축공기를 공급한다. 참고 2차측 배관 전체에 공기를 공급할 때는 공기공급밸브 ⑲와 급속 공기공급밸브 ⑱을 동시에 개방하여 압축공기를 공급하면 충전시간을 절약할 수 있다. ⑥ 2차측 개폐밸브 ㉒를 약간만 개방하여 2차측 배관이 설정압력으로 차면, 다시 2차측 개폐밸브를 잠근다(이때 이미 2차측 배관은 압축공기가 차 있는 상태이나 드라이밸브 2차측과 배관 내의 동압을 확인하기 위한 안전조치임).	공기공급

06

⑦ 1차측 개폐밸브 ㉑을 서서히 개방한다.	**1차 개폐밸브 개방**
⑧ 작동유니트 세팅차단밸브 ⑮를 개방하여 액추에이터 세팅 ⇒ 액추에이터는 이미 압축공기에 의하여 중간챔버 출구를 막고 있는 상태에서 작동유니트 세팅차단밸브 ⑮를 개방하여 중간챔버의 가압수를 액추에이터와 통할 수 있도록 하여 액추에이터를 세팅하는 조치이다.  | 그림 6-72 세팅차단밸브 개방 |	**액추에이터 세팅**

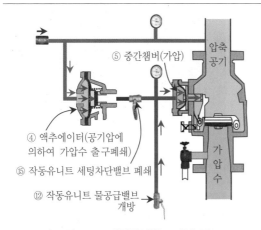

\| 그림 6-73 세팅차단밸브 개방 전 \|

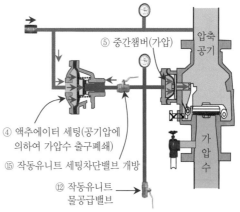

\| 그림 6-74 세팅차단밸브 개방 후 \|

⑨ 이때, 드립 체크밸브 ⑩의 누름핀을 눌러 누수 여부를 확인한다. ㉠ 드립 체크밸브 ⑩에서 누수(기)가 없는 경우 ⇒ 1차 개폐밸브 ㉑ 완전개방 ㉡ 드립 체크밸브 ⑩에서 누수(기)가 있는 경우 ⇒ 클래퍼 밀착위치가 불량하거나 시트에 이물질이 끼어 있는 경우이므로 배수에서부터 재세팅한다.  | 그림 6-75 누수 여부 확인 |	**누수 확인**
⑩ 이상 없이 세팅이 완료되면 2차측 개폐밸브 ㉒를 완전히 개방시켜 놓는다.	**2차 개폐밸브 개방**
⑪ 수신기 스위치 상태를 확인한다. ⑫ 소화펌프 자동전환(펌프 수동정지의 경우에 한함)	**수신기 복구**

4 경보시험 방법

(1) 경보시험밸브 ⑥을 개방 ⇒ 압력 스위치 ⑬ 작동 ⇒ 경보발령

(2) 경보 확인 후, 경보시험밸브 ⑥ 잠금

(3) 수신기 스위치 확인 복구

04 건식 밸브의 고장진단

1 화재발생 없이 건식 밸브가 개방된 경우

원 인	조치방법
① 1차측 물공급압력 대비 2차측 공기공급압력 설정이 현저하게 저압일 경우	제조사에서 제시하는 1차측 수압대비 2차측에 유지해야 할 공기공급압력표를 기준으로 설정압력을 재조정한다.  | 그림 6-76 공압레귤레이터 조정모습 |
② 수위조절밸브(또는 테스트밸브)가 개방된 경우	수위조절밸브(또는 테스트밸브)를 폐쇄한다.  | 그림 6-77 수위조절밸브 폐쇄모습 |
③ 배관말단의 청소용 앵글밸브가 개방된 경우	청소용 앵글밸브를 완전히 폐쇄한다.  | 그림 6-78 청소용 앵글밸브 |

원 인	조치방법
④ 말단시험밸브의 완전폐쇄가 안 된 경우	말단시험밸브를 완전히 폐쇄한다. | 그림 6-79 **말단시험밸브함** |
⑤ 2차측 배관이 누기되는 경우	누기부분을 찾아 보수한다.

2 기타 오동작 상태에 따른 원인 및 조치방법

오동작 상태	원 인	조치방법
① 공기압축기가 수시로 불규칙적으로 작동	건식 밸브 2차측 배관 및 공기압축기 연결부위 등 기밀 누기	배관의 접속부위 등 누기부분 보수
② 건식 밸브 미개방 상태에서 충압펌프가 수시로 기동되는 경우	드라이밸브에 부착된 배수밸브 시트부위에 이물질 침입 또는 디스크가 손상된 경우	이물질 제거 후 배수밸브 완전 폐쇄상태로 유지
③ 건식 밸브 미개방 상태에서 경보(오보)발령	⑦ 경보시험밸브가 열린 경우	폐쇄상태로 유지
	ⓛ 압력 스위치의 고장	압력 스위치 교체
④ 경보시험 후 복구상태에서 계속하여 경보를 발하는 경우	경보시험 후 압력이 잔존하는 상태에서 압력 스위치 2차측의 동관이 이물질로 인하여 막힌 경우	압력 스위치 2차측 동관의 이물질을 제거한다.

\| 그림 6-80 **배수밸브와 경보시험밸브** \|

\| 그림 6-81 **압력 스위치 연결동관 부분** \|

01 준비작동식 스프링클러설비

"준비작동식 스프링클러설비"라 함은 가압송수장치에서 준비작동식 유수검지장치 1차측까지 배관 내에 항상 물이 가압되어 있고 2차측에서 폐쇄형 스프링클러헤드까지 대기압 또는 저압으로 있다가 화재발생 시 감지기의 작동으로 준비작동식 유수검지장치가 작동하여 폐쇄형 스프링클러헤드까지 소화용수가 송수되어 폐쇄형 스프링클러헤드가 열에 따라 개방되는 방식의 스프링클러설비를 말한다.

1 준비작동식 스프링클러설비 계통도

경보밸브의 종류	1차측	2차측	사용 헤드	화재감지
준비작동식 밸브 =프리액션밸브 (Pre−action Valve)	가압수	대기압 또는 저압공기	폐쇄형 헤드	감지기 (화재진행 시 폐쇄형 스프링클러헤드 개방)

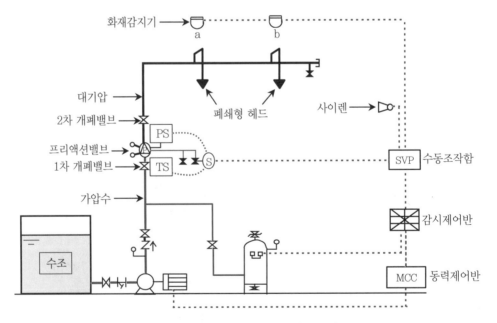

| 그림 6-82 준비작동식 스프링클러설비 계통도 |

244

2 준비작동식 스프링클러설비의 작동설명

동작순서	관련 사진
① 화재발생	 〡 그림 6-83 화재발생 〡

② 화재감지
 ㉠ 자동 : 화재감지기 동작
  • a or b 감지기 동작 : 경보
  • a and b 감지기 동작 : 설비작동
 ㉡ 수동 : 수동조작함(SVP) 수동조작
	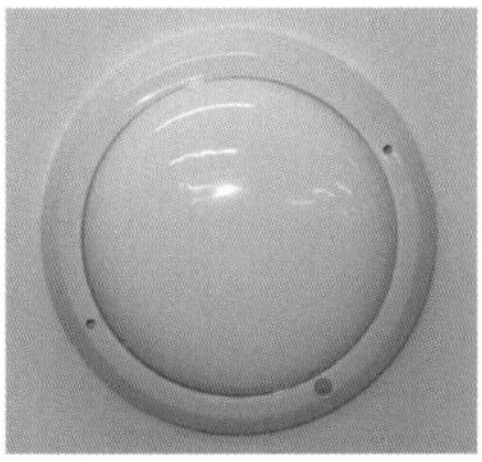 〡 그림 6-84 감지기 동작  〡　〡 그림 6-85 수동조작함 동작 〡

③ 제어반 화재표시 및 경보 ㉠ 화재등, a, b 감지기 동작표시등, 솔레노이드밸브 기동등, 사이렌 동작등 점등 ㉡ 제어반 내 부저 명동 : 해당구역 경보발령	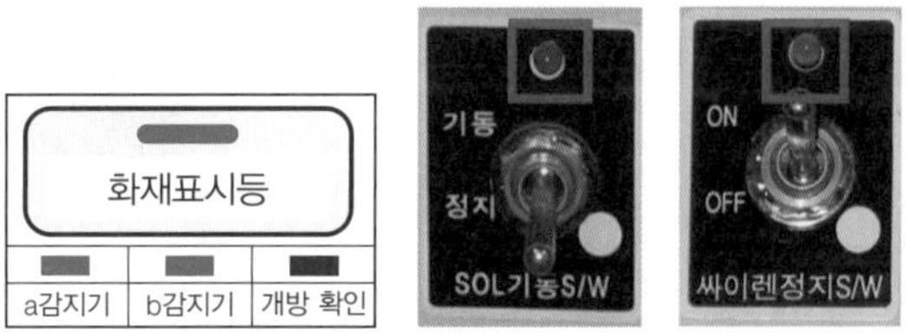 화재표시등　ON OFF a감지기 b감지기 개방 확인　SOL기동S/W 싸이렌정지S/W 〡 그림 6-86 제어반 표시등 점등 〡
④ 해당구역 프리액션밸브의 솔레노이드밸브 작동	 〡 그림 6-87 프리액션밸브의 솔레노이드밸브 〡

동작순서	관련 사진
⑤ 프리액션밸브 내 중간챔버 감압으로 프리액션밸브 개방	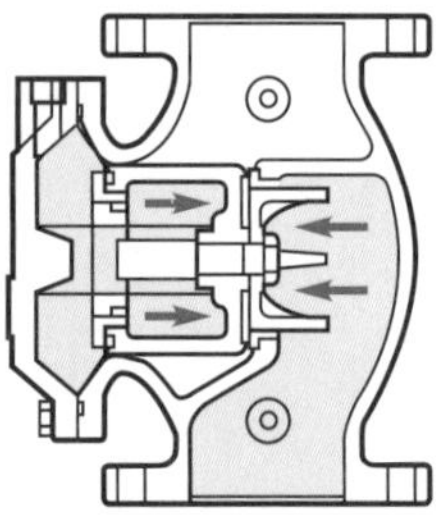 ┃ 그림 6-88 프리액션 밸브 단면(동작 전) 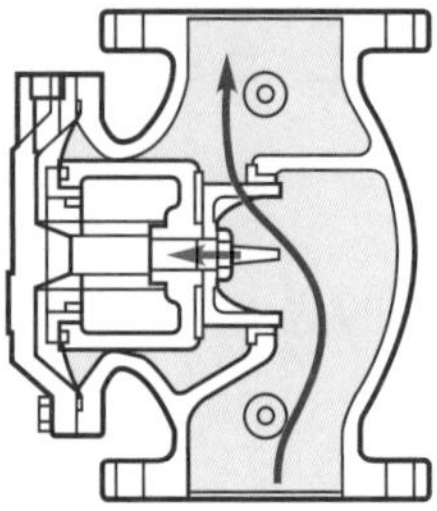 ┃ ┃ 그림 6-89 프리액션 밸브 단면(동작 후) ┃
⑥ 2차측 배관으로 가압수 송수 　㉠ 배관 내 감압으로 기동용 수압개폐장치의 압력 스위치 작동 　㉡ 소화펌프 기동(압력을 채운 뒤 펌프 자동정지 – 자동정지의 경우)	 ┃ 그림 6-90 압력챔버의 압력 스위치 작동  ┃ ┃ 그림 6-91 소화펌프 기동 ┃
⑦ 프리액션밸브의 압력 스위치 작동	 ┃ 그림 6-92 프리액션밸브의 압력 스위치 ┃
⑧ 제어반과 수동조작함에 프리액션밸브 동작(개방)표시등 점등 　⇒ 해당구역 사이렌 작동	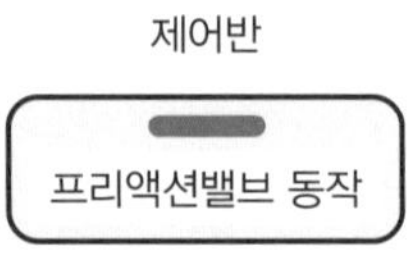 제어반 프리액션밸브 동작 ┃ 그림 6-93 제어반 표시등 점등  ┃ ┃ 그림 6-94 수동조작함 동작표시등 점등 ┃

동작순서	관련 사진
⑨ 화재의 확산으로 화재발생 장소 상부의 헤드 개방 　㉠ 배관 내 압축공기가 배출된 후 소화수 방출 　㉡ 소화	 | 그림 6-95　헤드에서 방수되는 모습 |
⑩ 기동용 수압개폐장치의 압력 스위치 동작으로 소화펌프 기동 　(자동정지 경우에 한함)	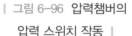 | 그림 6-96　압력챔버의 　압력 스위치 작동 |　| 그림 6-97　소화펌프 기동 |

02 헤드의 종류에 따른 설비의 구분

　준비작동식 스프링클러설비에서 폐쇄형 헤드를 개방형으로 교체하면 일제살수식 스프링클러설비가 되며, 물분무 헤드로 교체하면 물분무소화설비가 된다.

　　(1) 폐쇄형 헤드 : 준비작동식 스프링클러설비

　　(2) 개방형 헤드 : 일제살수식 스프링클러설비

　　(3) 물분무 헤드 : 물분무소화설비

\| 그림 6-98　폐쇄형 헤드 \|　　\| 그림 6-99　개방형 헤드 \|　　\| 그림 6-100　물분무 헤드 \|

03 프리액션밸브의 작동방법

(1) 해당 방호구역의 감지기 2개 회로 작동
(2) SVP(수동조작함)의 수동조작 스위치 작동
(3) 프리액션밸브 자체에 부착된 수동기동밸브 개방
(4) 수신기측의 프리액션밸브 수동기동 스위치 작동
(5) 수신기에서 동작시험 스위치 및 회로선택 스위치
로 작동(2회로 작동)

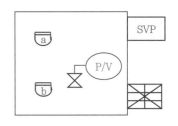

| 그림 6-101 프리액션밸브 동작방법 |

| 그림 6-102 감지기 동작 | | 그림 6-103 수동조작함 조작 | | 그림 6-104 수동기동밸브 개방 |

 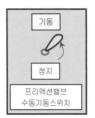  

| 그림 6-105 제어반의 수동기동 스위치 작동 | | 그림 6-106 동작시험 스위치와 회로선택 스위치 조작 |

04 프리액션밸브의 종류

종 류		외 형	솔레노이드밸브 종류	비 고
클래퍼 타입	구형		자동복구형	생산 중단

종류		외형	솔레노이드밸브 종류	비고
클래퍼 타입	신형		 수동복구형	생산됨
다이어프램 타입	PORV를 사용한 밸브		 자동복구형	생산 중단
	전동볼밸브를 사용한 밸브		 수동복구형	생산 중단

1 클래퍼 타입 프리액션밸브(Clapper Type Pre-action Valve)

1차측의 가압수로 클래퍼를 이용하여 평상시 밸브를 폐쇄하고 있다가 화재 시 개방하는 밸브이다.

(1) 구형 클래퍼 타입 프리액션밸브

다이어프램 타입에 비해 단점이 많아 초기에 설치되었으나 단종되었다.

(2) 신형 클래퍼 타입 프리액션밸브

다이어프램 타입은 내부 마찰손실이 커 법령 개정으로 생산 중단이 되고 2014년 이후부터는 신형 클래퍼 타입 프리액션밸브가 생산ㆍ설치되고 있다.

2 다이어프램 타입 프리액션밸브(Diaphragm Type Pre-action Valve)

1차측의 가압수로 다이어프램을 이용하여 평상시 밸브를 폐쇄하고 있다가 화재 시 개방하는 밸브이다.

(1) PORV 타입

PORV를 이용하여 다이어프램 타입 밸브의 자동복구를 방지하는 밸브로서, 종전에는 많이 설치되었으나, 업그레이드 된 전동볼밸브 타입의 프리액션밸브의 등장으로 단종되었다.

(2) 전동볼밸브 타입

전동볼밸브를 이용하여 다이어프램 타입 밸브의 자동복구를 방지하는 밸브로서 주변배관이 간단하고 신뢰성이 높아 2014년까지는 전동볼밸브 타입의 프리액션밸브가 대부분 설치되었으나 내부 마찰손실이 커 신형 클래퍼 타입의 프리액션밸브 등장으로 단종되었다.

3 프리액션밸브 변천과정

| 그림 6-107 **구형** 클래퍼 타입(단종) | 　　 | 그림 6-108 **다이어프램** PORV 타입(단종) | 그림 6-109 **다이어프램** 전동볼밸브 타입(단종) | 그림 6-110 **신형 클래퍼** 타입(현재 생산 · 설치됨) |

Tip 최근의 추세

다이어프램 타입(Diaphragm Type) 프리액션밸브는 마찰손실이 커서 2014년 기준으로 생산 중단이 되고, 2014년 이후에는 신형 클래퍼 타입(Clapper Type) 프리액션밸브만 생산 · 설치되고 있다.

4 프리액션밸브의 자동복구방지 기능에 따른 비교

구 분	PORV을 이용한 타입	전동볼밸브를 이용한 타입
외형		

구 분	PORV을 이용한 타입	전동볼밸브를 이용한 타입
작동방식	기계적인 자동복구방지	전기적인 자동복구방지
기능	① 프리액션밸브의 자동복구방지 기능 ② 2차측의 수압을 이용하여 1차측의 수압이 중간챔버로의 유입을 방지하여 중간챔버 내부의 압력 저하 상태를 지속한다.	① 프리액션밸브의 자동복구방지 기능 +수동기동밸브 기능 추가(장점) ② 전동볼밸브가 한번 작동(개방)되면 수동으로 복구를 하기 전까지는 개방상태를 지속하여 중간챔버의 압력 저하 상태를 지속한다. 참고 수동기동밸브 조작방법 필요시 푸시버튼을 누르고 전동볼밸브 손잡이를 돌려 볼밸브를 열고 닫을 수 있다.
설치의 용이성	수동기동밸브를 별도로 설치해야 하므로 전동볼밸브 타입에 비하여 용이하지 않다.	수동기동밸브를 별도로 설치하지 않아도 되므로 PORV 타입에 비하여 용이하다.
설치공간	전동볼밸브 타입에 비하여 약간 더 필요하다.	PORV 타입에 비하여 공간이 적게 필요하다.
최근의 추세	종전에 설치됨.	최근에 거의 대부분 설치됨.

Tip PORV란?

① PORV : Pressure Operated Relief Valve의 약어이다.
② 프리액션밸브에 부착하는 이유 : 자동복구형의 전자밸브가 설치된 프리액션밸브의 경우 전자밸브가 동작되면 중간챔버의 가압수를 배출시켜 프리액션밸브가 작동(개방)된다. 프리액션밸브가 동작 중에 전원이 차단되면 전자밸브는 자동으로 복구되어 닫히게 되고 이로 인하여 중간챔버는 다시 가압되어 프리액션밸브는 자동으로 복구되는 현상이 발생된다. 이렇게 되면 소화작업에 지장을 초래하게 된다. 따라서 PORV는 프리액션밸브가 한번 동작(개방)되면 2차측의 수압을 이용하여 중간챔버로 가압수가 유입되지 않도록 차단함으로서 중간챔버의 압력 저하 상태를 유지하여 프리액션밸브가 지속적으로 개방되도록 하기 위해서 설치한다. 즉, 자동복구형 전자밸브를 부착한 다이어프램을 사용하는 프리액션밸브는 구조적으로 자동복구되려는 특성이 있기 때문에 밸브가 복구되려는 현상을 방지하기 위해 PORV를 부착한다.

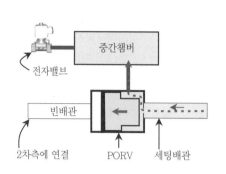

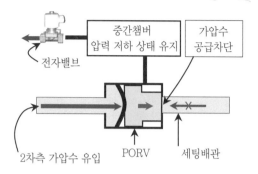

| 그림 6-111 프리액션밸브 동작 전 PORV | | 그림 6-112 프리액션밸브 동작 후 PORV |

Tip 최근의 추세

다이어프램 타입의 프리액션밸브가 자동으로 복구되려는 현상을 방지하기 위한 방법은 기계적 방법인
PORV를 사용하는 방법과 전기적 방법인 전동볼밸브를 사용하는 2가지 방법이 있으나 최근에는 전동볼밸
브를 사용하는 제품이 대부분 생산되고 있다.

| 그림 6-113 PORV 분해모습 |

252

5 솔레노이드밸브 종류

구 분	외 형	평상시	동작 시	복구 시
일반 솔레노이드밸브 (자동복구형)		폐쇄	개방	• 제어반에서 복구 시 자동으로 S/V 복구(폐쇄)된다. • 이물질에 의한 오동작 우려가 높아 현재는 거의 사용하지 않는다.
전동볼밸브 타입 솔레노이드밸브 (수동복구형)		폐쇄	개방	• 제어반에서 복구 시 자동으로 S/V 복구 안 된다. • 제어반 복구 후 ⇒ 사람이 직접 S/V를 수동으로 복구해야 한다. • 이물질에 의한 오동작의 우려가 없다. • 약 2002년 이후 프리액션밸브에 대부분 적용되고 있다.

(a) 폐쇄된 상태　　(b) 푸시버튼 누름　　　(c) 개방레버 개방　　　(d) 개방된 상태

| 그림 6-114 전동볼밸브 수동개방 모습 |

   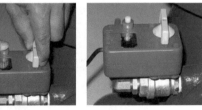

(a) 개방된 상태　　　(b) 푸시버튼 누르고, 개방레버 폐쇄　　　(c) 폐쇄된 상태

| 그림 6-115 전동볼밸브 복구 모습 |

05 다이어프램 타입(전동볼밸브 사용 : WPV-1, 2) 프리액션밸브의 점검

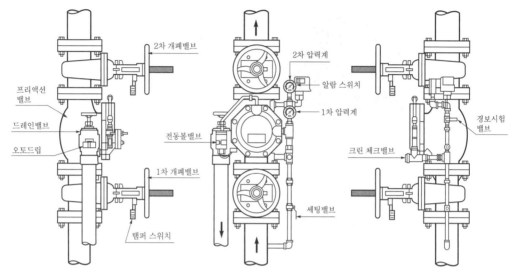

| 그림 6-116 프리액션밸브 외형 |

| 그림 6-118 프리액션밸브
외형 |

| 그림 6-119 프리액션밸브
전면 커버 분리모습 |

| 그림 6-117 프리액션밸브의 외형 및 명칭 |

⑧ 배수밸브

⑨ 전자밸브 (전동볼 밸브)

⑫ 크린 체크밸브

③ 세팅밸브

| 그림 6-120 좌측면 |

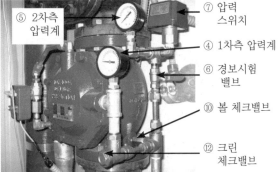

⑤ 2차측 압력계

⑦ 압력 스위치

④ 1차측 압력계

⑥ 경보시험 밸브

⑩ 볼 체크밸브

⑫ 크린 체크밸브

| 그림 6-121 우측면 |

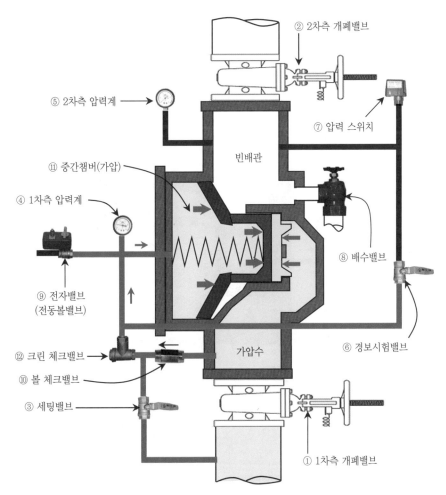

② 2차측 개폐밸브

⑤ 2차측 압력계

⑦ 압력 스위치

⑪ 중간챔버(가압)

빈배관

④ 1차측 압력계

⑧ 배수밸브

⑨ 전자밸브 (전동볼밸브)

⑫ 크린 체크밸브

⑩ 볼 체크밸브

③ 세팅밸브

가압수

⑥ 경보시험밸브

① 1차측 개폐밸브

| 그림 6-122 프리액션밸브 동작 전 단면 및 명칭 |

| 그림 6-123 프리액션밸브 단면 |

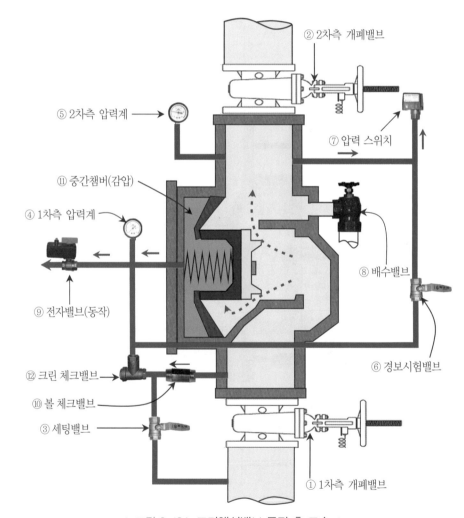

| 그림 6-124 프리액션밸브 동작 후 모습 |

1 구성요소 및 기능설명

순번	명칭	설명	평상시 상태
①	1차측 개폐밸브	프리액션밸브 1차측을 개폐 시 사용	개방
②	2차측 개폐밸브	프리액션밸브 2차측을 개폐 시 사용	개방
③	세팅밸브	중간챔버 급수용 볼밸브(세팅시 개방하여 사용하고, 평상시에는 폐쇄시켜 놓는다) 참고 평상시 세팅밸브 개폐 여부는 제조사의 시방에 따른다.	폐쇄/개방 (제조사마다 다름)
④	1차측 압력계	프리액션밸브의 1차측 압력을 지시	1차측 배관압력 지시
⑤	2차측 압력계	프리액션밸브의 2차측 압력을 지시	2차측 배관압력 지시
⑥	경보시험밸브	프리액션밸브를 동작하지 않고 압력 스위치를 동작시켜 경보를 발하는지를 시험할 때 사용	폐쇄
⑦	압력 스위치	프리액션밸브 개방 시 압력수에 의해 동작되어 제어반에 밸브 개방(작동) 신호를 보냄(a접점 사용)	프리액션밸브 동작 시 작동
⑧	배수밸브	2차측의 소화수를 배수시키고자 할 때 사용(2차측에 연결됨)	폐쇄
⑨	전자밸브 (Solenoid Valve) =전동볼밸브 (수동복구형)	• 수신반으로부터 기동출력을 받아 동작되며 중간챔버 내 가압수를 배출시켜 프리액션밸브를 동작시킨다(평상시 폐쇄 ⇒ 동작 시 개방). • 전동볼밸브에 수동기동밸브 기능이 내장되어 있다. 참고 프리액션밸브 자동복구방지 방법 ① 기계적인 방법 : PORV 사용 ② 전기적인 방법 : 전동볼밸브 사용	폐쇄
	참고 전자밸브 복구방법 : 전자밸브가 한번 동작되면 수신기에서 복구 스위치를 눌러도 전동볼밸브는 복구되지 않으며, 현장에서 직접 전자밸브의 푸시버튼을 누르고 전동볼밸브 손잡이를 돌려서 복구해야 한다.		
⑩	볼 체크밸브	중간챔버 내의 압력을 1차측과 동일하게 유지시켜 주기 위해서 설치함(1차측 압력 저하 시에도 중간챔버 내의 압력을 유지해 주며, 세팅 후 1차측의 압력이 상승하더라도 중간챔버의 압력도 동등하게 상승하므로 프리액션밸브는 개방되지 않음)	중간챔버로만 가압수를 전달함.
⑪	중간챔버	1차측에서 유입된 가압수에 의해 다이어프램이 작동하여 1차측의 소화수가 2차측으로 넘어가지 않도록 밀어주는 작은 챔버(공간 ; 실)	1차측 압력과 동일
⑫	크린 체크밸브	중간챔버의 가압수 공급용 배관에 설치하여 이물질을 제거하여 주며 체크밸브 기능이 내장되어 있다.	–

2 작동점검

(1) 준비

① 2차측 개폐밸브 ② 잠금, 배수밸브 ⑧ 개방(2차측으로 가압수를 넘기지 않고 배수밸브를 통해 배수하여 시험 실시)

> 참고 프리액션밸브가 여러 개 있는 경우는 안전조치 사항으로 다른 구역으로의 프리액션밸브 2차측 밸브도 폐쇄한 후 점검에 임한다.

② 경보 여부 결정(수신기 경보 스위치 "ON" 또는 "OFF")

> **Tip** 경보 스위치 선택
>
> ① 경보 스위치를 "ON": 감지기 동작 및 준비작동식 밸브 동작 시 음향경보 즉시 발령된다.
> ② 경보 스위치를 "OFF": 감지기 동작 및 준비작동식 밸브 동작 시 수신기에서 확인 후 필요시 경보 스위치를 잠깐 풀어서 동작 여부만 확인한다.
> ⇒ 통상 점검 시에는 ②를 선택하여 실시한다.

(2) 작동

① 준비작동식 밸브를 작동시킨다.

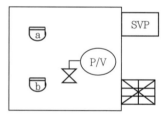

⇒ 준비작동식 밸브를 작동시키는 방법은 5가지 방법이 있으나 여기서는 ㉠을 선택하여 시험하는 것으로 기술한다.

㉠ 해당 방호구역의 감지기 2개 회로 작동

㉡ SVP(수동조작함)의 수동조작 스위치 작동

| 그림 6-125 **작동시험 방법** |

㉢ 프리액션밸브 자체에 부착된 수동기동밸브 개방

㉣ 수신기측의 프리액션밸브 수동기동 스위치 작동

㉤ 수신기에서 동작시험 스위치 및 회로선택 스위치로 작동(2회로 작동)

② 감지기 1개 회로 작동 ⇒ 경보발령(경종)

③ 감지기 2개 회로 작동 ⇒ 전자밸브 ⑨ 개방

④ 중간챔버 압력 저하 ⇒ 밸브시트 개방

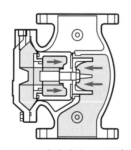 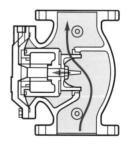

| 그림 6-126 **프리액션밸브 단면(동작 전)** | | 그림 6-127 **프리액션밸브 단면(동작 후)** |

⑤ 2차측 개폐밸브까지 소화수 가압 ⇒ 배수밸브 ⑧을 통해 유수

⑥ 전자밸브 ⑨는 한번 개방되면 사람이 수동으로 복구하기 전까지는 개방상태로 유지됨에 따라 ⇒ 중간챔버 압력 저하 상태 유지

⑦ 유입된 가압수에 의해 압력 스위치 ⑦ 작동

> **Tip** 전자밸브 = 전동볼밸브(수동복구형) 타입의 특징
>
> ① 전자밸브에 PORV 기능 내장 : 프리액션밸브에 개방신호가 오면 전자밸브는 개방되고 사람이 수동으로 복구(폐쇄)하기 전까지는 개방상태를 유지하게 된다. 따라서 전자밸브를 복구하기 전까지는 중간챔버의 가압수가 개방된 전자밸브를 통하여 계속 유수가 이루어지게 된다.
> ② 수동기동밸브 기능 내장 : 전자밸브에 수동기동밸브가 내장이 되어 있어 필요시 푸시버튼을 누르고 전동볼밸브 손잡이를 잡아 돌리면 전동볼밸브가 개방되고 중간챔버의 압력수가 방출되어 프리액션밸브가 개방된다.
> ③ 주변 배관이 간단하여 설치가 용이하고, 공간이 절약되는 장점이 있어 최근 생산되는 제품의 주류(거의 100%)를 이루고 있다.

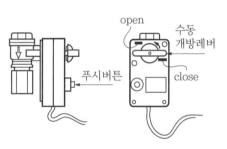

| 그림 6-128 **전동볼밸브 그림** |

| 그림 6-129 **전동볼밸브 설치 외형** |

(a) 폐쇄된 상태   (b) 푸시버튼 누름   (c) 개방레버 개방   (d) 개방된 상태

| 그림 6-130 **전동볼밸브 개방모습** |

(3) 확인

① 감시제어반(수신기) 확인사항

㉠ 화재표시등 점등 확인

㉡ 해당구역 감지기 동작표시등 점등 확인

㉢ 해당구역 프리액션밸브 개방표시등 점등 확인

㉣ 수신기 내 경보 부저 작동 확인

② 해당 방호구역의 경보(사이렌)상태 확인

③ 소화펌프 자동기동 여부 확인

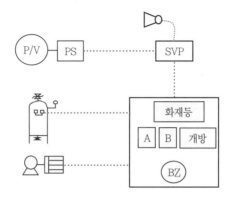

| 그림 6-131 프리액션밸브 동작 시 확인사항 |

3 작동 후 조치

(1) 배수

펌프 자동정지의 경우	펌프 수동정지의 경우
① 1차측 개폐밸브 ① 잠금 ⇒ 펌프정지 확인 ② 개방된 배수밸브 ⑧을 통해 ⇒ 2차측 소화수 배수 ③ 세팅밸브 잠금(세팅밸브를 개방 관리하는 경우만 해당) ④ 수신기 스위치 확인 복구	① 펌프 수동정지 ② 1차측 개폐밸브 ① 잠금 ③ 개방된 배수밸브 ⑧을 통해 ⇒ 2차측 소화수 배수 ④ 세팅밸브 잠금(세팅밸브를 개방 관리하는 경우만 해당) ⑤ 수신기 스위치 확인 복구

> **Tip** 점검 시 펌프운전상태 관련
>
> 실제 현장에서는 충압펌프로도 프리액션밸브의 동작시험은 충분히 가능하고, 또한 시험 시 안전사고를 대비하여 통상 주펌프는 정지위치로 놓고, 충압펌프만 자동상태로 놓고 시험한다.

(2) 복구(Setting)

① 배수밸브 ⑧ 잠금

> **참고** 점검 시 주의사항 : 배수밸브는 개폐상태를 육안으로 확인하지 못하므로 손으로 돌려보아 배수밸브가 잠겨져 있는지 반드시 재차 확인할 것. 만약 배수밸브가 개방되어져 있다면 화재진압 실패의 원인이 된다.

② 전자밸브 ⑨ 복구(전자밸브 푸시버튼을 누르고 전동볼밸브 폐쇄)

(a) 개방된 상태 　　　(b) 푸시버튼 누르고, 개방레버 폐쇄 　　　(c) 폐쇄된 상태

| 그림 6-132　전자밸브 복구모습 |

③ 세팅밸브 ③ 개방 ⇒ 중간챔버 내 가압수 공급으로 밸브시트 자동복구 ⇒ 압력계 ④
　압력발생 확인

④ 1차측 개폐밸브 ① 서서히 개방(수격현상이 발생되지 않도록)

　ㄱ 이때, 2차측 압력계가 상승하지 않으면 정상 세팅된 것이다.

　ㄴ 만약, 2차측 압력계가 상승하면 배수부터 다시 실시한다.

⑤ 세팅밸브 ③ 잠금 (※ 제조사마다 다름)

　(세팅밸브를 잠그고 관리하는 경우에만 해당)

⑥ 수신기 스위치 상태 확인

⑦ 소화펌프 자동전환(펌프 수동정지의 경우에 한함)

⑧ 2차측 개폐밸브 ② 서서히 완전개방

4 경보장치 작동시험 방법

(1) 2차측 개폐밸브 ② 잠금(∵ P/V 개방 시 안전조치)

(2) 경보시험밸브 ⑥ 개방 ⇒ 압력 스위치 ⑦ 작동 ⇒ 경보장치 작동

(3) 경보 확인 후 경보시험밸브 ⑥ 잠금

(4) 자동배수밸브를 통하여 경보시험 시 넘어간 물은 자동배수된다.

(5) 수신기 스위치 확인 복구

(6) 2차측 개폐밸브 ② 서서히 개방

| 그림 6-133　경보시험밸브를 개방하여 시험하는 모습 |

06 신형 클래퍼 타입 프리액션밸브의 점검

현재 생산 · 설치되고 있는 신형 클래퍼 타입 프리액션밸브의 구성 및 작동시험방법에 대하여 알아보자.

(a) 우당기술산업   (b) 파라텍   (c) 세코스프링클러

| 그림 6-134 제조사별 신형 클래퍼 타입 프리액션밸브 외형 |

| 그림 6-135 우당기술산업 신형 클래퍼 타입의 프리액션밸브 외형 |

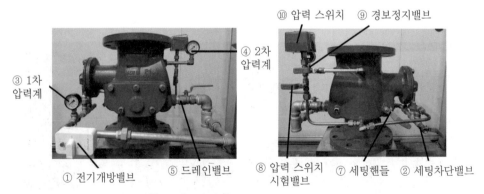

| 그림 6-136 파라텍 신형 클래퍼 타입 프리액션밸브 외형 |

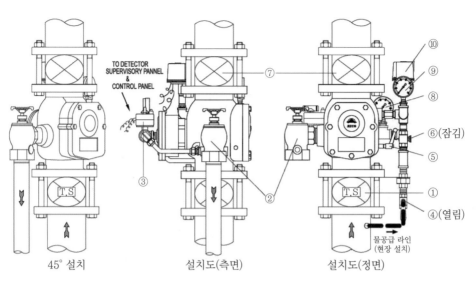

구분	명 칭	구분	명 칭	구분	명 칭	구분	명 칭
①	1차측 제어밸브(O)	④	세팅밸브(O)	⑦	2차측 제어밸브(O)	⑩	알람 스위치
②	메인배수밸브(C)	⑤	복구레버	⑧	1차측 압력계	• (O) : OPEN(열림)	
③	MOV 전동밸브(C)	⑥	알람시험밸브(C)	⑨	2차측 압력계	• (C) : CLOSE(닫힘)	

┃ 그림 6-137 세코스프링클러 신형 클래퍼 타입 프리액션밸브 외형 ┃

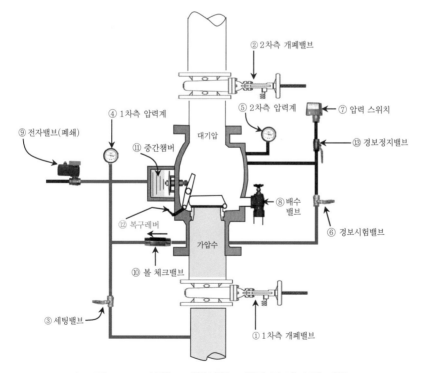

┃ 그림 6-138 신형 프리액션밸브 동작 전 단면 및 명칭 ┃

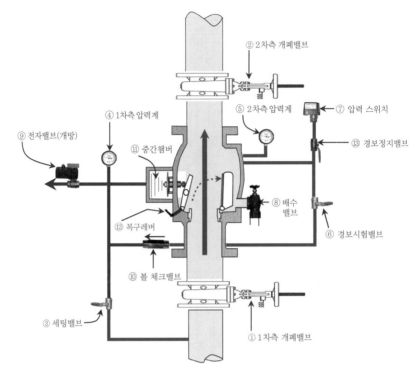

② 2차측 개폐밸브

⑤ 2차측 압력계

④ 1차측 압력계

⑦ 압력 스위치

⑨ 전자밸브(개방)

⑪ 중간챔버

⑬ 경보정지밸브

⑧ 배수밸브

⑫ 복구레버

⑥ 경보시험밸브

⑩ 볼 체크밸브

③ 세팅밸브

① 1차측 개폐밸브

| 그림 6-139 프리액션밸브 동작 후 모습 |

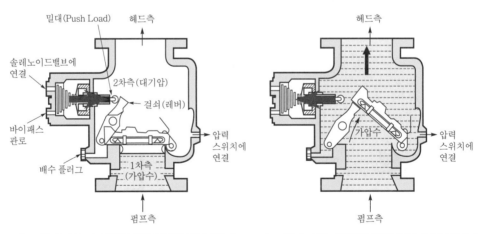

밀대(Push Load)

헤드측

솔레노이드밸브에 연결

2차측(대기압)

걸쇠(레버)

바이패스 관로

압력 스위치에 연결

배수 플러그

1차측 (가압수)

펌프측

헤드측

가압수

압력 스위치에 연결

펌프측

| 그림 6-140 프리액션밸브 동작 전 단면 | | 그림 6-141 프리액션밸브 동작 후 단면 |

1 구성요소 및 기능설명

제조사별 밸브의 모양과 명칭은 약간의 차이가 있을 수 있으나 기능은 거의 같다.

순번	명 칭	설 명	평상시 상태
①	1차측 개폐밸브	프리액션밸브 1차측을 개폐 시 사용	개방
②	2차측 개폐밸브	프리액션밸브 2차측을 개폐 시 사용	개방
③	세팅밸브	중간챔버 급수용 볼밸브 (세팅 시 개방하여 사용하고, 평상시에는 폐쇄시켜 놓는다) **참고** 평상시 세팅밸브 개폐 여부는 제조사의 시방에 따른다.	폐쇄/개방 (제조사마다 다름)
④	1차측 압력계	프리액션밸브의 1차측 압력을 지시	1차측 배관압력 지시
⑤	2차측 압력계	프리액션밸브의 2차측 압력을 지시	2차측 배관압력 지시 (0MPa, 대기압)
⑥	경보시험밸브	프리액션밸브를 동작하지 않고 압력 스위치를 동작시켜 경보를 발하는지 시험할 때 사용	폐쇄
⑦	압력 스위치	프리액션밸브 개방 시 압력수에 의해 동작되어 제어반에 밸브 개방(작동)신호를 보냄(a접점 사용)	프리액션밸브 동작 시 작동
⑧	배수밸브	2차측의 소화수를 배수시키고자 할 때 사용(2차측에 연결됨)	폐쇄
⑨	전자밸브 (Solenoid Valve) = 전동볼밸브 (수동복구형)	• 수신반으로부터 기동출력을 받아 동작되며 중간챔버 내 가압수를 배출시켜 프리액션밸브를 동작시킨다(평상시 폐쇄 ⇒ 동작 시 개방). • 전동볼밸브에 수동기동밸브 기능이 내장되어 있음. **참고** 신형 프리액션밸브는 전동볼밸브 타입 전자밸브를 사용함.	폐쇄
⑩	볼 체크밸브	중간챔버 내의 압력을 1차측과 동일하게 유지시켜 주기 위해서 설치함(1차측 압력 저하 시에도 중간챔버 내의 압력을 유지해 주며, 세팅 후 1차측의 압력이 상승하더라도 중간챔버의 압력도 동등하게 상승하므로 프리액션밸브는 개방되지 않음)	중간챔버로만 가압수가 공급됨.
⑪	중간챔버	1차측 가압수를 이용 밀대(Push Load)가 걸쇠(레버)를 밀어 클래퍼가 안착될 수 있도록 하여 1차측의 소화수가 2차측으로 넘어가지 않도록 하는 구조의 작은 챔버(공간 ; 실)	1차측 압력과 동일
⑫	복구레버(핸들) =세팅핸들	프리액션밸브 동작시험 후 복구 시 복구레버를 돌려 클래퍼를 안착시킬 때 사용한다. **참고** 최근에는 복구레버가 없는 타입의 프리액션밸브도 있음.	정위치
⑬	경보정지밸브	경보를 정지하고자 할 때 사용하는 밸브 (경보정지밸브가 없는 타입도 있음)	개방

2 작동점검

(1) 준비

① 2차측 개폐밸브 ② 잠금, 배수밸브 ⑧ 개방

(2차측으로 가압수를 넘기지 않고 배수밸브를 통해 배수하여 시험 실시)

> 참고 프리액션밸브가 여러 개 있는 경우는 안전조치 사항으로 다른 구역의 프리액션밸브 2차측 밸
> 브도 폐쇄한 후 점검에 임한다.

② 경보 여부 결정(수신기 경보 스위치 "ON" 또는 "OFF")

> **Tip 경보 스위치 선택**
>
> ① 경보 스위치를 "ON": 감지기 동작 및 준비작동식 밸브 동작 시 음향경보 즉시 발령된다.
> ② 경보 스위치를 "OFF": 감지기 동작 및 준비작동식 밸브 동작 시 수신기에서 확인 후 필요시 경보 스위
> 치를 잠깐 풀어서 동작 여부만 확인한다.
> ⇒ 통상 점검 시에는 ②를 선택하여 실시한다.

(2) 작동

① 준비작동식 밸브를 작동시킨다.

⇒ 준비작동식 밸브를 작동시키는 방법은 5가지 방법
이 있으나 여기서는 ㉠을 선택하여 시험하는 것으
로 기술한다.

㉠ 해당 방호구역의 감지기 2개 회로 작동

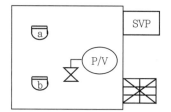

| 그림 6-142 **작동시험 방법** |

㉡ SVP(수동조작함)의 수동조작 스위치 작동

㉢ 프리액션밸브 자체에 부착된 수동기동밸브 개방

㉣ 수신기측의 프리액션밸브 수동기동 스위치 작동

㉤ 수신기에서 동작시험 스위치 및 회로선택 스위치로 작동(2회로 작동)

② 감지기 1개 회로 작동 ⇒ 경보발령(경종)

③ 감지기 2개 회로 작동 ⇒ 전자밸브 ⑨ 개방

④ 중간챔버 ⑪ 압력 저하 ⇒ 클래퍼 개방(밀대 후진 → 걸쇠(레버) 락 해제 → 클래퍼 개방)

⑤ 2차측 개폐밸브까지 소화수 가압 ⇒ 배수밸브 ⑧을 통해 유수

> 참고 한번 개방된 클래퍼는 레버에 걸려서 다시 복구되지 않는다.

⑥ 유입된 가압수에 의해 압력 스위치 ⑦ 작동

| 그림 6-143 클래퍼 동작 전 |

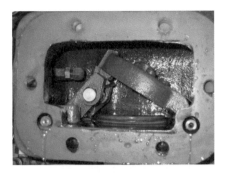

| 그림 6-144 클래퍼 동작 후 |

(3) 확인

　① 감시제어반(수신기) 확인사항

　　㉠ 화재표시등 점등 확인

　　㉡ 해당구역 감지기 동작표시등 점등
　　　확인

　　㉢ 해당구역 프리액션밸브 개방표시등
　　　점등 확인

　　㉣ 수신기 내 경보 부저 작동 확인

　② 해당 방호구역의 경보(사이렌)상태
　　확인

　③ 소화펌프 자동기동 여부 확인

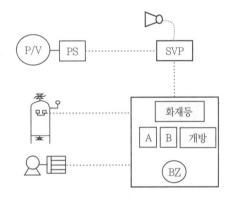

| 그림 6-145 프리액션밸브 동작 시 확인사항 |

3 작동 후 조치

(1) 배수

펌프 자동정지의 경우	펌프 수동정지의 경우
① 1차측 개폐밸브 ① 잠금 → 펌프정지 확인 ② 개방된 배수밸브 ⑧을 통해 → 2차측 소화수 배수 ③ 세팅밸브 잠금(세팅밸브를 개방 관리하는 경우만 해당) ④ 수신기 스위치 확인 복구	① 펌프 수동정지 ② 1차측 개폐밸브 ① 잠금 ③ 개방된 배수밸브 ⑧을 통해 → 2차측 소화수 배수 ④ 세팅밸브 잠금(세팅밸브를 개방 관리하는 경우만 해당) ⑤ 수신기 스위치 확인 복구

Tip 점검 시 펌프운전상태 관련

실제 현장에서는 충압펌프만으로도 프리액션밸브의 동작시험은 충분히 가능하고, 또한 시험 시 안전사고를 대비하여 통상 주펌프는 정지위치로 놓고 충압펌프만 자동상태로 놓고 시험한다.

(2) 복구(Setting)

① 복구레버 ⑫를 돌려 클래퍼를 안착시킨다.
(클래퍼 안착을 위해 복구레버를 5~10초 정도 돌려준다)

참고 복구레버가 없는 타입은 내부 복구 스프링에 의해 자동으로 클래퍼가 복구된다.

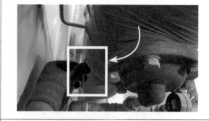

② 배수밸브 ⑧을 잠근다.

참고 점검 시 주의사항 : 배수밸브는 개폐상태를 육안으로 확인하지 못하므로 손으로 돌려보아 배수밸브가 잠겨져 있는지 반드시 재차 확인할 것. 만약 배수밸브가 개방되어져 있다면 화재진압 실패의 원인이 된다.

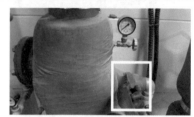

③ 전자밸브 ⑨를 복구한다.
(전자밸브 푸시버튼을 누르고 전동볼밸브 폐쇄)

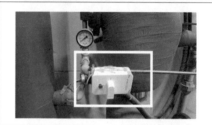

④ 세팅밸브 ③ 개방
⇒ 중간챔버 ⑪에 가압수 공급으로 밀대가 걸쇠를 밀어 클래퍼를 개방되지 않도록 밀어준다.

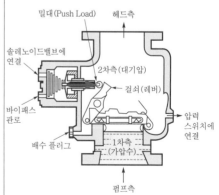

⑤ 1차측 압력계 ④ 압력발생 확인	
⑥ 1차측 개폐밸브 ① 서서히 개방 (수격현상이 발생되지 않도록) 이때, 2차측 압력계가 상승하지 않으면 정상 세팅된 것이다. 만약, 2차측 압력계가 상승하면 배수부터 다시 실시한다. 또한 배수밸브 ⑧을 약간 개방하여 누수 여부 확인 후 다시 잠근다. 배수밸브 개방 시 누수가 없어야 하며, 누수 시 처음부터 재세팅한다.	
⑦ 세팅밸브 ③ 잠금 (※ 제조사마다 다름) (세팅밸브를 폐쇄상태로 관리하는 경우에만 해당)	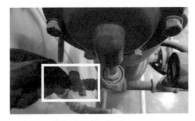
⑧ 수신기 스위치 상태 확인	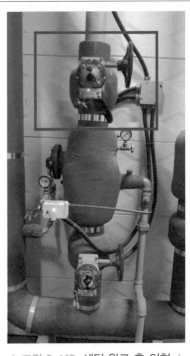
⑨ 소화펌프 자동전환 (펌프 수동정지의 경우에 한함)	
⑩ 2차측 개폐밸브 ② 서서히 완전개방	| 그림 6-146 세팅 완료 후 외형 |

> **Tip** 세팅이 안 될 경우의 조치
>
> 만약 누수가 되면 클래퍼가 정상적으로 안착이 되지 않은 경우이므로 다시 복구를 하여야 하며, 계속 복구가 되지 않을 경우에는 밸브 본체 볼트를 풀어 전면 커버를 분리하고 클래퍼 내부 이물질 제거 및 클래퍼 안착면을 깨끗이 닦아낸 후 정확하게 안착시켜서 복구한다.

07 프리액션밸브의 고장진단

1 화재발생 없이 프리액션밸브가 작동된 경우(=프리액션밸브 오동작 원인)

원 인	조치방법
① 해당 방호구역의 화재감지기(a and b 회로)가 오동작된 경우	감지기의 비화재보된 원인을 찾아 조치한 후, 제어반과 프리액션밸브를 복구한다.
② 수동조작함(SVP)의 기동 스위치가 눌러진 경우	수동조작함의 기동 스위치와 제어반을 복구 후 프리액션밸브를 복구한다. 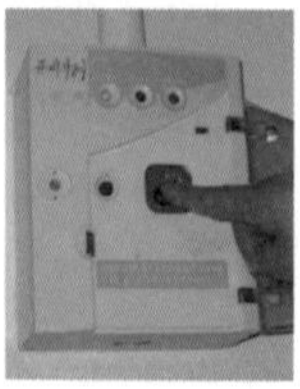 ㅣ 그림 6-147 수동조작함 복구 ㅣ ㅣ 그림 6-148 제어반 복구 ㅣ
③ 프리액션밸브의 수동기동밸브가 개방된 경우	프리액션밸브에 설치된 수동기동밸브가 개방된 경우이므로, 수동기동밸브를 폐쇄 후 프리액션밸브를 복구한다.  ㅣ 그림 6-149 수동기동밸브 개방 ㅣ ㅣ 그림 6-150 수동기동밸브 폐쇄 ㅣ

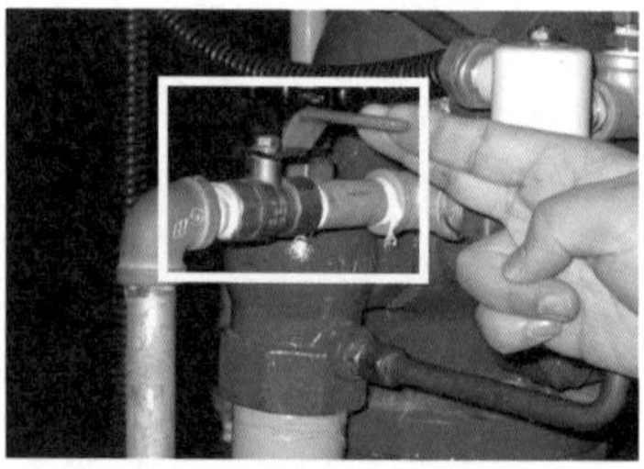

원 인	조치방법
④ 제어반의 수동기동 스위치에 의하여 동작된 경우	제어반의 프리액션밸브 자동수동 절환 스위치를 자동으로, 프리액션밸브 수동기동 스위치를 정지위치로 전환하고, 프리액션밸브를 복구한다.
⑤ 제어반에서 연동정지를 하지 않고 동작시험 도중 동작된 경우	제어반에서 연동정지를 하지 않고 동작시험을 실시 도중 프리액션밸브가 동작된 경우이다. 동작시험 시에는 다음과 같은 안전조치 후에 실시한다. 제어반 복구 후 프리액션밸브를 복구한다. [참고] 동작시험 실시 전 안전조치 사항 ① 프리액션밸브 자동·수동 절환 스위치 : 정지위치 ② 프리액션밸브 수동기동 스위치 : 정지위치 ③ 해당구역의 프리액션밸브의 2차측 제어밸브 : 폐쇄
⑥ 선로의 점검·정비 시 솔레노이드밸브에 기동신호가 입력된 경우	선로의 점검·정비 시에는 프리액션밸브가 작동되지 않도록 안전조치를 한 후에 점검에 임한다.
⑦ 솔레노이드밸브가 고장으로 세팅이 풀린 경우	문제가 있는 솔레노이드밸브는 교체 또는 정비한다.
⑧ 경보시험밸브가 개방된 경우	경보시험밸브를 폐쇄한 후, 2차측의 잔압을 배수밸브를 개방하여 배수하고 폐쇄시켜 놓는다. [참고] 경보시험밸브 : 프리액션밸브를 동작시키지 않고 1차측 수압을 이용하여 압력스위치를 작동시켜 동작상황을 확인하는 것이므로 평상시 폐쇄시켜 관리한다. | 그림 6-151 경보시험밸브 폐쇄 |　| 그림 6-152 배수밸브 개방 |

원 인	조치방법
⑨ 크린 체크밸브(Clean Check V/V)에 이물질이 침입하여 중간 챔버에 원활한 압력수 공급이 이루어지지 않은 경우	크린 체크밸브 커버를 분리하여 이물질을 제거한다. 여과망 | 그림 6-153 프리액션밸브 중간챔버 급수배관에 설치된 크린 체크밸브 |
⑩ PORV 오리피스에 이물질이 침입하여 중간 챔버에 원활한 압력수 공급이 이루어지지 않은 경우(PORV가 설치된 경우)	PORV를 분해하여 이물질을 제거한다. | 그림 6-154 PORV 분해모습 |
⑪ 다이어프램이 손상된 경우	손상된 다이어프램을 교체한다.

| 그림 6-155 프리액션밸브 단면 | | 그림 6-156 다이어프램 외형 |

| ⑫ 프리액션밸브 디스크에 이물질이 침입한 경우 | 2차측 개폐밸브 폐쇄 후 배수밸브를 개방하고 프리액션밸브를 동작시켜 가압된 물로 플러싱을 통하여 이물질 제거 후 다시 세팅한다. 만약, 플러싱을 통해서도 세팅이 안 될 경우, 커버를 분리하여 이물질을 제거 후 재세팅한다. |

2 프리액션밸브가 경계상태로 세팅이 되지 않는 경우

(1) PORV 오리피스에 이물질이 침입하여 중간챔버에 원활히 압력수의 공급이 이루어지지 않은 경우 PORV를 분해하여 이물질을 제거한다(PORV 타입에 한함).

| 그림 6-157 PORV 분해모습 |

(2) 크린 체크밸브(Clean Check V/V)에 이물질이 침입하여 중간챔버에 원활한 압력수의 공급이
이루어지지 않은 경우

2차측 배수 후 크린 체크밸브 커버를 분리하여 이물질 제거 후 복구한다.

여과망

| 그림 6-158 크린 체크밸브 외형 및 분해모습 |

(3) 솔레노이드밸브가 복구가 안 된 경우 또는 기능 불량인 경우

① 솔레노이드밸브가 열린 경우 : 수신반과 수동조작함(SVP)을 복구하여 솔레노이드밸브
를 복구한 후 세팅한다.

| 그림 6-159 수동조작함 복구 | | 그림 6-160 수신반 복구 |

② 기능 불량인 경우 : 솔레노이드밸브 정비 또는 교체 후 세팅한다.

| 그림 6-161 솔레노이드밸브 외형 및 분해점검 모습 |

(4) 다이어프램의 고무가 손상된 경우

　다이어프램을 교체한다.

| 그림 6-162 프리액션밸브 단면 |　　　　| 그림 6-163 다이어프램 외형 |

(5) 프리액션밸브 밸브시트에 이물질이 침입한 경우

　2차측 개폐밸브 폐쇄 후 배수밸브를 개방하고 프리액션밸브를 동작시켜 가압된 물로 플러싱을 통하여 이물질 제거 후 다시 세팅한다. 만약, 플러싱을 통해서도 세팅이 안 될 경우 커버를 분리하여 이물질을 제거 후 재세팅한다.

(6) 세팅밸브에서 중간챔버까지의 배관 막힘

　압력수 공급이 원활하지 않은 경우 배관을 분해하여 점검한다.

(7) 세팅밸브가 닫힌 경우

세팅밸브를 열어 세팅을 실시한다.

(8) 수동기동밸브가 개방된 경우

수동기동밸브가 폐쇄한 후 세팅한다.

| 그림 6-164 수동기동밸브 개방 |

| 그림 6-165 수동기동밸브 폐쇄 |

근거 소방시설 자체점검사항 등에 관한 고시[별지 제4호 서식] 〈작성 예시〉

번호	점검항목	점검결과
3-A. 수원		
3-A-001	○ 주된수원의 유효수량 적정 여부(겸용설비 포함)	○
3-A-002	○ 보조수원(옥상)의 유효수량 적정 여부	/
3-B. 수조		
3-B-001	● 동결방지조치 상태 적정 여부	○
3-B-002	○ 수위계 설치 또는 수위 확인 가능 여부	○
3-B-003	● 수조 외측 고정사다리 설치 여부(바닥보다 낮은 경우 제외)	○
3-B-004	● 실내설치 시 조명설비 설치 여부	○
3-B-005	○ "스프링클러설비용 수조" 표지설치 여부 및 설치상태	○
3-B-006	● 다른 소화설비와 겸용 시 겸용설비의 이름을 표시한 표지설치 여부	○
3-B-007	● 수조-수직배관 접속부분 "스프링클러설비용 배관" 표지설치 여부	×
3-C. 가압송수장치		
	[펌프방식]	
3-C-001	● 동결방지조치 상태 적정 여부	○
3-C-002	○ 성능시험배관을 통한 펌프 성능시험 적정 여부	○
3-C-003	● 다른 소화설비와 겸용인 경우 펌프 성능 확보 가능 여부	○
3-C-004	○ 펌프 흡입측 연성계 · 진공계 및 토출측 압력계 등 부속장치의 변형 · 손상 유무	○
3-C-005	● 기동장치 적정 설치 및 기동압력 설정 적정 여부	○
3-C-006	● 물올림장치 설치 적정(전용 여부, 유효수량, 배관구경, 자동급수) 여부	○
3-C-007	● 충압펌프 설치 적정(토출압력, 정격토출량) 여부	○
3-C-008	○ 내연기관 방식의 펌프 설치 적정(정상기동(기동장치 및 제어반) 여부, 축전지 상태, 연료량) 여부	/
3-C-009	○ 가압송수장치의 "스프링클러펌프" 표지설치 여부 또는 다른 소화설비와 겸용 시 겸용설비 이름 표시 부착 여부	×
	[고가수조방식]	
3-C-021	○ 수위계 · 배수관 · 급수관 · 오버플로우관 · 맨홀 등 부속장치의 변형 · 손상 유무	/
	[압력수조방식]	
3-C-031	● 압력수조의 압력 적정 여부	/
3-C-032	○ 수위계 · 수관 · 급기관 · 압력계 · 안전장치 · 공기압축기 등 부속장치의 변형 · 손상 유무	/
	[가압수조방식]	
3-C-041	● 가압수조 및 가압원 설치장소의 방화구획 여부	/
3-C-042	○ 수위계 · 급수관 · 배수관 · 급기관 · 압력계 등 부속장치의 변형 · 손상 유무	/

번호	점검항목	점검결과
3-D. 폐쇄형 스프링클러설비 방호구역 및 유수검지장치		
3-D-001	● 방호구역 적정 여부	○
3-D-002	● 유수검지장치 설치 적정(수량, 접근 · 점검 편의성, 높이) 여부	○
3-D-003	○ 유수검지장치실 설치 적정(실내 또는 구획, 출입문 크기, 표지) 여부	○
3-D-004	● 자연낙차에 의한 유수압력과 유수검지장치의 유수검지압력 적정여부	○
3-D-005	● 조기반응형 헤드 적합 유수검지장치 설치 여부	○
3-E. 개방형 스프링클러설비 방수구역 및 일제개방밸브		
3-E-001	● 방수구역 적정 여부	/
3-E-002	● 방수구역별 일제개방밸브 설치 여부	/
3-E-003	● 하나의 방수구역을 담당하는 헤드 개수 적정 여부	/
3-E-004	○ 일제개방밸브실 설치 적정(실내(구획), 높이, 출입문, 표지) 여부	/
3-F. 배관		
3-F-001	● 펌프의 흡입측 배관 여과장치의 상태 확인	○
3-F-002	● 성능시험배관 설치(개폐밸브, 유량조절밸브, 유량측정장치) 적정 여부	○
3-F-003	● 순환배관 설치(설치위치 · 배관구경, 릴리프밸브 개방압력) 적정 여부	○
3-F-004	● 동결방지조치 상태 적정 여부	○
3-F-005	○ 급수배관 개폐밸브 설치(개폐표시형, 흡입측 버터플라이 제외) 및 작동표시스위치 적정(제어반 표시 및 경보, 스위치 동작 및 도통시험) 여부	○
3-F-006	○ 준비작동식 유수검지장치 및 일제개방밸브 2차측 배관 부대설비 설치 적정(개폐표시형 밸브, 수직배수배관, 개폐밸브, 자동배수장치, 압력스위치 설치 및 감시제어반 개방 확인) 여부	○
3-F-007	○ 유수검지장치 시험장치 설치 적정(설치위치, 배관구경, 개폐밸브 및 개방형 헤드, 물받이 통 및 배수관) 여부	×
3-F-008	● 주차장에 설치된 스프링클러방식 적정(습식 외의 방식) 여부	○
3-F-009	● 다른 설비의 배관과의 구분 상태 적정 여부	○
3-G. 음향장치 및 기동장치		
3-G-001	○ 유수검지에 따른 음향장치 작동 가능 여부(습식 · 건식의 경우)	○
3-G-002	○ 감지기 작동에 따라 음향장치 작동 여부(준비작동식 및 일제개방밸브의 경우)	○
3-G-003	● 음향장치 설치 담당구역 및 수평거리 적정 여부	○
3-G-004	● 주 음향장치 수신기 내부 또는 직근 설치 여부	○
3-G-005	● 우선경보방식에 따른 경보 적정 여부	○
3-G-006	○ 음향장치(경종 등) 변형 · 손상 확인 및 정상 작동(음량 포함) 여부	×
3-G-011	**[펌프 작동]** ○ 유수검지장치의 발신이나 기동용 수압개폐장치의 작동에 따른 펌프 기동 확인(습식 · 건식의 경우)	○
3-G-012	○ 화재감지기의 감지나 기동용 수압개폐장치의 작동에 따른 펌프 기동 확인(준비작동식 및 일제개방밸브의 경우)	○

번호	점검항목	점검결과
3-G-021 3-G-022	**[준비작동식 유수검지장치 또는 일제개방밸브 작동]** ○ 담당구역 내 화재감지기 동작(수동 기동 포함)에 따라 개방 및 작동 여부 ○ 수동조작함(설치높이, 표시등) 설치 적정 여부	○ ○
3-H. 헤드		
3-H-001	○ 헤드의 변형 · 손상 유무	×
3-H-002	○ 헤드 설치 위치 · 장소 · 상태(고정) 적정 여부	×
3-H-003	○ 헤드 살수장애 여부	○
3-H-004	● 무대부 또는 연소할 우려가 있는 개구부 개방형 헤드 설치 여부	/
3-H-005	● 조기반응형 헤드 설치 여부(의무 설치 장소의 경우)	○
3-H-006	● 경사진 천장의 경우 스프링클러헤드의 배치상태	○
3-H-007	● 연소할 우려가 있는 개구부 헤드 설치 적정 여부	○
3-H-008	● 습식 · 부압식 스프링클러 외의 설비 상향식 헤드 설치 여부	○
3-H-009	● 측벽형 헤드 설치 적정 여부	/
3-H-010	● 감열부에 영향을 받을 우려가 있는 헤드의 차폐판 설치 여부	○
3-I. 송수구		
3-I-001	○ 설치장소 적정 여부	○
3-I-002	● 연결배관에 개폐밸브를 설치한 경우 개폐상태 확인 및 조작가능 여부	○
3-I-003	● 송수구 설치 높이 및 구경 적정 여부	○
3-I-004	○ 송수압력범위 표시 표지 설치 여부	×
3-I-005	● 송수구 설치 개수 적정 여부(폐쇄형 스프링클러설비의 경우)	○
3-I-006	● 자동배수밸브(또는 배수공) · 체크밸브 설치 여부 및 설치 상태 적정 여부	○
3-I-007	○ 송수구 마개 설치 여부	×
3-J. 전원		
3-J-001	● 대상물 수전방식에 따른 상용전원 적정 여부	○
3-J-002	● 비상전원 설치장소 적정 및 관리 여부	○
3-J-003	○ 자가발전설비인 경우 연료 적정량 보유 여부	○
3-J-004	○ 자가발전설비인 경우 「전기사업법」에 따른 정기점검 결과 확인	○
3-K. 제어반		
3-K-001	● 겸용 감시 · 동력 제어반 성능 적정 여부(겸용으로 설치된 경우)	○
3-K-011 3-K-012 3-K-013 3-K-014 3-K-015 3-K-016 3-K-017 3-K-018	**[감시제어반]** ○ 펌프 작동 여부 확인 표시등 및 음향경보장치 정상작동 여부 ○ 펌프별 자동 · 수동 전환스위치 정상작동 여부 ● 펌프별 수동기동 및 수동중단 기능 정상작동 여부 ● 상용전원 및 비상전원 공급 확인 가능 여부(비상전원이 있는 경우) ● 수조 · 물올림탱크 저수위 표시등 및 음향경보장치 정상작동 여부 ○ 각 확인회로별 도통시험 및 작동시험 정상작동 여부 ○ 예비전원 확보 유무 및 시험 적합 여부 ● 감시제어반 전용실 적정 설치 및 관리 여부	○ ○ ○ ○ ○ ○ ○ ○

06

번호	점검항목	점검결과
3-K-019	● 기계 · 기구 또는 시설 등 제어 및 감시설비 외 설치 여부	○
3-K-020	○ 유수검지장치 · 일제개방밸브 작동 시 표시 및 경보 정상작동 여부	○
3-K-021	○ 일제개방밸브 수동조작스위치 설치 여부	/
3-K-022	● 일제개방밸브 사용 설비 화재감지기 회로별 화재표시 적정 여부	○
3-K-023	● 감시제어반과 수신기 간 상호 연동 여부(별도로 설치된 경우)	○
3-K-031	**[동력제어반]** ○ 앞면은 적색으로 하고, "스프링클러설비용 동력제어반" 표지 설치 여부	×
3-K-041	**[발전기제어반]** ● 소방전원보존형 발전기는 이를 식별할 수 있는 표지 설치 여부	○

3-L. 헤드 설치 제외

번호	점검항목	점검결과
3-L-001	● 헤드 설치 제외 적정 여부(설치 제외된 경우)	/
3-L-002	● 드렌처설비 설치 적정 여부	/

※ 펌프성능시험(펌프 명판 및 설계치 참조)

구분		체절운전	정격운전 (100%)	정격유량의 150% 운전	적정 여부	
토출량 (L/min)	주	0	260	390	1. 체절운전 시 토출압은 정격토출압의 140% 이하일 것(○) 2. 정격운전 시 토출량과 토출압이 규정치 이상일 것(○) 3. 정격토출량의 150%에서 토출압이 정격토출압의 65% 이상일 것(○)	○설정압력 : ○주펌프 기동 : 0.4 MPa 정지 : 0.6 MPa ○예비펌프 기동 :　 MPa 정지 :　 MPa ○충압펌프 기동 : 0.5 MPa 정지 : 0.6 MPa
	예비	/	/	/		
토출압 (MPa)	주	0.78	0.6	0.42		
	예비	/	/	/		

※ 릴리프밸브 작동압력 : 0.8 MPa

비고	

1. 점검항목 중 "●"는 종합점검의 경우에만 해당한다.
2. 점검결과란은 양호 "○", 불량 "×", 해당없는 항목은 "/"로 표시한다.
3. 점검항목 내용 중 "설치기준" 및 "설치상태"에 대한 점검은 정상적인 작동 가능 여부를 포함한다.
4. '비고'란에는 특정소방대상물의 위치 · 구조 · 용도 및 소방시설의 상황 등이 이 표의 항목대로 기재하기 곤란하거나 이 표에서 누락된 사항을 기재한다(이하 같다).

01 알람밸브의 작동시험을 정상적으로 완료한 후 감시제어반에서 복구 스위치를 눌렀으나 알람밸브 동작표시등이 계속 점등된다. 이 경우의 원인과 조치사항을 5가지 쓰시오.

알람밸브 동작시험 후 시간이 지나도 자동으로 복구되지 않거나, 화재가 아닌데 주·충압(보조)펌프 기동 시 최상층 부분의 알람밸브가 동작되어 시간이 지나도 복구되지 않는 경우가 점검 시 종종 발생한다. 이런 경우의 원인과 조치방법은 다음과 같다.

제어반

화재표시등

알람밸브 동작

원 인	점검 및 조치방법
① 알람밸브에 부착된 경보정지밸브를 잠그면 압력 스위치가 복구되는 경우 : 알람밸브 내부 클래퍼와 시트부위에 이물질이 침입한 경우이다.	㉠ 플러싱으로 이물질 제거 : 배수밸브를 개방하여 유수에 의하여 이물질 제거를 시도한 후 제어반의 복구 스위치를 눌렀을 때 복구가 되면 유수에 의하여 이물질이 제거된 것이다. ㉡ 커버 분리하여 이물질 제거 : ㉠의 방법으로 압력 스위치가 복구가 되지 않을 경우에는 1차측 개폐밸브를 잠그고 배수밸브를 개방하여 2차측 배관 내의 물을 완전히 배수시킨 후 전면 커버를 분리하여 클래퍼와 시트부위 사이의 이물질을 제거한다.
② 경보정지밸브를 잠가도 알람밸브의 압력 스위치가 복구되지 않는 경우 : 압력 스위치와 연결된 배관 부분의 문제로서 압력 스위치 연결배관이 배수밸브 2차측과 연결된 부분의 오리피스가 이물질로 막혀 있는 경우이다.	연결배관을 분리하여 오리피스에 끼어 있는 이물질을 철사 등으로 밀어서 제거한다.
③ 알람밸브 내부의 시트고무가 파손 또는 변형된 경우	알람밸브 전면 볼트를 풀어 커버를 분리 후 시트고무를 교체한다.
④ 알람밸브에 부착된 배수밸브의 불완전 잠금상태	배수밸브의 완전 폐쇄
⑤ 알람밸브에 부착된 배수밸브의 시트고무에 이물질이 침입하거나 시트고무가 손상된 경우	배수밸브 시트고무의 이물질 제거 또는 시트고무 교체
⑥ 말단시험밸브의 불완전 잠금상태	말단시험밸브를 완전히 잠근다.
⑦ 알람밸브 2차측 배관이 누수되는 경우	누수부분을 보수한다.

02 건식 스프링클러설비에서 화재가 아닌 상태에서 건식 밸브가 개방되었을 경우의 원인과 조치방법을 쓰시오.

원 인	조치방법
1차측 물공급압력 대비 2차측 공기공급압력 설정이 현저하게 저압일 경우	제조사에서 제시하는 1차측 수압대비 2차측에 유지해야 할 공기공급압력표를 기준으로 설정압력을 재조정한다.
수위조절밸브(또는 테스트밸브)가 개방된 경우	수위조절밸브(또는 테스트밸브)를 폐쇄한다.
배관말단의 청소용 앵글밸브가 개방된 경우	청소용 앵글밸브를 완전히 폐쇄한다.
말단시험밸브의 완전폐쇄가 안 된 경우	말단시험밸브를 완전히 폐쇄한다.
2차측 배관이 누기되는 경우	누기부분을 찾아 보수한다.

03 준비작동식 밸브의 작동점검을 하고자 한다. 작동방법 5가지를 쓰시오.

1. 해당 방호구역의 감지기 2개 회로 작동
2. SVP(수동조작함)의 수동조작 스위치 작동
3. 프리액션밸브 자체에 부착된 수동기동밸브 개방
4. 수신기측의 프리액션밸브 수동기동 스위치 작동
5. 수신기에서 동작시험 스위치 및 회로선택 스위치로 작동(2회로 작동)

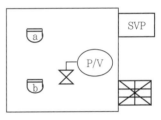

| 프리액션밸브 동작방법 |

04 준비작동식 밸브의 오동작 원인을 기술하시오. (단, 사람에 의한 것도 포함)

1. 해당 방호구역 내 화재감지기(a and b회로)가 오동작된 경우
2. 해당 방호구역 내 SVP(수동조작함)의 기동 스위치를 누른 경우
3. 준비작동식 밸브에 설치된 수동기동밸브를 사람이 잘못하여 개방한 경우
4. 선로의 점검·정비 시 솔레노이드에 기동신호가 입력된 경우
5. 감시제어반의 프리액션밸브 기동 스위치를 잘못하여 기동위치로 전환한 경우
6. 감시제어반에서 준비작동식 밸브 연동정지를 하지 않고 동작시험을 실시한 경우
7. 솔레노이드밸브의 고장으로 준비작동식 밸브의 세팅이 풀린 경우

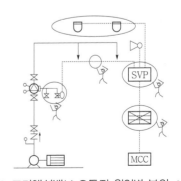

| 프리액션밸브 오동작 원인별 부위 |

05 화재가 발생하지 않았는데 프리액션밸브가 작동된 경우의 원인을 쓰시오.

원 인	조치방법
해당 방호구역의 화재감지기(a and b회로)가 오동작된 경우	감지기의 비화재보된 원인을 찾아 조치한 후, 제어반과 프리액션밸브를 복구한다.
수동조작함(SVP)의 기동 스위치가 눌러진 경우	수동조작함의 기동 스위치와 제어반을 복구 후 프리액션밸브를 복구한다.
프리액션밸브의 수동기동밸브가 개방된 경우	프리액션밸브에 설치된 수동기동밸브가 개방된 경우이므로 수동기동밸브를 폐쇄 후 프리액션밸브를 복구한다.
제어반의 수동기동 스위치에 의하여 동작된 경우	제어반의 프리액션밸브 자동 · 수동 절환 스위치를 자동으로 프리액션밸브 수동기동 스위치를 정지위치로 전환하고, 프리액션밸브를 복구한다.
제어반에서 연동정지를 하지 않고 동작시험 도중 동작된 경우	제어반에서 연동정지를 하지 않고 동작시험을 실시 도중 프리액션밸브가 동작된 경우이다. 동작시험 시에는 다음과 같은 안전조치 후에 실시한다. 제어반 복구 후 프리액션밸브를 복구한다. **참고** 동작시험 실시 전 안전조치 사항 ① 프리액션밸브 자동 · 수동 절환 스위치 : 정지위치 ② 프리액션밸브 수동기동 스위치 : 정지위치 ③ 해당구역의 프리액션밸브의 2차측 제어밸브 : 폐쇄
선로의 점검 · 정비 시 솔레노이드밸브에 기동신호가 입력된 경우	선로의 점검 · 정비 시에는 프리액션밸브가 작동되지 않도록 안전조치를 한 후에 점검에 임한다.
솔레노이드밸브가 고장으로 세팅이 풀린 경우	문제가 있는 솔레노이드밸브는 교체 또는 정비한다.
경보시험밸브가 개방된 경우	경보시험밸브를 폐쇄한 후, 2차측의 잔압을 배수밸브를 개방하여 배수하고 폐쇄시켜 놓는다. **참고** 경보시험밸브 : 프리액션밸브를 동작시키지 않고 1차측 수압을 이용하여 압력 스위치를 작동시켜 동작상황을 확인하는 것이므로 평상시 폐쇄시켜 관리한다.
크린 체크밸브(Clean Check V/V)에 이물질이 침입하여 중간챔버에 원활한 압력수 공급이 이루어지지 않은 경우	크린 체크밸브 커버를 분리하여 이물질을 제거한다.
PORV 오리피스에 이물질이 침입하여 중간챔버에 원활한 압력수 공급이 이루어지지 않은 경우 (PORV가 설치된 경우)	PORV를 분해하여 이물질을 제거한다.
다이어프램이 손상된 경우	손상된 다이어프램을 교체한다.

원 인	조치방법
프리액션밸브 디스크에 이물질이 침입한 경우	2차측 개폐밸브 폐쇄 후 배수밸브를 개방하고 프리액션밸브를 동작시켜 가압된 물로 플러싱을 통하여 이물질 제거 후 다시 세팅한다. 만약, 플러싱을 통해서도 세딩이 안 될 경우, 커버를 분리하여 이물질을 제거 후 재세팅한다.

06 프리액션밸브의 작동시험을 완료하고 경계상태로 세팅을 하려고 하는데 세팅이 되지 않는다. 이 경우의 원인 및 조치방법을 기술하시오. (단, PORV를 이용한 다이어프램 방식이다.)

1. PORV 오리피스에 이물질이 침입하여 중간챔버에 원활히 압력수의 공급이 이루어지지 않은 경우
   ⇒ PORV를 분해하여 이물질을 제거한다(PORV 타입에 한함).
2. 크린 체크밸브(Clean Check V/V)에 이물질이 침입하여 중간챔버에 원활한 압력수의 공급이 이루어지지 않은 경우
   ⇒ 2차측 배수 후 크린 체크밸브 커버를 분리하여 이물질 제거 후 복구한다.
3. 솔레노이드밸브가 복구가 안 된 경우 또는 기능 불량인 경우
   ⇒ 솔레노이드밸브가 열린 경우 : 수신반과 수동조작함(SVP)을 복구하여 솔레노이드밸브를 복구한 후 세팅한다.
   ⇒ 기능 불량인 경우 : 솔레노이드밸브 정비 또는 교체 후 세팅한다.
4. 다이어프램의 고무가 손상된 경우
   ⇒ 다이어프램을 교체한다.
5. 프리액션밸브 밸브시트에 이물질이 침입한 경우
   ⇒ 2차측 개폐밸브 폐쇄 후 배수밸브를 개방하고 프리액션밸브를 동작시켜 가압된 물로 플러싱을 통하여 이물질 제거 후 다시 세팅한다. 만약, 플러싱을 통해서도 세팅이 안 될 경우 커버를 분리하여 이물질을 제거 후 재세팅한다.
6. 세팅밸브에서 중간챔버까지의 배관 막힘
   ⇒ 압력수 공급이 원활하지 않은 경우 배관을 분해하여 점검한다.
7. 세팅밸브가 닫힌 경우
   ⇒ 세팅밸브를 열어 세팅을 실시한다.
8. 수동기동밸브가 개방된 경우
   ⇒ 수동기동밸브를 폐쇄한 후 세팅한다.

가스계 소화설비의 점검

계통도 및 동작설명

이산화탄소, 할론, 할로겐화합물 및 불활성 기체 등의 가스소화약제를 이용한 소화설비로서 방출 후 잔존물이 남지 않는 특성이 있어 전기실, 발전실, 통신기기 등에 설치되며 약제만 다를 뿐 구성요소 및 동작원리는 같다.

01 가스계 소화설비의 계통도

고정식 가스계 소화설비의 자동식 기동장치의 종류는 전기식, 기계식 및 가스압력식이 있으나, 국내에서는 기동용 가스압력을 이용한 가스압력식이 주로 설치되고 있으므로 가스압력 개방방식을 중심으로 설명한다.

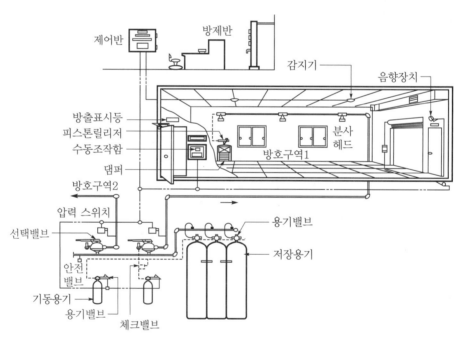

| 그림 7-1 가스계 소화설비의 계통도(가스압력식) |

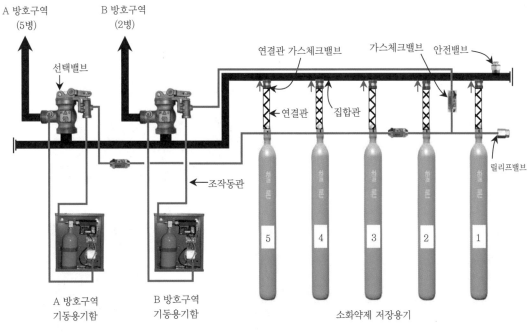

A 방호구역
(5병)

B 방호구역
(2병)

선택밸브

연결관 가스체크밸브   가스체크밸브   안전밸브

연결관   집합관

조작동관

릴리프밸브

A 방호구역
기동용기함

B 방호구역
기동용기함

소화약제 저장용기

| 그림 7-2 저장용기실 계통도 |

02 가스계 소화설비의 동작설명

동작순서	관련 사진
① 화재발생	![불] 그림 7-3 화재발생
② 화재감지기 동작 또는 수동조작함 작동	그림 7-4 감지기 동작 그림 7-5 수동조작함 작동

287

동작순서	관련 사진
③ 제어반 　㉠ 주화재표시등 점등 　㉡ 해당 방호구역의 감지기 작동표시등 (a, b 회로) 점등 　㉢ 제어반 내 음향경보장치(부저) 동작 　　• 해당 방호구역 음향경보 발령 　　• 해당 방호구역 환기휀 정지 　　• 해당 방호구역 자동폐쇄장치 동작 (전기식에 한함)	 | 그림 7-6 제어반 전면 화재표시 |
 | 그림 7-7 제어반에 해당구역 댐퍼 동작표시 |	 | 그림 7-8 해당 방호구역 댐퍼 폐쇄 |
④ 지연장치 동작 : 방호구역 내부의 사람이 피난할 수 있도록 a, b 회로 감지기 동작 또는 수동기동 이후부터 솔레노이드밸브 동작 전까지 약 30초의 지연시간을 둔다.	  | 그림 7-9 릴레이 타입 지연타이머 |　| 그림 7-10 IC 타입 지연타이머 |
⑤ 기동용기의 솔레노이드밸브 동작으로 ⇒ 기동용기 개방	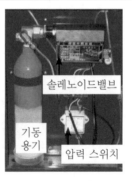  | 그림 7-11 기동용기함 |　| 그림 7-12 솔레노이드 밸브 동작 전·후 모습 |

동작순서	관련 사진
기동용기 내 가압용 가스가 동관으로 이동하여 선택밸브와 저장용기밸브를 개방시킨다. ⇒ 선택밸브 개방	  ㅣ 그림 7-13 선택밸브 ㅣ 그림 7-14 선택밸브 동작 전 ㅣ 동작 후 ㅣ
⇒ 저장용기 개방  ㅣ 그림 7-15 저장용기 설치모습 ㅣ	  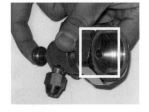  ㅣ 그림 7-16 니들밸브 ㅣ 그림 7-17 니들밸브 동작 전 ㅣ 동작 후 ㅣ
⑥ 압력 스위치 작동 ⇒ 방출표시등 점등(제어반, 수동조작 함, 방호구역 출입구 상단)	   ㅣ 그림 7-18 압력 스위치 동작 ㅣ

동작순서	관련 사진
	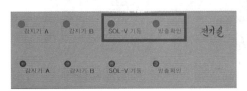   ∣ 그림 7-19 제어반의 방출표시등 점등 ∣ ∣ 그림 7-20 방호구역 출입문 상단 방출표시등 점등 ∣ ∣ 그림 7-21 수동조작함 방출표시등 점등 ∣
⑦ 자동폐쇄장치 동작(가스압력식) ⇒ 피스톤릴리저댐퍼(PRD)가 동작되어 해당 방호구역의 댐퍼를 폐쇄한다.	 ∣ 그림 7-22 댐퍼에 설치된 피스톤릴리저 ∣
⑧ 해당 방호구역에 소화약제 방출 ⇒ 소화	 ∣ 그림 7-23 헤드로부터 소화약제 방사모습 ∣

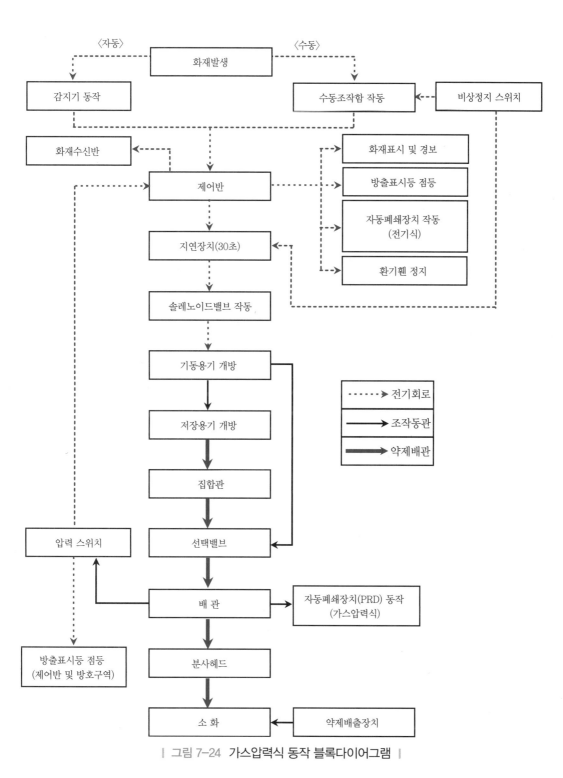

| 그림 7-24 가스압력식 동작 블록다이어그램 |

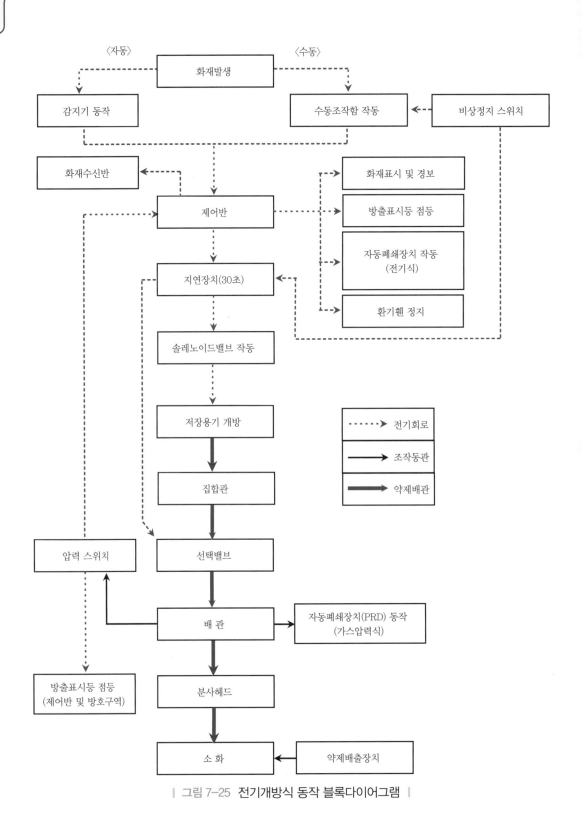

| 그림 7-25 전기개방식 동작 블록다이어그램 |

03 수동작동 방법

화재감지기 동작 이전에 실내 거주자가 화재를 먼저 발견했을 경우 신속한 소화를 위하여 수동으로 조작을 하여 소화설비를 작동시켜야 한다. 소화설비가 정상적으로 동작되는 경우와 모든 전원(비상전원 포함)이 차단되었을 경우로 구분하여 알아보자.

1 소화설비가 정상적으로 동작되는 경우 수동조작 방법

이 경우 화재를 발견하였을 경우 화재실 내의 사람이 없는지를 확인 후 조작을 하여야 한다.

(1) 화재실 내 근무자가 있는지 확인한다.

(2) 수동조작함의 문을 열면 화재발생 경보음인 사이렌이 울린다.

(3) 실내 근무자가 모두 대피한 것을 확인 후 수동조작 스위치를 누른다.

(4) 제어반으로 화재발생이 통보되어 화재감지기 동작 시와 같이 설비가 자동으로 동작된다.

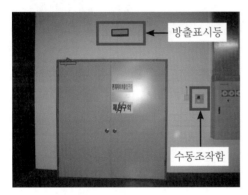

| 그림 7-26 방호구역 외부에 설치된 수동조작함 |

| 그림 7-27 수동조작함 작동 |

2 모든 전원(비상전원 포함)이 차단되었을 경우 수동조작 방법

조건 기동방식은 가스가압식이며, 피스톤릴리저에 의해 작동되는 방화댐퍼가 설치된 것으로 가정

모든 전원이 차단된 상태이므로 수동조작함으로 소화설비를 작동시킬 수 없다. 따라서 방호구역 내 사람을 대피시키고 저장용기실로 이동하여 다음과 같이 해당 방호구역의 기동용기함을 수동으로 조작시킨다.

(1) 화재가 발생한 방호구역 내 사람이 없는지 시각 및 음성으로 확인한다.

(2) 개구부 및 출입문 등을 수동으로 폐쇄한다.

(3) 저장용기실로 신속하게 이동한다.

(4) 해당구역 기동용기함의 문을 열고, 솔레노이드의 안전클립을 빼낸다.

(5) 수동조작버튼을 눌러서 작동시킨다(이 경우 시간지연 없이 약제가 방출됨).

(6) 기동용기의 가스압력으로 해당 선택밸브와 약제 저장용기가 개방되고 소화약제가 방출된다. ⇒ 화재를 소화시킨다.

(7) 방사되는 가스압력으로 피스톤릴리저가 작동되어 방화댐퍼(또는 환기장치)가 폐쇄된다.

(8) 소화 중 외부인의 출입을 금지시킨다.

| 그림 7-28 기동용기함 설치모습 |

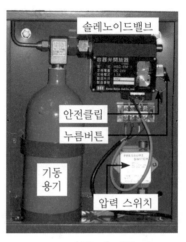

| 그림 7-29 기동용기함 내부 |

| 그림 7-30 안전클립 분리 후 수동조작버튼을 누름 |

> **Tip** 개구부 자동폐쇄방법
>
> ① 환기장치 : 통상 전기식으로 제어(댐퍼 폐쇄, 휀 정지)
> ② 개구부, 통기구 : 통상 기계식으로 제어(피스톤릴리저 이용)
>
> | 그림 7-31 피스톤릴리저 설치위치 |

01 가스계 소화설비 제어반 표시등의 기능

가스계 소화설비의 제어반은 통상 저장용기실에 설치되며, 제조사마다 제어반의 표시등과 조작
스위치의 모양이 약간의 차이가 있으나 여기서는 일반적인 사항을 소개한다.

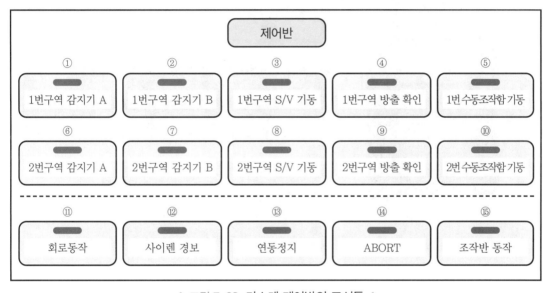

| 그림 7-32 가스계 제어반의 표시등 |

구 분	기 능	관련 그림
(1) 일반적인 가스계 소화설비 제어반의 표시등(공통사항)		
① 1번구역 감지기 a 회로	1번구역 감지기 a 회로 동작 시 점등	1번구역 감지기 A
② 1번구역 감지기 b 회로	1번구역 감지기 b 회로 동작 시 점등	1번구역 감지기 B
③ 1번구역 S/V 기동	1번구역 S/V 기동출력이 나갈 때 점등	1번구역 S/V 기동

구 분	기 능	관련 그림
④ 1번구역 방출 확인	1번구역 약제 방출 시 점등 (해당 방호구역 선택밸브 2차측 압력 스위치의 작동신호를 수신하여 방출표시등이 점등된다)	1번구역 방출 확인
⑤ 1번구역 수동조작함 기동	1번구역 수동조작함의 기동 스위치 조작 시 점등	1번 수동조작함 기동

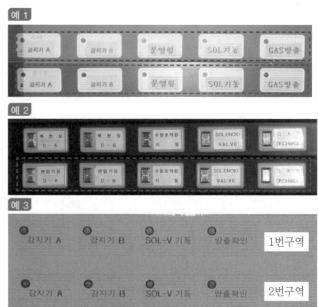

| 그림 7-33 가스계 제어반의 표시등 |

(2) 지멘스 제어반 표시등(추가사항)

⑪ 회로동작	화재감지기 동작 시 점등	회로동작
⑫ 사이렌 경보	방호구역의 사이렌 작동 시 점등	사이렌 경보
⑬ 연동정지	설비 "연동정지" 위치에 있을 경우 점등	연동정지

구분	기능	관련 그림
⑭ ABORT	"ABORT" 스위치를 눌렀을 때 점등	ABORT
⑮ 조작반 동작	수동조작함의 기동 스위치 조작 시 점등	조작반 동작

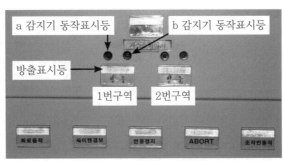

| 그림 7-34 지멘스 가스계 제어반의 표시등 |

02 조작 스위치의 기능

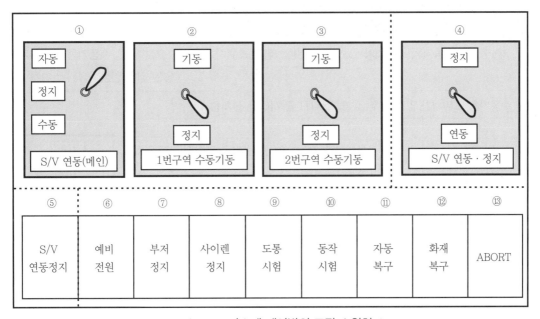

| 그림 7-35 가스계 제어반의 조작 스위치 |

구 분		기 능	관련 그림
(1) 기동 스위치가 있는 경우			
① S/V 연동 (메인)	자동	가스계 소화설비가 자동으로 작동되며, 평상시 자동위치에 있어야 함.	자동 정지 수동 S/V 연동(메인)
	정지	가스계 소화설비를 연동정지하고자 할 때 사용	
	수동	가스계 소화설비를 수동으로 작동시키고자 할 때 사용	
②~③ S/V 수동기동	기동	가스계 소화설비를 수동으로 동작시키고자 할 때 사용하며, "S/V 연동 스위치"를 수동으로 전환시킨 후 개방시키고자 하는 구역의 S/V 수동기동 스위치를 기동위치로 전환	기동 정지 1번구역
	정지	평상시 정지위치로 관리	

‖ 그림 7-36 수동기동 스위치가 있는 경우 연동·정지 스위치 ‖

‖ 그림 7-37 수동기동 스위치가 없는 경우 연동·정지 스위치 ‖

구 분		기 능	관련 그림
(2) 수동기동 스위치가 없는 경우(④, ⑤ 스위치 중 하나만 설치됨)			
④ S/V 연동/정지	연동	가스계 소화설비가 자동으로 운전되며, 평상시 연동위치에 있어야 함.	연동 정지 S/V 연동/정지
	정지	가스계 소화설비를 연동·정지하고자 할 때 사용	

구 분	기 능	관련 그림
⑤ S/V 연동/정지	가스계 소화설비를 연동/정지시키는 스위치로서, 평상시 연동위치에 있어야 함.	S/V 연동정지

(3) 공통 조작 스위치

구 분	기 능	관련 그림
⑥ 예비전원	예비전원을 시험하기 위한 스위치로, 스위치를 누르면 전압이 정상/높음/낮음으로 표시되며, 전압계가 있는 경우는 전압이 전압계에 나타남.	예비 전원
⑦ 부저 정지	제어반 내부의 부저를 정지하고자 할 때 사용	부저 정지
⑧ 사이렌 정지	방호구역 내 사이렌을 정지하고자 할 때 사용	사이렌 정지
⑨ 도통시험	도통시험 스위치는 도통시험 스위치를 누르고 회로선택 스위치를 회전시켜, 선택된 회로의 선로의 결선상태를 확인할 때 사용	도통 시험
⑩ 동작시험	제어반에 화재신호를 수동으로 입력하여 제어반이 정상적으로 동작되는지를 확인하는 시험 스위치	동작 시험
⑪ 자동복구	화재동작시험 시 사용하는 스위치로서 자동복구 스위치를 누르면 스위치 신호가 입력될 때만 동작하고 신호가 없으면 자동으로 복구된다.	자동 복구
⑫ 화재복구	제어반의 동작상태를 정상으로 복구할 때 사용	화재 복구
⑬ ABORT	가스계 소화설비 동작 시 타이머의 기능을 일시정지시키고자 할 때 사용	ABORT

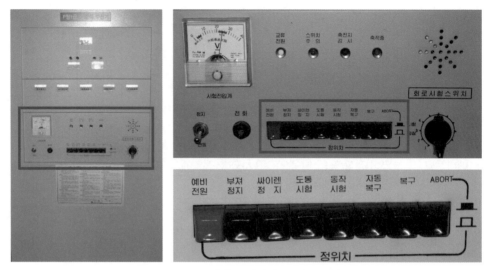

| 그림 7-38 지멘스 제어반 조작 스위치 |

가스계 소화설비의 공통부속

① 기동용기함
② 기동용기
③ 솔레노이드밸브
④ 압력 스위치
⑤ 선택밸브
⑥ 조작동관
⑦ 감지기
⑧ 방사헤드
⑨ 약제 저장용기
⑩ 용기밸브
⑪ 연결관
⑫ 집합관
⑬ 니들밸브
⑭ 수동조작함
⑮ 방출표시등
⑯ 제어반

| 그림 7-39 가스계 소화설비 주변 구성품 |

| 가스계 공통부속 목록 |

순 번	부속명	순 번	부속명
①	저장용기	⑨	릴리프밸브
②	저장용기밸브	⑩	안전밸브
③	니들밸브	⑪	선택밸브
④	기동용기함	⑫	수동조작함
⑤	기동용기	⑬	방출표시등

순 번	부속명	순 번	부속명
⑥	솔레노이드밸브	⑭	전자 사이렌
⑦	압력 스위치	⑮	피스톤릴리저
⑧	체크밸브 ㉠ 가스 체크밸브 ㉡ 연결관 체크밸브	⑯	댐퍼복구밸브
		⑰	모터댐퍼
		⑱	방출헤드

01 저장용기

1 기능

소화약제를 저장하기 위한 용기이다.

2 설치위치

저장용기실 내부이다.

> 참고 저장용기 색깔 : 이산화탄소(청색), 할론, NAF S-Ⅲ(회색), INERGEN(적색)

| 그림 7-40
이산화탄소 저장용기 |

| 그림 7-41
NAF S-Ⅲ 저장용기 |

| 그림 7-42
INERGEN 저장용기 |

02 저장용기밸브

1 기능

평상시 용기밸브가 닫혀 있다가 화재 시 니들밸브(또는 전기식의 경우 전자밸브)에 의하여 용기밸브의 봉판이 파괴되면 저장용기밸브가 개방되어 저장용기 내부의 약제를 방출시키는 역할을 하며 용기밸브 개방을 위한 니들밸브(전기식의 경우 전자밸브)가 부착된다.

2 설치위치

소화약제 저장용기 상부이다.

| 그림 7-43 용기밸브 외형 |

| 그림 7-44 용기밸브
가스압력개방식 |

| 그림 7-45 용기밸브
전기개방식 |

03 니들밸브

1 기능

화재 시 기동용기가 개방되면 기동용기의 가스압력에 의하여 니들밸브 내부의 피스톤이 이동되는데, 피스톤 끝에는 파괴침(니들)이 있어 이 파괴침이 용기밸브의 봉판을 뚫어 저장용기밸브를 개방시키는 역할을 한다.

2 설치위치

각 저장용기밸브마다 설치한다.

| 그림 7-46 니들밸브 설치모습 | | 그림 7-47 니들밸브 외형 및 분해모습 |

| 그림 7-48 니들밸브 동작 전 | | 그림 7-49 니들밸브 동작 후 |

04 기동용기함

1 기능

기동용 가스용기, 솔레노이드밸브와 압력 스위치를 내장하는 함으로서 선택밸브와 같이 방호구역마다 1개씩 설치된다.

2 설치위치

저장용기실 내에 통상 선택밸브 하단에 설치된다.

| 그림 7-50 기동용기함 설치모습 | | 그림 7-51 기동용기함 내부 |

05 기동용기

1 기능

가스압력식 개방방식에서 저장용기밸브를 개방시키기 위한 가압용 가스를 저장하는 용기로서 내용적이 1L 이상으로 이산화탄소가 액상으로 0.6kg 이상(이산화탄소소화설비의 경우 기동용 가스용기의 용적은 5L 이상으로 하고, 해당 용기에 저장하는 질소 등의 비활성 기체는 6.0MPa 이상의 압력으로) 충전되어 있으며 기동용기 개방 시 액상의 이산화탄소가 기상으로 동관을 타고 이동하여 선택밸브와 저장용기를 개방시킨다.

2 설치위치

기동용기함 내부에 설치된다.

| 그림 7–52 기동용기 외형 |

| 그림 7–53 기동용기밸브와 몸체 상부에 각인된 모습 |

06 솔레노이드밸브(전자밸브)

1 기능

솔레노이드밸브의 파괴침이 기동용기밸브의 봉판을 파괴하여 기동용기를 개방하는 역할을 한다.

참고 전기식의 경우 : 솔레노이드밸브를 저장용기와 선택밸브에 설치하여 솔레노이드밸브 작동으로 저장용기와 선택밸브를 개방시킨다.

2 설치위치

기동용기함 내 기동용기밸브에 설치한다.

참고 전기식의 경우 : 저장용기 및 선택밸브에 설치한다.

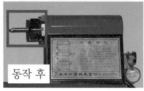

| 그림 7-54 가스가압식의 전자밸브 설치 및 동작 전·후 모습 | | 그림 7-55 전기개방식의 선택밸브와 저장용기에 설치된 전자밸브 모습 |

07 압력 스위치

1 기능

압력 스위치는 저장용기의 소화약제가 선택밸브를 통해 해당 방호구역에 방출될 때 가스압력에 의해 접점신호를 제어반에 입력시켜 방출표시등을 점등시키는 역할을 한다.

> **Tip** 압력 스위치 동작 시 점등되는 표시등
> ① 방호구역 출입문 상단에 설치된 방출표시등
> ② 수동조작함의 방출표시등
> ③ 제어반의 방출표시등

2 설치위치

선택밸브 2차측 배관에 설치하는 경우도 있으나, 일반적으로 선택밸브 2차측의 배관에서 동관으로 분기하여 동관을 연장시켜 기동용기함 내에 설치한다.

(a) 동작 전   (b) 동작 후

| 그림 7-56 압력 스위치 동작 전·후 모습 |

| 그림 7-57 압력 스위치 내부 |

| 그림 7-58 선택밸브 2차측 배관에 설치된 모습 |

08 체크밸브

1 가스 체크밸브

(1) 기능

체크밸브는 동관 내 흐르는 기동용 가스를 한쪽 방향으로만 흐르게 하여 원하는 수량의 저장용기를 개방시키기 위하여 조작동관에 설치하며 체크밸브에는 가스흐름 방향이 화살표(→)로 표시되어 있으므로 설치 시 방향이 바뀌지 않도록 주의하여야 한다.

(2) 설치위치

방호구역별 기동용 조작동관에 설치한다.

2 연결관 체크밸브

(1) 기능

집합관으로 모인 소화가스가 연결관을 통하여 저장용기밸브로 흐르지 못하도록 하는 역할을 하며 조작동관에 설치되는 체크밸브와 마찬가지로 가스흐름 방향이 화살표(→)로 표시되어 있다.

(2) 설치위치

저장용기밸브와 집합관을 연결하는 연결관에 설치한다.

307

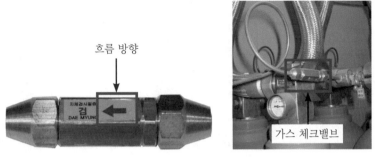

흐름 방향

가스 체크밸브

| 그림 7-59 조작동관에 설치되는 가스 체크밸브 외형 및 설치모습 |

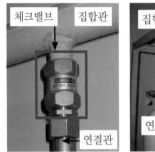

체크밸브   집합관

연결관

집합관

연결관   체크밸브

| 그림 7-60 연결관에 설치되는 체크밸브 외형 및 설치모습 |

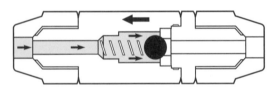

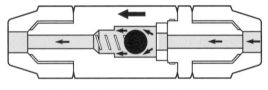

(a) 폐쇄상태(가스 역류발생 시 차단된 상태)   (b) 개방상태(정상적인 가스흐름 상태)

| 그림 7-61 가스 체크밸브 동작 전·후 단면 |

09 릴리프밸브

1 기능

기동용기에서 기동용 가스가 조작동관에 비정상적으로 서서히 누설되는 경우 누설되는 가스를 대기 중으로 배출시켜 설비의 오동작을 방지하여 주고, 화재 시 솔레노이드밸브 동작으로 일시에 조작동관으로 기동용 가스가 유입되는 경우에는 기동용 가스의 압력으로 차단되는 구조로서 수계 소화설비의 자동배수밸브와 같은 원리이다.

07

2 설치위치

릴리프밸브는 방호구역이 가장 큰 구역의 조작동관에 주로 설치하지만, 각 방호구역마다 설치하는 경우도 있다.

| 그림 7–62 릴리프밸브 외형 및 분해모습 |

| 그림 7–63 릴리프밸브가 조작동관
말단 니들밸브에 설치된 모습|

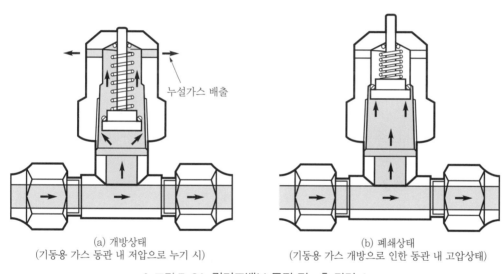

(a) 개방상태
(기동용 가스 동관 내 저압으로 누기 시)

(b) 폐쇄상태
(기동용 가스 개방으로 인한 동관 내 고압상태)

| 그림 7–64 릴리프밸브 동작 전 · 후 단면 |

10 안전밸브

1 기능

집합관 또는 저장용기 내부에서 과압발생 시 과압을 대기로 배출시켜 집합관과 집합관에 연결되는 부속 그리고 저장용기를 보호하기 위해서 설치한다.

2 설치위치

저장용기와 선택밸브 사이 및 저장용기의 용기밸브에 설치한다.

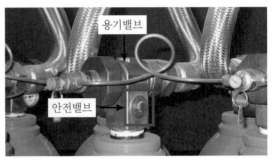

| 그림 7-65 집합관에 설치된 안전밸브 | | 그림 7-66 저장용기밸브에 설치된 안전밸브 |

11 선택밸브

1 기능

약제저장용기를 여러 방호구역에 겸용으로 사용하는 경우 해당 방호구역마다 설치하여, 화재발생 시 해당 방호구역의 선택밸브가 개방되어 화재발생 장소에만 소화약제를 방사시키기 위해서 설치한다. 가스가압식의 경우는 기동용 가스압력에 의해서 개방되지만 전기식의 경우에는 선택밸브 개방용 전자밸브에 의해서 개방된다.

2 설치위치

선택밸브는 일반적으로 집합관 상부에 설치한다.

| 그림 7-67 가스압력식 선택밸브 설치 및 동작 전·후 모습 |

| 그림 7–68 전기개방식 선택밸브 동작 전·후 모습 |

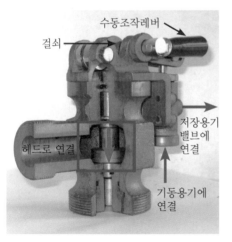 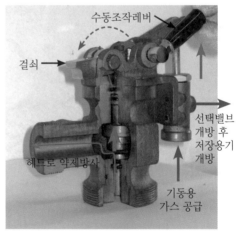

| 그림 7–69 선택밸브 개방 전 | | | 그림 7–70 선택밸브 개방 후 |

12 수동조작함

1 기능

화재 시 수동조작 또는 오동작 시 방출을 지연시킬 수 있는 역할을 하며, 전원표시등, 방출표시등, 기동 스위치 및 Abort 스위치로 구성되어 있다.

2 설치위치

방호구역 밖의 출입문 근처에 조작하기 쉬운 위치에 설치한다.

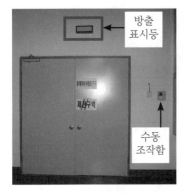

| 그림 7-71 방호구역 외부에
설치된 방출표시등과 수동조작함 |

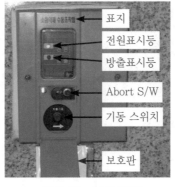

| 그림 7-72 수동조작함 |

| 그림 7-73 방출표시등 |

13 방출표시등

1 기능

방호구역 내 소화약제가 방출되면 압력 스위치의 동작으로 방출표시등이 점등되어 소화약제가 방출되고 있음을 알려 옥내로 사람이 입실하는 것을 방지하기 위하여 설치한다.

2 설치위치

방호구역의 출입구마다 출입구 바깥쪽 상단에 설치한다.

14 전자 사이렌

1 기능

화재의 발생을 방호구역 내부의 사람에게 알려주기 위해서 설치한다.

| 그림 7-74 전자 사이렌 |

2 설치위치

방호구역에 설치한다.

15 피스톤릴리저(PRD ; Piston Releaser Damper)

1 기능

자동폐쇄장치는 소화약제를 방사하는 실내의 출입문, 창문, 환기구 등 개구부가 있을 때 약제 방출 전 이들 개구부를 폐쇄하여 방사된 가스의 누출로 인한 소화효과의 감소를 최소화하기 위하여 설치한다. 이는 방출되는 소화약제의 방사압력으로 피스톤릴리저가 작동되어 개구부를 폐쇄하게 된다.

2 설치위치

방호구역 내부의 개구부(출입문, 창문, 댐퍼 등)에 설치한다.

| 그림 7-75 피스톤릴리저 설치모습 및 외형 |

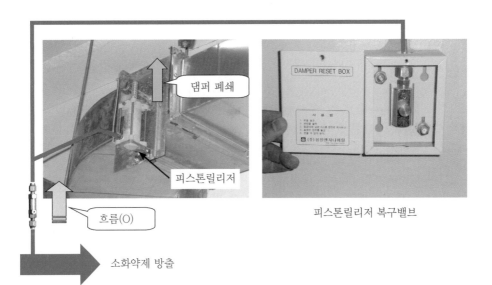

| 그림 7-76 피스톤릴리저와 댐퍼 복구밸브 |

16 댐퍼 복구밸브

1 기 능

복구밸브를 개방하여 조작동관과 피스톤릴리저 사이의 잔압을 배출하여 피스톤릴리저를 복구하기 위해서 설치한다.

2 설치위치

방호구역 밖에 설치하며 피스톤릴리저와 동관으로 연결되어 있다.

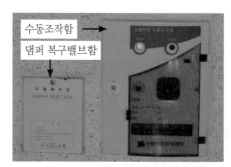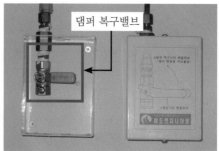

┃ 그림 7-77 댐퍼 복구밸브함 설치된 모습 ┃

17 모터 댐퍼

1 기 능

전기적인 방법으로서 방호구역 내 소화약제가 배기댐퍼를 통하여 누설되는 것을 방지하기 위하여 약제방사 시 모터를 이용하여 댐퍼를 폐쇄하는 역할을 한다.

2 설치위치

방호구역을 관통하는 댐퍼에 설치한다.

| 그림 7-78 댐퍼 폐쇄용 모터 |

18 방출 헤드

1 기능

소화약제를 방사하는 역할을 한다.

2 설치위치

방호구역 내부 천장 또는 벽에 설치한다.

| 그림 7-79 헤드 외형 및 설치모습 |

가스계 소화설비의 점검

01 점검 전 안전조치

전기실, 발전실, 통신기기실, 전산실 등에는 전기화재에 대한 적응성과 피연소물에 대한 피해가 적고 소화 후 환기만 시키면 되는 등의 장점 때문에 주로 가스계 소화설비가 설치되고 있다. 전역방출방식의 고정식 가스계 소화설비를 중심으로 점검 시 오·방출되는 사고 없이 안전하게 점검하는 방법에 대하여 알아보자. 먼저 점검 전 소화약제 방출을 방지하기 위한 안전조치 방법 및 순서는 다음과 같다.

(1) 점검 실시 전에 도면 등에 의한 기능, 구조, 성능을 정확히 파악한다.

(2) 설비별로 그 구조와 작동원리가 다를 수 있으므로 이들에 관하여 숙지한다.

(3) 제어반의 솔레노이드밸브 연동 스위치를 연동정지 위치로 전환한다.

점검 시 첫번째 안전조치로서, 제어반에서 전기적으로 솔레노이드밸브에 기동신호를 주지 않도록 솔레노이드밸브를 연동정지 위치로 전환한다.

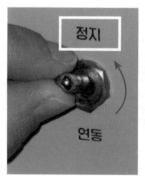

| 그림 7-80 솔레노이드밸브 연동정지 |

(4) 기동용 가스 조작동관을 분리한다.

다음의 3개소 중 점검 시 편리한 곳을 선택하여 조작동관을 분리한다.

① 기동용기에서 선택밸브에 연결되는 동관 ② 선택밸브에서 저장용기밸브로 연결되는 동관	방호구역마다 분리 (방호구역이 적을 경우)
③ 저장용기 개방용 동관	저장용기로 연결되는 동관마다 분리 (방호구역이 많을 경우)

> **Tip** 기동용기에서 선택밸브 또는 저장용기로 연결되는 동관을 분리하는 이유
>
> 점검을 위하여 솔레노이드밸브 분리 시 솔레노이드밸브가 오·격발이 된다 하여도 기동용 가스를 대기 중으로 방출시켜 기동용 가스가 저장용기를 개방시키지 못하도록 하기 위한 것이며, 점검 시 꼭 필요한 조치이다.

| 그림 7-81 조작동관 분리(니들밸브와 선택밸브) |

(5) 기동용기함의 문짝을 살며시 개방한다.

솔레노이드밸브가 완전히 복구가 되지 않은 경우에는 약간의 충격으로 격발이 될 수 있으므로 기동용기함을 살며시 개방한다.

| 그림 7-82 기동용기함 문짝 개방 |

| 그림 7-83 문짝 개방 시 솔레노이드밸브 격발 사례 |

| 그림 7-84 솔레노이드밸브 분리 시 격발된 사례 |

(6) 솔레노이드밸브에 안전핀을 체결한다.

솔레노이드밸브 분리 시 솔레노이드밸브의 오·격발을 방지하기 위한 조치이다.

(7) 기동용기에서 솔레노이드밸브를 분리한다.

(8) 솔레노이드밸브에서 안전핀을 분리한다.

> **참고** 전체의 방호구역에 대해 이상과 같은 안전조치 완료 후 작동·종합점검을 실시한다.

│ 그림 7-85 솔레노이드밸브에
안전핀 체결 │

│ 그림 7-86 솔레노이드밸브 분리 │

│ 그림 7-87 솔레노이드밸브
에서 안전핀 분리 │

Tip 솔레노이드밸브 작동시험 시 주의사항

① 파괴침의 끝부분이 배관, 용기 또는 벽에 가까이 있는 경우는 작동 시 파괴침이 튀어나와 손상을 입을 수 있으므로 배관, 용기 또는 벽과 이격을 시킨 후에 시험한다.

② 동작시험 시 솔레노이드밸브 파괴침이 튀어나오는 경우 안전사고가 우려되므로, 파괴침의 방향은 사람이 없는 쪽을 향하도록 하여 시험한다.

│ 그림 7-88 솔레노이드밸브를 분리해 놓은 모습 │

③ 작약식 솔레노이드밸브가 설치된 경우는 한번 격발하면 교체를 하여야 하기 때문에 시험용 테스트램프를 이용하여 시험한다.

테스트램프

작(화)약식
솔레노이드밸브

│ 그림 7-89 작약식 솔레노이드밸브
커넥터 분리 │

│ 그림 7-90 기동출력단자를 테스트램프에
연결한 모습 │

02 점검 후 복구방법

점검을 실시한 후, 설비를 정상상태로 복구해야 하는데 복구하는 것 또한 안전사고가 발생하지 않도록 다음 순서에 입각하여 실시한다.

(1) 제어반의 모든 스위치를 정상상태로 놓아 이상이 없음을 확인한다.

복구를 위한 첫번째 조치로 제어반의 모든 스위치를 정상상태로 놓고 복구 스위치를 눌러 표시창에 이상이 없음을 확인한다.

(2) 제어반의 솔레노이드밸브 연동 스위치를 연동정지 위치로 전환한다.

이때 제어반의 전면에 이상신호가 없음을 확인한다. 만약 이상신호가 뜨면 원인 파악 및 조치 후에 복구를 해야 한다.

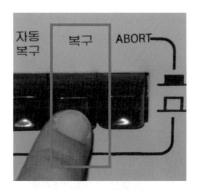  

| 그림 7-91 제어반 복구 |　　　| 그림 7-92 솔레노이드밸브 연동 스위치 연동정지 |

(3) 솔레노이드밸브를 복구한다.

작동점검 시 격발된 솔레노이드밸브를 복구해야 하는데, 솔레노이드밸브의 복구는 안전핀을 이용하여 다음 그림과 같이 안전핀을 솔레노이드의 파괴침 끝에 끼우고 누르면, 파괴침이 밀려 들어가 원위치로 된다(소리로 감지 : "딸가닥"하는 소리가 남).

(4) 솔레노이드밸브에 안전핀을 체결한다.

솔레노이드밸브를 체결 시 오 · 격발되는 사고를 대비한 조치이다.

| 그림 7-93 안전핀을 파괴침에 끼우는 모습 | | 그림 7-94 솔레노이드밸브를 눌러 파괴침을 복구하는 모습 | | 그림 7-95 안전핀 체결 |

Tip 솔레노이드밸브 복구 시 주의사항

① 안전핀을 이용하여 복구 시 "딸가닥"하는 소리가 들리면서 복구가 되는데, 확실히 복구가 될 수 있도록 2~3번 확인 복구를 해준다. 왜냐하면 확실히 복구가 되지 않을 경우 구조적으로(그렇지 않은 경우도 있음) 솔레노이드 밸브에 약간의 충격으로 격발이 될 수 있기 때문이다.

② 안전핀을 이용하여 복구 시 힘의 불균형으로 파괴침이 부러지거나 휘어질 수 있으므로 주의한다.

③ 파괴침이 부러지거나 휘어진 경우, 파괴침의 교체가 가능한 타입의 것은 파괴침만을 교체하고 파괴침이 분리되지 않는 타입의 경우는 솔레노이드밸브를 교체한다.

④ 복구 시 파괴침의 나사가 풀려져 있는 것은 파괴침을 돌려 조여준 후에 복구한다.

⑤ 기동용기함의 단자대에서 솔레노이드밸브에 연결된 전선이 단선으로 연결된 경우 또는 터미널을 쓰지 않는 경우가 있는데, 이 경우 여러 번 시험을 하다보면 단자대에서 전선이 빠지거나 전선이 단선이 되는 경우가 있으므로 연선을 이용하고 전선은 터미널을 이용하여 단자대에서 빠지지 않도록 견고히 조여줄 필요가 있다.

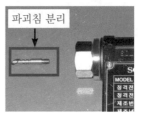

(a) 솔레노이드밸브 외형   (b) 정상적인 파괴침   (c) 부러진 파괴침   (d) 파괴침 돌려서 분리

| 그림 7-96 파괴침이 분리되는 타입의 솔레노이드밸브 |

(a) 솔레노이드밸브 외형   (b) 정상적인 파괴침   (c) 휘어진 파괴침

| 그림 7-97 파괴침이 분리되지 않는 타입의 솔레노이드밸브 |

07

(5) 기동용기에 솔레노이드밸브를 결합한다.

┃ 그림 7-98 솔레노이드밸브 체결모습 ┃ ┃ 그림 7-99 솔레노이드밸브 체결 후 모습 ┃

(6) 제어반의 연동 스위치를 정상위치로 놓아 이상이 없을 시 연동 스위치를 연동위치로 전환한다.

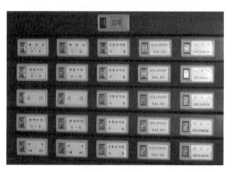 

┃ 그림 7-100 제어반의 표시창 정상상태 모습 ┃ ┃ 그림 7-101 제어반의 스위치 정상상태 모습 ┃

(7) 솔레노이드밸브에서 안전핀을 분리한다.

(8) 기동용기함의 문짝을 살며시 닫는다.

┃ 그림 7-102 솔레노이드밸브에서 안전핀을 ┃ 그림 7-103 기동용기함의 문짝을 닫는 모습 ┃
　　　　　　　분리하는 모습 ┃

(9) 점검 전 분리했던 조작동관을 결합한다.

점검 후 복구 마지막 단계로서, 분리했던 조작동관을 모두 견고하게 체결하여야 한다. 만약 하나라도 빠뜨리게 된다면 소화 실패의 원인이 되므로 반드시 누락된 곳이 없는지 재차 확인을 한다.

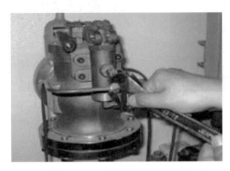

| 그림 7-104 조작동관 결합모습 |

| 그림 7-105 조작동관 결합 후 |

03 작동시험 방법

가스계 소화설비의 동작시험하는 방법은 다음의 5가지 방법이 있다.

순 번	작동방법	지연장치 동작 여부	자·수동 여부
①	방호구역 내 감지기 2개 회로 동작	동작	자동
②	수동조작함의 수동조작 스위치 동작	동작	수동
③	제어반에서 동작시험 스위치와 회로 선택 스위치로 동작	동작	수동
④	제어반의 수동조작 스위치 동작	동작	수동
⑤	기동용기 솔레노이드밸브의 수동조작버튼 누름	미동작	수동

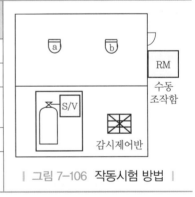

| 그림 7-106 작동시험 방법 |

1 방호구역 내 감지기 2개 회로 동작

이 시험방법은 실제 화재 시 설비가 자동으로 화재를 감지하여 정상적으로 설비가 작동되는지의 여부를 확인하는 시험이다.

(1) 방호구역 내 설치된 a 회로 화재감지기 동작

화재감지기의 동작으로 제어반에 해당 방호구역의 a 회로 화재표시 및 경보를 발하는지 확인한다.

(2) 방호구역 내 설치된 b 회로 화재감지기 동작

　화재감지기의 동작으로 제어반에 해당 방호구역의 b 회로 화재표시가 되는지와 지연타이머가 동작을 하는지 확인한다.

(3) 지연타이머의 세팅된 시간지연 후에 해당 방호구역의 솔레노이드밸브가 격발되는지 확인한다.

| 그림 7-107 감지기 동작 |

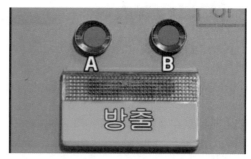

| 그림 7-108 제어반 감지기 동작표시등 점등 |

| 그림 7-109 지연타이머 동작 |

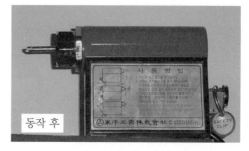

| 그림 7-110 해당구역의 솔레노이드밸브 동작 |

2 수동조작함의 수동조작 스위치 동작

　수동조작함은 실내의 거주자가 화재를 먼저 발견한 경우 수동조작으로 설비를 동작시키고자 설치하는 것으로서, 시험방법은 수동조작함의 조작 스위치를 조작하여 시험하며, 확인사항으로는 지연타이머의 세팅된 시간지연 후에 해당구역의 솔레노이드밸브가 정상적으로 동작되는지를 확인하면 된다.

| 그림 7-111 수동조작함 작동 |

| 그림 7-112 제어반의 수동조작 표시등 점등 |

| 그림 7-113 지연타이머 동작 | | 그림 7-114 해당구역의 솔레노이드밸브 동작 |

3 제어반에서 동작시험 스위치와 회로선택 스위치로 동작

제어반에서 동작시험 스위치와 회로선택 스위치를 이용하여 동작시험을 하는 방법으로서, 시험하는 방법은 다음과 같다. 여러 개의 방호구역 중에서 하나의 방호구역에 대해서만 시험을 하는 경우에는 해당 방호구역만을 시험하기 때문에 다음의 순서를 반드시 지켜주어야 한다. 만약 동작시험 스위치를 먼저 누르고 회로선택 스위치를 돌릴 경우 다른 방호구역의 솔레노이드밸브가 동작할 우려가 있기 때문이다.

(1) 제어반의 회로선택 스위치를 시험하고자 하는 방호구역의 "a 회로" 선택
(2) 동작시험 스위치를 누른다.
(3) 회로선택 스위치를 "b 회로"로 전환
(4) 솔레노이드밸브 연동위치로 전환 ⇒ 타이머릴레이 동작
(5) 타이머의 동작으로 설정된 지연시간 경과 후
(6) 솔레노이드밸브 작동으로 파괴침 돌출

(a) a회로 선택   (b) 동작시험 스위치 누름   (c) b회로 선택

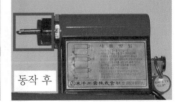

(d) 연동전환   (e) 타이머 동작   (f) 솔레노이드밸브 동작

| 그림 7-115 제어반에서 동작시험 스위치와 회로선택 스위치로 동작시험하는 순서 |

> **Tip** 현장에서 실제 점검 시 순서
>
> 현장에서 실제 점검 시에는 점검 전 안전조치를 전체 방호구역에 대하여 실시함으로 다음과 같이 점검을 실시한다.
> ① 동작시험 스위치를 누른다.
> ② 회로선택 스위치를 첫번째 방호구역의 a, b 감지기회로 위치로 전환한다.
> ③ 솔레노이드밸브 연동위치로 전환한다.
> ④ 타이머가 동작되어 설정된 지연시간 경과 후 솔레노이드밸브 파괴침이 동작되는 것을 확인한다.
> ⑤ 다음 방호구역별로 회로선택 스위치를 돌려 위와 같은 방법으로 시험을 실시한다.
>
>
>
> (a) 동작시험 스위치 누름 (b) a 회로 선택 (c) b 회로 선택
>
>
>
> (d) 연동전환 (e) 타이머 동작 (f) 솔레노이드밸브 동작
>
> | 그림 7-116 제어반에서 동작시험 스위치와 회로선택 스위치로 동작시험하는 순서
> (전구역 안전조치된 경우) |

4 제어반의 수동조작 스위치 동작

제어반에 설치된 수동조작 스위치를 조작하여 방호구역마다 시험을 하는 방법이다. 동작시키는 방법은 솔레노이드밸브 연동 스위치를 수동위치로 전환하고 해당 방호구역의 수동기동 스위치를 기동위치로 전환하면 타이머의 동작으로 설정된 지연시간 경과 후 솔레노이드밸브 작동으로 파괴침이 돌출한다.

참고 수동조작 스위치는 옵션사항으로서 제어반에 없는 경우도 있다.

| 그림 7-117 제어반의 수동기동 스위치 |　　| 그림 7-118 제어반의 수동기동
스위치 동작 |

5 기동용기 솔레노이드밸브의 수동조작버튼 누름

점검 시에는 솔레노이드밸브를 기동용기에서 분리하여 솔레노이드밸브의 안전클립을 제거하고 수동조작버튼을 누르면 솔레노이드밸브가 지연타이머 동작 없이 즉시 동작된다. 따라서 이 방법은 화재 시 모든 전원이 차단되는 등 설비에 이상이 있어 자동으로 설비가 동작되지 않을 경우 수동으로 설비를 작동시키는 방법으로 사용되며, 안전클립에는 봉인(납)이 되어 있어 일반적으로 점검 시에는 수동조작버튼을 조작하는 점검은 생략하고 있다.

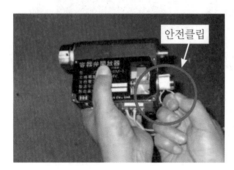 

| 그림 7-119 안전클립을 제거 |　　| 그림 7-120 수동조작버튼을 누름 |

04 작동시험 시 확인사항

작동시험 방법에 의하여 시험 후 확인사항은 다음과 같다(단, 솔레노이드밸브의 수동조작버튼을 직접 누른 경우에는 솔레노이드밸브 동작 여부만을 확인한다).
(1) 제어반에서 주화재표시등 및 해당 방호구역의 감지기(a, b 회로) 동작표시등 점등 여부
(2) 제어반과 해당 방호구역에서의 경보발령 여부(제어반 : 부저 명동, 방호구역 : 사이렌 명동)
(3) 제어반에서 지연장치의 정상작동 여부(지연시간 체크)
　　참고 지연시간 : a, b 복수회로 작동 후부터 솔레노이드밸브 파괴침 작동까지의 시간

(4) 제어반의 솔레노이드밸브 기동표시등 점등 여부(설치된 경우에 한함) 및 해당 방호구역의 솔레노이드밸브 정상작동 여부

(5) 방호구역별 작동 계통이 바른지 확인(∵ 방호구역이 여러 구역이 있으므로)

⇒ 솔레노이드밸브, 기동용기, 선택밸브, 감지기등 계통 확인

(6) 자동폐쇄장치 등이 유효하게 작동하고, 환기장치 등의 정지 여부 확인(설치된 경우에 한함 : 전기적 방법)

| 그림 7-121 주화재등과 감지기 동작등 점등 |

| 그림 7-122 방호구역 경보발령 |

| 그림 7-123 지연타이머 동작 |

| 그림 7-124 솔레노이드밸브 기동표시등 점등 및 동작 |

| 그림 7-125 자동폐쇄장치 동작 |

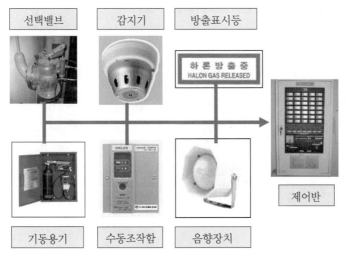

| 그림 7-126 작동 계통이 바른지 확인 |

05 제어반 내 지연타이머

1 가스계 소화설비에서 소화약제 방사 전에 지연시간을 두는 이유

(1) 방호구역 내 인명의 피난을 위한 시간 확보

(2) 중요 보안장치가 있는 경우는 보안 확보의 시간을 벌기 위한 목적

> 참고 지연시간 : 감지기 2회로 복수동작 또는 수동조작함의 누름버튼을 누른 후부터, 파괴침이 동작할 때까지의 시간을 지연시간이라 하며, 지연시간은 통상 30초 이내로 설정하고 있다.

2 지연타이머의 설치방법

제어반 내에는 지연타이머가 설치되어 있는데, 대표로 하나만 설치된 경우와 방호구역마다 설치된 경우가 있다. 그 일반적인 차이점을 비교해 보면 다음과 같다.

구 분	지연타이머가 대표로 1개만 설치된 경우	방호구역마다 지연타이머가 설치된 경우
지연시간 세팅	하나의 타이머에 지연시간을 세팅	방호구역별 특성에 맞게 지연시간을 적절히 세팅
첫번째 방호구역 화재 시	a, b 회로 동작 후 타이머에 세팅된 시간지연 후에 솔레노이드밸브 동작	a, b 회로 동작 후 각 방호구역별로 지연타이머에 세팅된 시간지연 후에 솔레노이드밸브 동작
두번째 방호구역 화재 시	a, b 회로 동작 후 시간지연 없이 솔레노이드밸브 동작(예외적인 타입도 있음)	a, b 회로 동작 후 각 방호구역별로 지연타이머에 세팅된 시간지연 후에 솔레노이드밸브 동작
특징	첫번째 방호구역의 시간지연 후에 연이은 화재의 경우 시간지연이 없이 바로 약제가 방사되는 단점이 있다.	방호구역별 특성에 맞게 지연시간을 각각 세팅하여 운영할 수 있는 장점이 있다.

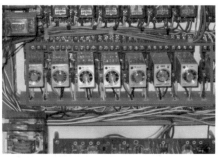

(a) 지연타이머가 1개만 있는 경우　　(b) 방호구역별로 타이머가 있는 경우

| 그림 7-127 타이머 릴레이 타입 |

방호구역별로 타이머가 있는 경우

| 그림 7-128 IC 타이머 타입 |

> **Tip** 점검 시 유의사항
>
> 점검 시 편의상 점검시간 단축을 위하여 타이머의 설정시간을 짧게 조정하여 점검을 실시하는 경우가 많다.
> 이 경우 점검 후 반드시 지연타이머 지연시간을 원래대로 세팅해 놓아야 한다.

06 저장용기 약제량 측정

소화약제를 저장용기에 저장하는 상태에 따라 약제량 측정방법에 차이가 있다. 소화약제를 이너젠처럼 기상으로 압축해서 저장하는 경우에는 용기밸브에 부착된 압력계로 저장량을 확인하지만, 이산화탄소나 할론 소화약제처럼 액상상태로 저장하는 경우에는 법상 장비인 검량계로 점검을 하여야 하나 저장용기의 무게(약 75~80kg)와 약제량의 무게(45~50kg)를 합하면 120~130kg의 중량물이며 또한 측정을 위하여 조작동관과 연결관을 분리하여야 하는 불편한 점 때문에 점검 시에는 주로 액화가스 레벨메터를 이용하여 약제량을 측정하고 있는 상황이다.

1 기상으로 저장하는 경우의 약제량 측정

이너젠 소화약제는 기상상태로 압축해서 저장하므로 약제량 측정은 용기밸브에 부착된 압력계를 확인하여 판정한다.
 (1) 산정방법 : 압력측정 방법
 (2) 점검방법 : 용기밸브의 고압용 압력계를 확인하여 저장용기 내부의 압력을 확인
 (3) 판정방법 : 압력손실이 5%를 초과할 경우 재충전하거나 저장용기를 교체할 것

판정기준(NFSC 107A 제6조 2항 5호 : 할로겐화합물 및 불활성 기체 소화설비 기준)

① 약제량의 측정결과를 중량표와 비교하여 약제량 손실이 5% 초과하거나 압력손실이 10%를 초과하는 경우에는 재충전거나 저장용기를 교체할 것
⇒ 액상으로 저장하는 경우
② 불활성 기체 소화약제의 경우에는 압력손실이 5%를 초과 시 재충전거나 저장용기를 교체할 것
⇒ 기상으로 저장하는 경우

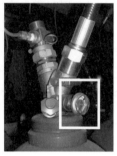

| 그림 7-129 이너젠 소화설비에 부착된 압력계 |

2 액상으로 저장하는 경우의 약제량 측정

(1) 액화가스 레벨메터를 사용한 점검방법 : LD 45S형(일본 수입제품)

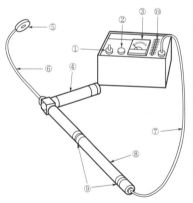

① 전원 스위치
② 조정볼륨
③ 메터(Meter)
④ 프로브
⑤ 방사선원
⑥ 선원지지
  암(Arm)
⑦ 코드
⑧ 접속부
⑨ 커넥터
⑩ 온도계

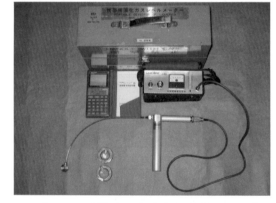

| 그림 7-130 액화가스 레벨메터 외형(LD 45S형) | | 그림 7-131 액화가스 레벨메터 외형(LD 45S형) |

① 배터리 체크

㉠ 전원 스위치 ①을 "Check" 위치로 전환한다.

㉡ Meter의 지침이 안정되지 않고, 바로 내려갈 경우에는 건전지를 교체한다.

| 그림 7-132 전원 스위치 OFF 상태 |

| 그림 7-133 전원 스위치를 "Check" 위치로 전환 |

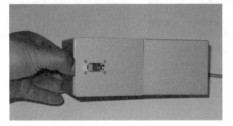

| 그림 7-134 뒷면 커버분리 |

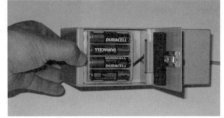

| 그림 7-135 뒷면 건전지가 부착된 모습 |

② **온도측정** : 온도계 ⑩을 보고 온도를 기재한다.

> **참고** 이산화탄소의 경우 측정장소의 주위온도가 높을 경우 액면의 판별이 곤란(CO_2 임계점 31.35℃)

③ Meter 조정

　㉠ 전원 스위치 ①을 "ON" 위치로 전환한다.

　㉡ Meter ③의 지침이 잠시후 안정된다.

　㉢ 조정볼륨 ②를 돌려 지침이 측정(판독)하기 좋은 위치에 오도록 조정한다.

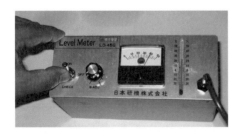

| 그림 7-136 전원 스위치 ON 상태 |

| 그림 7-137 조정볼륨 조정모습 |

④ 측정

　㉠ 프로브 ④와 방사선원 ⑤를 저장용기에 삽입한다.

　㉡ 지시계를 보면서 액면계 검출부를 저장용기의 상하로 서서히 움직인다.

　㉢ 미터지시계의 흔들림이 작은 부분과 크게 흔들리는 부분의 중간부분의 위치를 체크한다.

ⓔ 이 부분이 약제의 충전(액상) 높이이므로 줄자로 용기의 바닥에서부터 높이를 측정한다.

ⓜ 측정이 끝나면 전원 스위치를 끈다(OFF 위치로 전환).

| 그림 7-138 약제량 측정모습 |

| 그림 7-139 액상부분 표시모습 |

| 그림 7-140 높이 측정모습 |

⑤ 약제량 산정(레벨메터 공통사항)

ㄱ 레벨메터로 측정된 높이 a를 줄자로 실측하여 조정값 55mm를 뺀 b의 높이를 구한다.

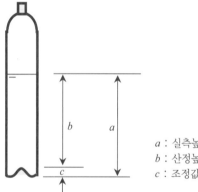

a : 실측높이(mm)
b : 산정높이($b = a - c$)(mm)
c : 조정값(55mm)

| 그림 7-141 저장용기 약제량 측정높이 |

ㄴ 약제의 종류, 실측장소의 온도, 약제량의 높이를 해당 용기의 환산표에 적용하여 총 중량을 환산하거나, 전용 환산기에 의하여 산정한다.

ㄷ 레벨메터의 사용 시 오차는 3mm이므로 산출한 양에 온도와 약제의 중량에 따라서 오차를 보정해야 한다.

07

Tip 전용 환산기를 이용하지 않는 경우 약제량 산정방법

① 약제량 환산표 이용
② 저장량을 계산하는 방법

$$저장량 = A \cdot H \cdot \rho_l + A \cdot (L-H) \cdot \rho_g$$

여기서, A : 저장용기의 단면적(cm²)
H : 측정된 액면의 높이(cm)
L : 저장용기의 길이(cm)
ρ_l : 액체 CO_2의 밀도(g/cm³)
ρ_g : 기체 CO_2의 밀도(g/cm³)

(2) 검량계를 사용한 점검방법

① 검량계를 수평면에 설치한다.
② 용기밸브에 설치되어 있는 용기밸브 개방장치(니들밸브, 동관, 전자밸브), 연결관을 분리한다.
③ 약제저장용기를 전도되지 않도록 주의하면서 검량계에 올린다.
④ 약제저장용기의 총 무게에서 빈 용기의 무게 차를 계산한다.

| 그림 7-142 검량계를 이용한 방법 |

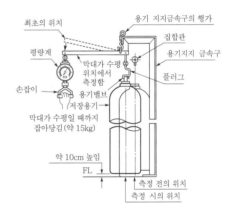

| 그림 7-143 간평계를 이용한 방법 |

(3) 판정방법

약제량의 측정결과를 중량표와 비교하여 약제량 손실이 5% 초과하거나 압력손실이 10%를 초과하는 경우에는 재충전하거나 저장용기를 교체한다.

참고 할로겐화합물 및 불활성 기체 소화약제의 재충전 또는 교체에 대한 기준은 있으나, 이산화탄소와 할론에 대한 기준은 없는 상황이므로 할로겐화합물 및 불활성 기체 소화약제의 기준 중에서 액상으로 저장하는 약제의 기준을 준용하여 기술하였다.

3 약제량 점검 시 참고사항

(1) 이산화탄소소화약제량 측정 시 주변온도와의 관계

이산화탄소소화약제의 경우 임계온도는 31.35℃로서 액상과 기상이 함께 존재하므로, 액화가스 레벨메터로 측정 시 온도가 30℃ 근처에서는 측정이 불가하므로 유의해야 한다.

(2) 용도변경에 따른 약제량

가스계 소화설비가 최초 시공된 후에 용도변경 등에 따른 실의 변경 또는 개구부의 증가로 인하여 소화약제량이 부족한 경우가 발생할 수도 있으므로 점검 시에는 용도변경 또는 개구부의 증가된 부분이 있는지를 확인하여 약제량에 이상이 없는지를 면밀히 검토해야 한다.

(3) 저장용기의 고정

소화가스의 방출 시 저장용기가 잘 고정되어 있지 않으면 저장용기가 움직일 수가 있는데, 이를 방지하기 위하여 견고하게 고정을 해야 한다. 특히 패키지의 경우는 고정하지 않고 세워만 놓는 경우를 점검 시 종종 볼 수 있는데, 이러한 경우는 저장용기를 외함에 고정하고 또한 외함은 바닥 또는 벽에 견고히 고정을 해주어야 한다.

(4) 저장용기 가대위치

액화가스 레벨메터로 점검 시 소화약제의 액상부분에 저장용기 고정용 가대가 설치되어 있는 경우가 있다. 이 경우는 약제량의 측정이 어려우므로 가대의 위치조정이 필요하다.

저장용기 고정용 가대

| 그림 7-144 **저장용기 고정용 가대** |

참고 약제의 종류별 일반적인 높이(20℃ 기준)

약제의 종류	약제량의 높이	약제량
할론	640~650mm	50kg
이산화탄소	1,100~1,200mm	45kg
NAF S-Ⅲ	870~880mm	50kg

334

(5) 환산기 사용 예시(LD 45S형)

제품에 따라 약간의 차이는 있으나 "LD 45S"의 환산기 사용법을 소개한다.

① 이산화탄소소화약제의 경우

> 참고 이산화탄소의 경우 : 이산화탄소소화설비가 설치되어 있는 실내의 온도가 20℃이고, 저장용기 내경이 255mm, 저장용기 용량이 68L이고, 처음에 충전시킨 양이 45kg이고 액면높이가 1,100mm일 경우

㉠ 처음 POWER "ON"을 누르고, 하단 중앙에 있는 메모리 "M"을 누르면 다음과 같은 표시가 화면에 나타난다.

　(Ⅰ) 할론 소화약제 1301, (Ⅱ) 이산화탄소, (Ⅲ) NAF S-Ⅲ

　　⇒ 약제에 따라 (Ⅰ), (Ⅱ), (Ⅲ)을 선택하여 사용한다.

㉡ "(Ⅱ)"를 누르면 이산화탄소의 계산이 시작된다.

㉢ 화면에는 프린트의 사용 여부를 나타내는 "YES=1, NO=0"이 표시되는데 본 장비는 프린트가 없으므로 "0"을 누른다.

㉣ 측정장소 온도 : 20 ENTER

㉤ 저장용기 용량 : 68 ENTER

㉥ 저장용기 내경 : 255 ENTER

㉦ 측정높이 : 1,100 ENTER를 누르면 화면에 45.27kg이 표시된다.

　따라서 이 저장용기에 들어있는 이산화탄소 약제량은 45.27kg이다.

| 그림 7-145 환산기에 기본사항 입력 |

| 그림 7-146 약제량 환산결과 모습 |

② 할론 1301의 경우

> 참고 할론 1301의 경우 : 할론 1301이 설치되어 있는 방 안의 온도가 17℃이고 저장용기 내경이 255mm, 저장용기 용량이 70L이고, 처음에 충전시킨 양이 50kg이고 액면높이가 600mm일 경우

㉠ 처음 POWER "ON"을 누르고, 하단 중앙에 있는 메모리 "M"을 누르면 다음과 같은 표시가 화면에 나타난다.

　(Ⅰ) 할론 소화약제 1301, (Ⅱ) 이산화탄소, (Ⅲ) NAF S-Ⅲ

　　⇒ 약제에 따라 (Ⅰ), (Ⅱ), (Ⅲ)을 선택하여 사용한다.

ⓛ "(Ⅰ)"을 누르면 할론 소화약제 1301의 계산이 시작된다.

ⓒ 화면에는 프린트의 사용 여부를 나타내는 "YES=1, NO=0"이 표시되는데 본 장비는 프린트가 없으므로 "0"을 누른다.

ⓔ 측정장소 온도 : 17 ENTER

ⓜ 충전비 : 70(L)÷50(kg) ENTER

ⓗ 내경 : 255 ENTER

ⓢ 높이 : 600 ENTER를 누르면 화면에 47.06kg이 표시된다.

따라서 이 저장용기에 들어있는 할론 소화약제의 양은 47.06kg이다.

07 기동용기 약제량 측정

가스가압식 기동장치로 사용되는 기동용기 내 액상의 이산화탄소는 화재 시 기화되어 조작동관을 통하여 해당 방호구역의 선택밸브와 저장용기의 용기밸브를 개방시키는 역할을 하게 되는데, 만약 공병인 경우는 고가인 설비가 아무리 잘 되어 있어도 자동으로 설비를 동작시키지 못하게 된다. 또한 기동용기의 약제용량이 부족한 경우에는 개방되어야 할 저장용기가 전부 개방되지 못하는 경우가 발생하게 된다. 따라서 점검 시 저장용기 뿐만 아니라 기동용기의 약제량 또한 확인을 반드시 하여야 할 부분이다.

1 산정방법

전자(지시)저울을 사용하여 약제량을 측정한다.

| 그림 7-147 전자저울 |　　| 그림 7-148 지시저울 |

2 점검순서

(1) 기동용기함 문짝을 개방한다.

(2) 솔레노이드밸브에 안전핀을 체결한다.

(3) 용기밸브에 설치되어 있는 솔레노이드밸브와 조작동관을 떼어낸다.

07

(4) 용기 고정용 가대를 분리 후 기동용기함에서 기동용기를 분리한다.

(5) 저울에 기동용기를 올려놓아 총 중량을 측정한다.

(6) 기동용기와 용기밸브에 각인된 중량을 확인한다.

(7) 약제량은 측정값(총 중량)에서 용기밸브 및 용기의 중량을 뺀 값이다.

| 그림 7-149 기동용기함 문짝 개방 |

| 그림 7-150 안전핀 체결 |

| 그림 7-151 솔레노이드밸브 분리 |

| 그림 7-152 기동용기 분리모습 |

| 그림 7-153 기동용기 약제량 측정 |

3 판정방법

> 저장약제량(kg)＝측정한 총 중량(kg)−용기밸브 중량(kg)−기동용기 중량(kg)

이산화탄소의 양은 법정중량(0.6kg) 이상일 것

(1) 용기밸브 중량

용기밸브에는 다음과 같이 각인되어 있는데, "W − 0.5" 부분이 용기밸브의 중량(0.5kg)을 나타낸다.

기동용기밸브

TP − 250
W − 0.5

| 그림 7-154 기동용기밸브의 중량 각인된 모습 |

337

(2) 기동용기의 중량

기동용기 상부 부분에 다음과 같이 각인되어 있는데, "W 2.42" 부분이 기동용기 자체의 중량(2.42kg)을 나타낸다.

CO₂
V 1.0L
W-2.42

| 그림 7-155 기동용기의 중량 각인된 모습 |

> **예** 전기실에 설치된 기동용기의 총 중량 : 3.56kg, 기동용기밸브 중량 0.5kg, 기동용기 2.42kg일 경우 기동용기 약제량의 중량을 구해보면 다음 표와 같다.

순 번	방호구역명	측정한 총 중량 ①	용기밸브 무게 ②	기동용기 ③	약제량 ①−(②+③)
①	전기실	3.56kg	0.5kg	2.42kg	3.56−(0.5+2.42) =0.64kg

⇒ 전기실에 설치된 기동용기의 약제량은 0.64kg으로서 법정용량(0.6kg) 이상이므로 정상이다.

08 ▶ 방출표시등 점검

방호구역 내에 약제가 방출하고 있음을 알려줄 수 있도록 방호구역 밖의 출입문 상단에 설치되는 방출표시등의 점검은 실제로 약제를 방사하여 시험을 할 수 없으므로 압력 스위치를 이용하여 다음과 같이 점검을 실시한다.

1 시험방법

선택밸브 2차측에 설치된 압력 스위치의 테스트 버튼을 당긴다.

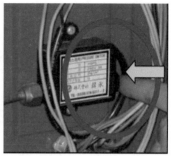

| 그림 7-156 기동용기함 |　| 그림 7-157 압력 스위치　시험하는 모습 |　| 그림 7-158 복구하는 모습 |

2 확인사항

다음 각 방출표시등의 점등 여부를 확인한다.

(1) 방호구역 출입문에 설치된 방출표시등

(2) 수동조작함의 방출표시등

(3) 제어반의 방출표시등

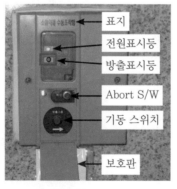

| 그림 7-159　출입문의 방출표시등 |　| 그림 7-160　수동조작함의 방출표시등 |　| 그림 7-161　제어반의 방출표시등 |

3 복구방법

압력 스위치의 테스트 버튼을 다시 눌러 정상상태로 놓는다.

> **Tip** 압력 스위치의 설치위치
>
> 압력 스위치는 선택밸브 2차측에 설치하여 해당 방호구역으로 소화약제의 방출되는 압력으로 동작하여 약제가 방출이 되고 있음을 알려주는 기능을 한다. 설치위치는 간혹 선택밸브 2차측 배관에 설치하는 경우도 있으나 거의 대부분이 선택밸브 2차측의 배관에서 동관으로 분기하여 동관을 연장시켜 기동용기함 내에 설치하고 있다. 만약 기동용 동관에서 직접 분기하여 압력 스위치를 설치하였다면 잘못 시공된 경우이다.

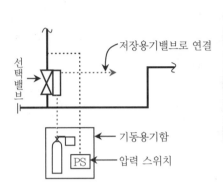

| 그림 7-162 압력 스위치를 기동용기함 내 설치한 일반적인 예 |

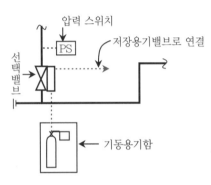

| 그림 7-163 압력 스위치를 선택밸브 2차측 배관에 직접 설치한 경우 |

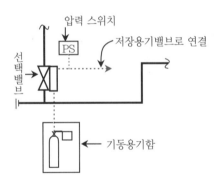

| 그림 7-164 기동용 동관에서 분기하여 압력 스위치를 설치한 잘못 시공된 예 |

09 선택밸브의 점검

선택밸브는 약제저장용기를 여러 방호구역에 겸용으로 사용하는 경우 해당 방호구역마다 설치하여 화재발생 시 해당 방호구역의 선택밸브가 개방되어 화재발생장소에만 소화약제를 방사시키기 위해서 설치한다. 선택밸브의 점검은 가스가압식의 경우에는 기동용 가스압력에 의해서 개방되기 때문에 수동조작에 의해서 점검을 하지만, 전기식의 경우는 선택밸브 개방용 전자밸브를 부착하므로 감지기 또는 수동조작함 등의 작동점검 시 선택밸브가 개방되는지 확인한다.

1 작동(가스압력 개방식 선택밸브)

수동조작에 의한 확인만 가능하다.
(1) 선택밸브의 수동조작레버를 들어 올린다.
(2) 선택밸브를 잠그고 있던 걸쇠가 위로 튕겨 올라간다.
(3) 선택밸브가 개방된다.

| 그림 7-165 선택밸브 단면 |

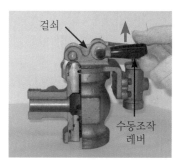

| 그림 7-166 수동조작레버를 위로 들어올린 모습 |

| 그림 7-167 선택밸브가 개방된 모습 |

2 복구

걸쇠를 손으로 누르면서 수동조작레버로 걸어준다.

| 그림 7-168 걸쇠를 손으로 누르는 모습 |

| 그림 7-169 걸쇠를 수동조작 레버로 걸어주는 모습 |

| 그림 7-170 복구된 모습 |

> **Tip** 선택밸브 점검 시 주의사항
>
> ① 가스가압식의 경우 : 선택밸브는 육안으로 보아 걸쇠는 수동조작레버에 걸려 닫혀 있는 것으로 보이는
>   데, 혹 잘 걸려 있지 않은 경우가 있을 수 있으므로 점검 시에는 걸쇠를 다시 한번 눌러 수동조작레버로
>   잘 걸려 있는지를 확인 점검해야 한다.
> ② 전기 개방식의 경우 : 점검 전에 저장용기밸브에 부착된 전자개방밸브를 분리한 후 점검한다.

10 조작동관의 점검

기동용기 개방 시 액상의 이산화탄소가 기화되면서 동관으로 이동하여 이산화탄소 가스압력으로 선택밸브와 저장용기를 개방시키게 된다. 만약 동관 연결부분에서 가스가 누설될 경우 개방되어야 할 저장용기가 일부 개방이 되지 않을 우려가 있으며, 또한 조작동관의 연결계통이 바르지 않을 경우에는 설계 시 방사되어야 할 약제량보다 적게 또는 많게 방사될 우려가 있다. 따라서 조작동관 점검 시 확인해야 할 사항을 보면 다음과 같다.

1 조작동관 계통 확인

방호구역별 저장용기가 설계도면대로 개방이 될 수 있도록 조작동관의 연결계통이 바른지 동관을 따라 확인한다. 즉 방호구역별 개방되어야 할 저장용기수가 맞는지 동관을 따라 가면서 확인한다.

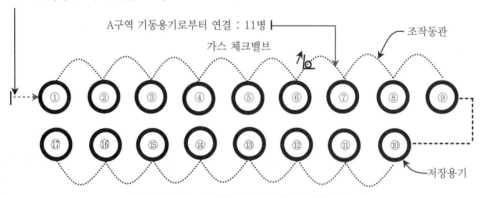

| 그림 7-171 조작동관에 연결된 저장용기 |

2 체크밸브 설치방향 확인

조작동관에 설치된 가스 체크밸브의 설치위치와 방향이 맞는지 확인한다.

| 그림 7-172 체크밸브 외형 및 조작동관에 설치된 가스 체크밸브 |

3 조작동관의 누설 여부 확인

조작동관의 연결부분은 기동용 가스가 누설되는 부분이 없는지 기동관 누설시험기를 이용하여 확인한다. 다음 그림은 할론 소화약제가 15병 방사가 되어야 하는데 조작동관 연결부분에서 기동용 가스의 누설로 인하여 12병만 개방되었던 방출사고 시 용기밸브에서 가스가 누설된 경우이다.

| 그림 7-173 용기밸브에서 기동용 가스가 누설된 모습 |

11 수동조작함의 점검

수동조작함은 방호구역 밖의 출입문 근처에 조작하기 쉬운 위치에 설치하여 화재를 사람이 먼저 발견했을 때 조작하기 위한 것으로 전원표시등, 방출표시등, 기동 스위치 및 Abort 스위치로 구성되어 있다. 수동조작함의 점검 시 확인사항은 다음과 같다.

(1) 수동조작함의 문짝을 열 때 음향경보와 연동되는지
(2) 수동조작 스위치를 조작하였을 때 세팅된 지연시간 이후에 설비가 정상동작이 되는지
(3) 전원표시등은 항상 점등되어 있는지
(4) 압력 스위치를 동작시켰을 때 수동조작함의 전면의 방출표시등이 점등되는지

(5) 방호구역의 출입구마다 수동조작함이 설치되어 있는지

(6) 소화약제의 방출을 지연시킬 수 있는 비상 스위치(자동복귀형 스위치로서 수동 시 기동 장치의 타이머를 순간 정지시키는 기능의 스위치)의 기능은 정상인지

(7) 옥외에 설치된 수동조작함의 경우 빗물 침투방지 조치는 되어 있는지

| 그림 7-174 방호구역 밖에
설치된 수동조작함 |

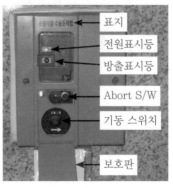

| 그림 7-175 수동조작함 외형 |

| 그림 7-176 방수형으로 설치한
옥외의 수동조작함 |

12 자동폐쇄장치 확인

자동폐쇄장치는 소화약제를 방사하는 실내의 출입문, 창문, 환기구 등 개구부가 있을 때 약제방출 전 이들 개구부를 폐쇄하여 방사된 가스의 누출로 인한 소화효과의 감소를 최소화하기 위하여 설치하며 자동폐쇄장치는 전기적인 방식과 기계적인 방식으로 구분된다.

1 전기적인 방식

전기적으로 환기장치가 정지되는 타입의 경우는 약제방출 전에 환기장치가 정지되는지 또는 댐퍼가 폐쇄되는 타입의 경우는 해당 댐퍼가 폐쇄되는지 여부를 확인한다.

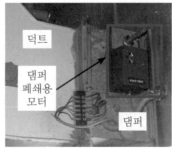

| 그림 7-177 댐퍼 폐쇄용 모터 |

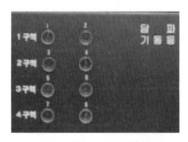

| 그림 7-178 제어반의 댐퍼
기동확인표시등 |

② 기계적인 방식

방사되는 가스압력을 이용하여 피스톤릴리저를 작동시켜 댐퍼를 폐쇄시키는 경우이다. 이 경우 방호구역 밖에서 조작동관과 피스톤릴리저 사이의 잔압을 배출하기 위한 복구밸브가 설치되어 있는지와 밸브가 폐쇄되어 있는지 확인한다.

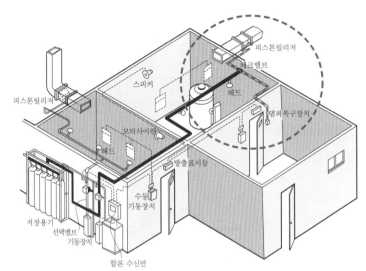

| 그림 7-179 피스톤릴리저와 댐퍼 복구밸브 설치위치 |

01 캐비닛형 자동소화장치

1 캐비닛형 자동소화장치의 개요

캐비닛형 자동소화장치 설비는 패키지 설비라고도 하며 하나의 방호구역 내에 제어반과 가스용기를 하나의 캐비닛에 수납하여 두고, 감지기나 수동조작반의 작동에 의하여 해당구역에 가스를 분출하는 시스템으로 동작원리는 고정식과 같다.

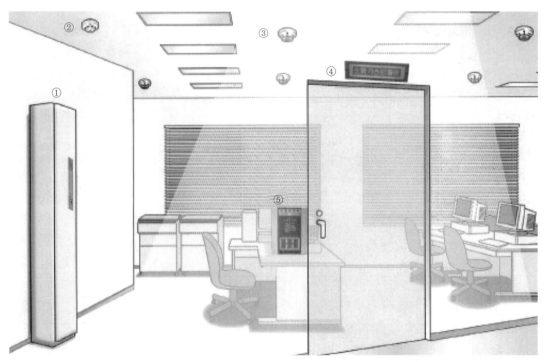

① 캐비닛형 자동소화장치 본체   ②, ③ 화재감지기   ④ 방출표시등   ⑤ 수동조작함

| 그림 7-180 캐비닛형 자동소화장치 구성도 |

2 설치하는 경우

캐비닛형 자동소화장치를 설치하는 주요 장소를 보면 다음과 같다.

07

(1) 엘리베이터 기계실과 같이 지하의 고정식 가스계 소화설비 구역과 멀리 떨어져 있는 장소

(2) 통신기기실, 현금지급기 기계실, MDF실 등 소화대상이 작은 장소

(3) 설계변경 장소로서 가스계 소화설비를 추가로 설치해야 하는 장소 등

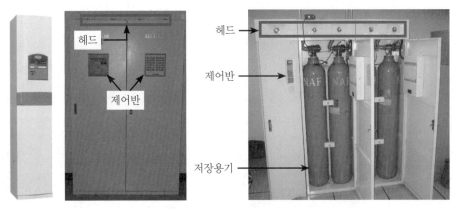

| 그림 7-181 캐비닛형 자동소화장치 설치 외형 |

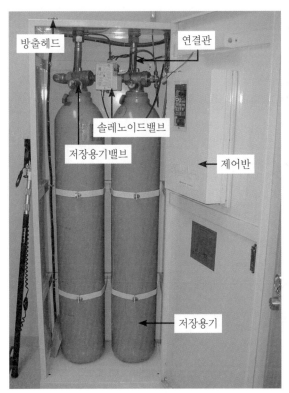

| 그림 7-182 캐비닛형 자동소화장치 설치 외형 및 명칭 |

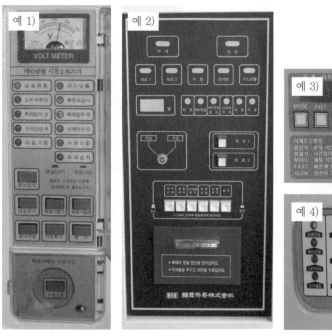

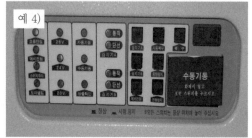

| 그림 7-183 캐비닛형 자동소화장치 전면에 설치된 제어반 예 |

02 일반 솔레노이드밸브 타입 캐비닛형 자동소화장치의 점검

가스계 소화설비의 솔레노이드밸브는 동작시험 후 복구하여 재사용이 가능한 일반 솔레노이드밸브가 거의 대부분 설치되어 있는데, 이 캐비닛 자동소화장치에 대한 작동시험 방법을 알아보자.

1 점검 전 준비

(1) 솔레노이드밸브를 연동정지 위치로 전환

(2) 캐비닛 문짝을 살며시 개방(캐비닛이 고정되지 않은 경우가 있으므로 주의할 것)

(3) 안전핀을 솔레노이드밸브에 체결

(4) 솔레노이드밸브를 저장용기에서 분리

(5) 안전핀을 솔레노이드밸브에서 분리

| 그림 7-184 연동정지 |

| 그림 7-185 문짝 개방 |

| 그림 7-186 안전핀 체결 |

| 그림 7-187 솔레노이드밸브 분리 |

| 그림 7-188 안전핀 분리 |

2 ▷ 작동시험의 종류(5종류)

(1) 방호구역 내 감지기(a, b 회로) 동작
(2) 수동조작함의 수동조작 스위치 동작
(3) 캐비닛 전면 제어반의 동작시험 스위치와 회로시험 스위치 동작
(4) 캐비닛 전면 제어반의 수동조작 스위치 동작
(5) 솔레노이드밸브의 수동조작버튼 누름

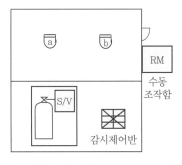

| 그림 7-189 작동시험의 종류 |

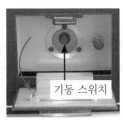

| 그림 7-190 캐비닛 전면 수동조작 스위치 조작모습 |

| 그림 7-191 수동조작함의 기동 스위치 조작모습 |

349

3 작동(방법 : 제어반에서 동작시험 스위치와 회로선택 스위치를 동작시킬 경우)

(1) 동작시험 스위치(회로시험 스위치) 누름

(2) 제어반의 회로선택 스위치를 시험하고자 하는 방호구역의 a 회로로 선택 ⇒ 사이렌 명동

(3) 제어반의 회로선택 스위치를 시험하고자 하는 방호구역의 b 회로로 선택

(4) 솔레노이드밸브 연동위치로 전환 ⇒ 타이머릴레이 동작 및 음성 명동

(5) 타이머의 동작으로 설정된 지연시간 경과 후

(6) 솔레노이드밸브 작동으로 파괴침 돌출

| 그림 7-192 회로시험 스위치 조작모습 |

| 그림 7-193 회로선택 스위치를 누르는 모습 |

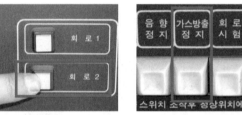
| 그림 7-194 연동 위치로 전환된 모습 |

4 확인사항

작동시험 방법에 의하여 시험 후 확인사항은 다음과 같다(단, 솔레노이드의 수동조작버튼을 직접 누른 경우는 솔레노이드밸브 동작 여부만 확인).

(1) 제어반과 화재표시반에 주화재표시등 및 감지기(a, b 회로) 동작표시등 점등 여부

(2) 음향장치 작동 여부

감지기가 동작 시에는 사이렌이 명동되며, 지연타이머에 전원이 인가되면 캐비닛 자체에 녹음된 음성으로 화재발생 사실과 잠시후 소화약제가 방출되오니 신속히 대피하라는 음성 명동이 나옴.

(3) 제어반에서 지연장치의 정상작동 여부(지연시간 체크)

> **Tip** 지연시간
>
> a, b 복수회로 작동 후부터 솔레노이드밸브 파괴침 작동까지의 시간을 말하며 캐비닛의 경우 지연시간을 조절할 수 있는 절환 스위치가 제어반 뒷면 기판에 설치되어 있다.

(4) 제어반의 솔레노이드 기동표시등 점등 여부(설치된 경우에 한함) 및 해당 방호구역의 솔레노이드밸브 정상작동 여부

(5) 자동폐쇄장치 등이 유효하게 작동하고, 환기장치 등의 정지 여부 확인(설치된 경우에 한함)

07

참고 수동조작함과 캐비닛 제어반에 설치된 비상 스위치("Abort" 스위치)의 적정 여부도 점검 중간에 확인한다.

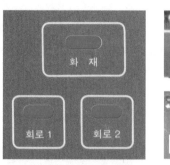

| 그림 7-195 화재표시등 점등 |

| 그림 7-196 지연시간 절환 스위치 |

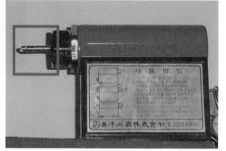

| 그림 7-197 솔레노이드밸브 기동표시등 점등 및 동작 |

5 점검 후 복구방법

(1) 제어반의 모든 스위치를 복구(2~3번) 후 이상 없을 시 ⇒ 연동정지 위치로 전환

| 그림 7-198 제어반 복구(2~3회) |

| 그림 7-199 연동정지 |

(2) 안전핀을 이용하여 솔레노이드밸브 복구 후 안전핀 체결

(3) 용기밸브에 솔레노이드밸브 결합

351

| 그림 7-200 안전핀을 이용 솔레노이드밸브 복구 |

| 그림 7-201 안전핀 체결 |　　| 그림 7-202 솔레노이드밸브 결합 |

(4) 제어반의 연동 스위치를 정상위치로 놓아 이상이 없을 시

　　⇒ 연동 스위치 정상위치로 전환

(5) 솔레노이드밸브에서 안전핀을 분리

(6) 캐비닛 설비의 문짝을 살며시 닫는다(캐비닛이 고정되지 않는 경우가 있으므로 주의할 것)

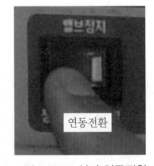

| 그림 7-203 모든 스위치 정상전환 |　　| 그림 7-204 설비 연동전환 |

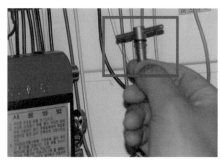

| 그림 7-205 안전핀 분리 | | 그림 7-206 문짝 닫음 |

6 점검 시 유의사항

점검 시 하나의 방호구역 내 캐비닛을 여러 개 분산 설치하는 경우가 있으므로 도면 확인 (도면에 표시가 되지 않은 경우가 많이 있음 ; 중간에 캐비닛 설치 및 용도변경한 경우), 소방 안전관리자의 안내 및 현장을 반드시 확인한 후 점검에 임할 것(약제 오방출 방지를 위한 대책임)

SECTION 06 고장진단

01 솔레노이드밸브 미동작 원인

가스계 소화설비가 설치된 방호구역 내에서 화재가 발생하여 화재감지기 a 및 b 회로가 동작되었으나, 해당 방호구역의 솔레노이드밸브가 동작하지 않았을 경우의 원인으로 예상되는 원인을 보면 다음과 같다(단, 가스압력 개방방식으로 가정함).

(1) 제어반의 "연동 스위치"가 연동정지 위치에 있는 경우

(2) 솔레노이드밸브에 안전핀이 체결된 경우

(3) 솔레노이드밸브가 불량인 경우

(4) 타이머릴레이를 분리해 놓은 경우(지연장치로 타이머릴레이를 설치한 경우에 한함)

| 그림 7-207 연동정지 위치에 있는 경우 | | 그림 7-208 솔레노이드밸브에 안전핀이 체결된 경우 | | 그림 7-209 타이머릴레이를 분리해 놓은 경우 |

(5) 제어반이 고장난 경우

(6) 제어반과 솔레노이드밸브 연결용 배선이 단선된 경우

(7) 제어반과 솔레노이드밸브 연결용 배선이 접속불량인 경우

(8) 솔레노이드밸브 연결용 배선의 오결선(타구역과 바뀌어서 결선되거나, 단자의 위치가 틀리게 결선된 경우)

02 방출표시등 미점등 원인

선택밸브 2차측에 설치된 압력 스위치의 테스트버튼을 당겼음에도 불구하고 해당 방호구역의 출입문 상단에 설치된 방출표시등이 점등되지 않았을 경우 예상되는 원인을 보면 다음과 같다.

354

07

(1) 압력 스위치가 불량인 경우

(2) 방출표시등 내부의 램프가 단선된 경우

(3) 배선의 단선 또는 접속불량인 경우

    ① 압력 스위치와 제어반 사이의 배선

    ② 방출표시등과 제어반 사이의 배선

(4) 방출표시등의 배선이 오결선된 경우

    여러 개의 방호구역이 있는 경우 방출표시

    등에 연결되는 배선이 다른 방호구역과 바뀐 경우

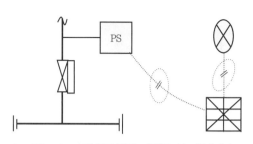

│ 그림 7-210 **방출표시등 미점등 시 예상부분** │

│ 그림 7-211 **기동용기함** │

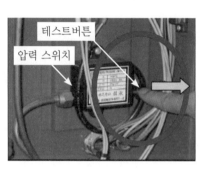

│ 그림 7-212 **압력 스위치를**
시험하는 모습 │

│ 그림 7-213 **압력 스위치 내부** │

│ 그림 7-214 **동작된 방출표시등** │

│ 그림 7-215 **단선된 방출표시등 램프** │

할로겐화합물 및 불활성 기체 소화설비 점검표 작성 예시

근거 소방시설 자체점검사항 등에 관한 고시[별지 제4호 서식] 〈작성 예시〉

번호	점검항목	점검결과
11-A. 저장용기		
11-A-001	● 설치장소 적정 및 관리 여부	○
11-A-002	○ 저장용기 설치장소 표지 설치 여부	○
11-A-003	● 저장용기 설치 간격 적정 여부	○
11-A-004	○ 저장용기 개방밸브 자동·수동 개방 및 안전장치 부착 여부	○
11-A-005	● 저장용기와 집합관 연결배관상 체크밸브 설치 여부	○
11-B. 소화약제		
11-B-001	○ 소화약제 저장량 적정 여부	○
11-C. 기동장치		
11-C-001	○ 방호구역별 출입구 부근 소화약제 방출표시등 설치 및 정상 작동 여부	×
	[수동식 기동장치]	
11-C-011	○ 기동장치 부근에 비상스위치 설치 여부	○
11-C-012	● 방호구역별 또는 방호대상별 기동장치 설치 여부	○
11-C-013	○ 기동장치 설치 적정(출입구 부근 등, 높이, 보호장치, 표지, 전원표시등) 여부	○
11-C-014	○ 방출용 스위치 음향경보장치 연동 여부	○
	[자동식 기동장치]	
11-C-021	○ 감지기 작동과의 연동 및 수동기동 가능 여부	○
11-C-022	● 저장용기 수량에 따른 전자 개방밸브 수량 적정 여부(전기식 기동장치의 경우)	○
11-C-023	○ 기동용 가스용기의 용적, 충전압력 적정 여부(가스압력식 기동장치의 경우)	○
11-C-024	● 기동용 가스용기의 안전장치, 압력게이지 설치 여부(가스압력식 기동장치의 경우)	○
11-C-025	● 저장용기 개방구조 적정 여부(기계식 기동장치의 경우)	○
11-D. 제어반 및 화재표시반		
11-D-001	○ 설치장소 적정 및 관리 여부	○
11-D-002	○ 회로도 및 취급설명서 비치 여부	○
	[제어반]	
11-D-011	○ 수동기동장치 또는 감지기 신호 수신 시 음향경보장치 작동 기능 정상 여부	○
11-D-012	○ 소화약제 방출·지연 및 기타 제어 기능 적정 여부	○
11-D-013	○ 전원표시등 설치 및 정상 점등 여부	○
	[화재표시반]	
11-D-021	○ 방호구역별 표시등(음향경보장치 조작, 감지기 작동), 경보기 설치 및 작동 여부	○
11-D-022	○ 수동식 기동장치 작동표시 표시등 설치 및 정상 작동 여부	○
11-D-023	○ 소화약제 방출표시등 설치 및 정상 작동 여부	○
11-D-024	● 자동식 기동장치 자동·수동 절환 및 절환표시등 설치 및 정상 작동 여부	○

번호	점검항목	점검결과
11-E. 배관 등		
11-E-001	○ 배관의 변형·손상 유무	○
11-F. 선택밸브		
11-F-001	○ 선택밸브 설치 기준 적합 여부	○
11-G. 분사헤드		
11-G-001	○ 분사헤드의 변형·손상 유무	○
11-G-002	● 분사헤드의 설치높이 적정 여부	○
11-H. 화재감지기		
11-H-001	○ 방호구역별 화재감지기 감지에 의한 기동장치 작동 여부	○
11-H-002	● 교차회로(또는 NFSC 203 제7조 제1항 단서 감지기) 설치 여부	○
11-H-003	● 화재감지기별 유효 바닥면적 적정 여부	○
11-I. 음향경보장치		
11-I-001	○ 기동장치 조작 시(수동식-방출용 스위치, 자동식-화재감지기) 경보 여부	○
11-I-002	○ 약제 방사 개시(또는 방출 압력스위치 작동) 후 경보 적정 여부	×
11-I-003	● 방호구역 또는 방호대상물 구획 안에서 유효한 경보 가능 여부	○
	[방송에 따른 경보장치]	
11-I-011	● 증폭기 재생장치의 설치장소 적정 여부	○
11-I-012	● 방호구역·방호대상물에서 확성기 간 수평거리 적정 여부	○
11-I-013	● 제어반 복구스위치 조작 시 경보 지속 여부	○
11-J. 자동폐쇄장치		
	[화재표시반]	
11-J-001	○ 환기장치 자동정지 기능 적정 여부	○
11-J-002	○ 개구부 및 통기구 자동폐쇄장치 설치 장소 및 기능 적합 여부	○
11-J-003	● 자동폐쇄장치 복구장치 설치기준 적합 및 위치표지 적합 여부	○
11-K. 비상전원		
11-K-001	● 설치장소 적정 및 관리 여부	○
11-K-002	○ 자가발전설비인 경우 연료 적정량 보유 여부	○
11-K-003	○ 자가발전설비인 경우 「전기사업법」에 따른 정기점검 결과 확인	○
11-L. 과압배출구		
11-L-001	● 과압배출구 설치상태 및 관리 여부	○
비고		

1. 점검항목 중 "●"는 종합점검의 경우에만 해당한다.
2. 점검결과란은 양호 "○", 불량 "×", 해당없는 항목은 "/"로 표시한다.
3. 점검항목 내용 중 "설치기준" 및 "설치상태"에 대한 점검은 정상적인 작동 가능 여부를 포함한다.
4. '비고'란에는 특정소방대상물의 위치·구조·용도 및 소방시설의 상황 등이 이 표의 항목대로 기재하기 곤란하거나 이 표에서 누락된 사항을 기재한다(이하 같다).

참고 약제저장량 점검리스트

설치위치	용기 No.	실내온도 (℃)	약제높이 (cm)	충전량(압) (kg), (kg/cm²)	손실량 (kg)	점검 결과	비고 (손실 5% 초과)
							※ 약제량 손실(불활성 기체는 압력손실) 5% 초과 시 불량으로 판정합니다.
							※ 불활성 기체는 손실량에 압력게이지 값을 기록합니다.

01 그림과 같은 이산화탄소소화설비 계통도를 보고 전역방출방식에서 화재발생 시부터 Head 방사까지의 동작흐름을 제시된 그림을 이용하여 Block Diagram으로 표시하시오. (예 : →)

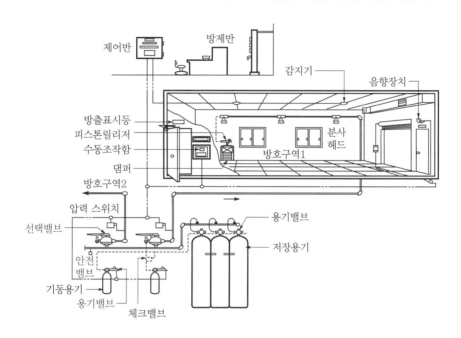

┃ 가스가압식 이산화탄소소화설비 계통도 ┃

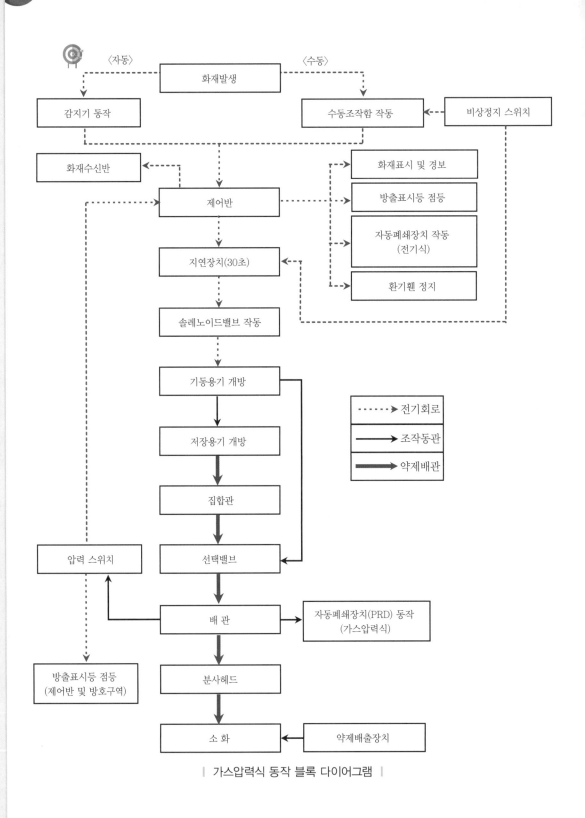

| 가스압력식 동작 블록 다이어그램 |

02 불연성 가스계 소화설비의 가스압력식 기동방식 점검 시 오동작으로 가스방출이 일어날 수 있다. 소화약제의 방출을 방지하기 위한 점검 전·후 안전대책을 쓰시오.

가스계 소화설비의 점검 시 오동작으로 가스방출을 방지하기 위한 대책은 다음의 점검 전 안전조치 및 점검 후 복구방법의 순서에 입각하여 점검함으로서 가능하다.

1. 점검 전 안전조치
　① 점검실시 전에 도면 등에 의한 기능, 구조, 성능을 정확히 파악한다.
　② 설비별로 그 구조와 작동원리가 다를 수 있으므로 이들에 관하여 숙지한다.
　③ 제어반의 솔레노이드밸브 연동 스위치를 연동정지 위치로 전환한다.
　④ 기동용 가스 조작동관을 분리한다.
　　다음의 3개소 중 점검 시 편리한 곳을 선택하여 조작동관을 분리한다.

• 기동용기에서 선택밸브에 연결되는 동관 • 선택밸브에서 저장용기밸브로 연결되는 동관	방호구역마다 분리 (방호구역이 적을 경우)
• 저장용기 개방용 동관	저장용기로 연결되는 동관마다 분리 (방호구역이 많을 경우)

② 저장용기에 연결된 동관 분리
① 기동용기에 연결된 동관 분리
③ 저장용기 개방용 동관 분리

｜ 조작동관 분리(니들밸브와 선택밸브) ｜

　⑤ 기동용기함의 문짝을 살며시 개방한다.
　⑥ 솔레노이드밸브에 안전핀을 체결한다.
　⑦ 기동용기에서 솔레노이드밸브를 분리한다.
　⑧ 솔레노이드밸브에서 안전핀을 분리한다.

2. 점검 후 복구방법
　점검을 실시한 후, 설비를 정상상태로 복구해야 하는데 복구하는 것 또한 안전사고가 발생하지 않도록 다음 순서에 입각하여 실시한다.
　① 제어반의 모든 스위치를 정상상태로 놓아 이상이 없음을 확인한다.
　　⇒ 복구를 위한 첫번째 조치로 제어반의 모든 스위치를 정상상태로 놓고 복구 스위치를 눌러 표시창에 이상이 없음을 확인한다.
　② 제어반의 솔레노이드밸브 연동 스위치를 연동정지 위치로 전환한다.
　③ 솔레노이드밸브를 복구한다.

④ 솔레노이드밸브에 안전핀을 체결한다.

⑤ 기동용기에 솔레노이드밸브를 결합한다.

⑥ 제어반의 연동 스위치를 정상위치로 놓아 이상이 없을 시 연동 스위치를 연동위치로 전환한다.

⑦ 솔레노이드밸브에서 안전핀을 분리한다.

⑧ 기동용기함의 문짝을 살며시 닫는다.

⑨ 점검 전 분리했던 조작동관을 결합한다.

03 가스압력식 기동장치가 설치된 이산화탄소소화설비의 작동시험 관련 다음 물음에 답하시오.

1. 작동시험 시 가스압력식 기동장치의 전자개방밸브 작동방법 중 4가지만 쓰시오.

2. 방호구역 내에 설치된 교차회로 감지기를 동시에 작동시킨 후 이산화탄소소화설비의 정상작동 여부를 판단할 수 있는 확인사항들에 대해 쓰시오.

1. 작동시험 시 가스압력식 기동장치의 전자개방밸브 작동방법

① 방호구역 내 감지기 2개 회로 동작

② 수동조작함의 수동조작 스위치 동작

③ 제어반에서 동작시험 스위치와 회로선택 스위치 동작

④ 제어반의 수동조작 스위치 동작

⑤ 기동용기 솔레노이드밸브의 수동조작버튼 누름

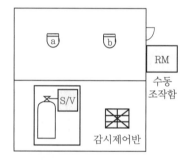

| 작동시험 방법 |

2. 방호구역 내에 설치된 교차회로 감지기를 동시에 작동시킨 후 이산화탄소소화설비의 정상작동 여부를 판단할 수 있는 확인사항

① 제어반에서 주화재표시등 및 해당 방호구역의 감지기(a, b 회로) 동작표시등 점등 여부

② 제어반과 해당 방호구역에서의 경보발령 여부(제어반 : 부저 명동, 방호구역 : 사이렌 명동)

③ 제어반에서 지연장치의 정상작동 여부(지연시간 체크)

> **참고** 지연시간 : a, b 복수회로 작동 후부터 솔레노이드밸브 파괴침 작동까지의 시간

④ 제어반의 솔레노이드밸브 기동표시등 점등 여부 및 해당 방호구역의 솔레노이드밸브 정상작동 여부

⑤ 방호구역별 작동 계통이 바른지 확인(∵ 방호구역이 여러 구역이 있으므로)
(솔레노이드밸브, 기동용기, 선택밸브, 감지기 등 계통 확인)

⑥ 자동폐쇄장치 등이 유효하게 작동하고, 환기장치 등의 정지 여부 확인(설치된 경우에 한함 : 전기적 방법)

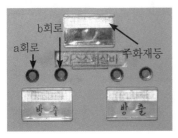

| 주화재등과 감지기 작동등 점등 |

| 방호구역 경보발령 |

| 지연타이머 동작 |

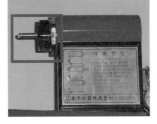

| 솔레노이드밸브 기동표시등 점등 및 동작 |

| 자동폐쇄장치 동작 |

자동화재탐지설비의 점검

P형 자동화재탐지설비의 점검

자동화재탐지설비는 화재 시 발생하는 열, 연기 또는 불꽃의 초기현상을 감지기에 의한 자동감지신호나 화재를 발견한 사람이 발신기를 눌러 발신한 수동신호를 수신기에서 수신하여 화재발생 및 화재장소를 화재표시등 및 지구등에 의하여 표시하고, 동시에 주경종 및 지구경종을 명동함으로서 특정소방대상물의 관계자와 화재가 발생한 지역의 거주민 또는 출입자에게 피난유도 및 초기소화 활동을 유효하게 하는 매우 중요한 설비이다.

01 P형 자동화재탐지설비의 구성

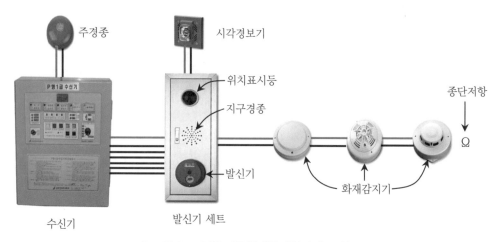

| 그림 8-1 P형 자동화재탐지설비의 구성 |

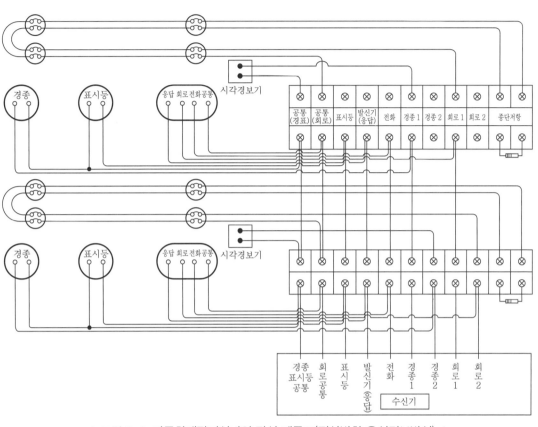

| 그림 8-2 자동화재탐지설비의 간선 계통도(직상발화 우선경보방식) |

> **Tip** 자동화재탐지설비의 구간별 단자전압
>
> ① 수신기 입력전압 : 교류 220V
> ② 수신기 운영전압 : 직류 24V(회로기준)

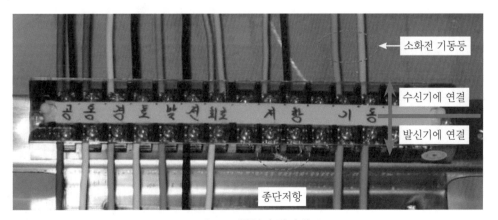

| 그림 8-3 발신기 단자대 |

| 각 구간별 단자전압(단자전압 측정지점 : 발신기 단자대) |

[단위 : DC V]

구 간	평상시	감지기 또는 발신기 작동 시	
회로 ↔ 공통	21~24	감지기 작동	• 감지기 작동 시 : 4~6 • 리드선 단락 시 : 0 ※ 리드선 단락 후 분리 : 21~24
		발신기 작동	0
전화 ↔ 공통	22~24	변화 없음(※ 수신기에서 전화기능 삭제됨〈2022. 5. 9. 개정〉).	
발신기 ↔ 공통 (응답등)	21~24	• 발신기 작동 시 : 2~13	
표시등 ↔ 공통	24~26 (표시등 접속 수량에 따라 다름)	변화 없음.	
경종 ↔ 공통	0	• 경보 정지 시 : 0(수신반 경종 정지 시) • 경보 발령 시 : 23~24(수신반 경종 정지 해제 시)	
소화전 기동표시등	0	AC 220V(경우에 따라 R형 등 : DC 24~26V)	

참고 상기의 예시는 P형 1급 수신기(30회로)의 각 배선별 단자전압을 해당 회로의 단자대에서 측정한 경우이므로 선로의 길이, 사용년한 또는 제조사의 제품사양 등 현장 여건에 따라 전압의 오차가 있을 수 있다.

02 자동화재탐지설비의 동작설명

동작순서	관련 사진
① 화재발생	
그림 8-4 화재발생	
② 화재감지기 동작 또는 수동발신기 버튼 누름	
그림 8-5 감지기 동작 || 그림 8-6 발신기 누름	

동작순서	관련 사진
③ 수신반에 화재표시등 및 주경종 작동 　㉠ 감지기 동작 시 : 주화재표시등 · 지구화재 　　　표시등 점등, 주경종 동작 　㉡ 발신기 동작 시 : 주화재표시등 · 지구화재 　　　표시등, 발신기등 점등, 주경종 동작 　　　⇒ 지구경종 발령	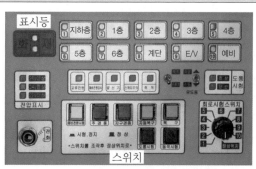 ∥ 그림 8-7 P-1급 수신기 전면 ∥

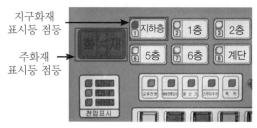

∥ 그림 8-8 감지기 동작 시 상태 ∥

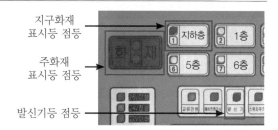

∥ 그림 8-9 발신기 동작 시 상태 ∥

03 수신기의 표시등 및 스위치의 기능

1 자동화재탐지설비의 수신기

"수신기"란 감지기나 발신기에서 발하는 화재신호를 직접 수신하거나 중계기를 통하여 수신하여 화재의 발생을 표시 및 경보하여 주는 장치를 말한다. 화재수신기는 P형과 R형으로 구분된다.

P형 수신기(Proprietary Type)는 입력신호 · 출력신호가 개별적으로 실선으로 수신기까지 연결되어 입력신호의 수신 및 설비를 제어해주는 방식이며, R형 수신기(Record Type)는 입력신호 · 출력신호를 디지털 통신을 통하여 직접 또는 중계기를 통하여 입력신호의 수신 및 설비를 제어해주는 방식이다.

복합형 수신기는 자동화재탐지설비 이외에도 소화설비 등의 설비의 감시제어반의 기능을 겸하게 되는데, 이러한 수신기를 P형 복합식 수신기, R형 복합식 수신기라고 하며 건축물에 설치되는 대부분이 복합형 수신기이다.

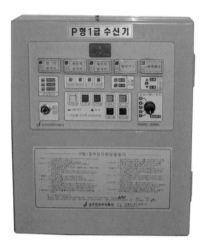

| 그림 8-10 P-1급 수신기 |

| 그림 8-11 P-1급 복합형 수신기 |

| 그림 8-12 R형 복합식 수신기 |

(1) P형 1급 수신기 외형

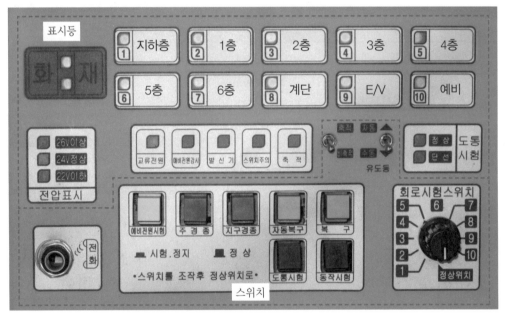

| 그림 8-13 수신기 표시등 및 스위치-P형 1급 10회로 |

(2) 표시등의 기능

구 분	기 능	관련 사진
화재표시등 (주화재표시등)	통상 수신기의 전면 상단에 설치된 것으로 화재가 발생되었을 경우 적색으로 표시되며 경계구역 구분 없이 지구표시등과 함께 점등된다.	
지구표시등	화재신호가 발생된 각 경계구역을 나타내는 표시등으로서, 창구식과 지도판식이 있다.	
교류전원등	내부회로에 상용전원이 공급되고 있음을 나타내며 상시 점등상태를 유지하여야 한다. 참고 평상시 점등	
전압지시등	수신기는 교류전압 220V를 24V로 감압하고 직류로 변환하여 직류 24V로 자동화재탐지설비를 운용하는데, 수신기 전면에서 전압을 확인하는 표시등이다. 전압표시는 전압계가 설치된 타입과 다이오드 타입이 있으며, 평상시 DC 24V를 지시한다.	 LED 타입　전압계 타입
예비전원 감시등	예비전원의 이상 유무를 확인하여 주는 표시등으로서, 이 표시등이 점등되어 있으면 예비전원 충전이 완료되지 아니 하였거나, 예비전원을 연결하는 전선의 일부분이 단선된 상태 또는 예비전원이 불량하여 충전이 되지 않고 있음을 나타낸다.	
발신기 작동(응답)등	수신기에 수신된 화재신호가 발신기의 조작에 의한 신호인지, 감지기의 작동에 의한 신호인지의 여부를 식별해 주는 표시장치로서, 이 표시등이 점등되면 해당구역의 발신기의 누름버튼이 눌러진 상태이다.	
스위치 주의등	수신기의 전면에 있는 스위치들의 정상위치 여부를 나타내는 표시장치로서 스위치가 정상위치에 있지 않을 경우 스위치 주의등이 점멸(깜박임)하여 스위치가 정상위치에 있지 않음을 알려준다.	

구 분	기 능	관련 사진
도통시험등	수신기에서 발신기·감지기 간의 선로 도통 상태를 검사하는 시험등으로서 도통시험 시 선로가 정상일 경우에는 정상(녹색)등에, 단선일 경우에는 단선(적색)등에 점등된다. 전압계 타입도 있으며 도통시험 시 단선, 정상임을 알 수 있도록 표시가 되어 있다. **참고** 도통시험 시 선로의 도통상태를 전압계의 지시침으로 확인하는 수신기도 있으며 평상시 선로의 도통상태를 자동적으로 확인하여 단선 시 해당 지구표시등이 점멸되는 형태의 것도 있다.	

(3) 조작 스위치의 기능

구 분	기 능	관련 사진
예비전원시험 스위치	예비전원을 시험하기 위한 스위치로, 스위치를 누르면 전압이 정상/높음/낮음으로 표시되며, 전압계가 있는 경우는 전압이 전압계에 나타난다.	
주경종 정지 스위치	화재발생 시 또는 동작시험 시 수신기 내부 또는 인근에 설치된 주경종이 울리게 되는데, 이때 주경종을 정지하고자 할 때 주경종 정지 스위치를 누르면 주경종이 울리지 않는다.	
지구경종 정지 스위치	화재발생 시 또는 동작시험 시 지구경종이 울리게 되는데, 이때 지구경종을 정지하고자 할 때 지구경종 정지 스위치를 누르면 건물 내에서는 소리가 나지 않는다.	
자동복구 스위치	화재동작시험 시 사용하는 스위치로서 신호가 입력될 때만 동작하며 신호가 없으면 자동으로 복구되는 스위치이다.	

구 분	기 능	관련 사진
복구 스위치	수신기의 동작상태를 정상으로 복구할 때 사용한다.	복 구
도통시험 스위치	도통시험 스위치는 도통시험 스위치를 누르고 회로선택 스위치를 회전시켜, 선택된 회로의 선로의 결선상태를 확인할 때 사용한다.	도통시험
동작시험 스위치	수신기에 화재신호를 수동으로 입력하여 수신기가 정상적으로 동작되는지를 확인하는 시험 스위치이다.	동작시험
회로선택 스위치	동작시험이나 회로도통시험을 실시할 때 원하는 회로를 선택하기 위하여 사용한다.	회로시험스위치
전화잭	화재경보 시 현장확인 혹은 보수 · 점검할 때 휴대용 송수화기를 이용하여 발신기 상단에 설치된 전화잭에 송수화기를 접속하면 수신기 내부의 부저가 명동하고, 이 때 수신기에 부착된 전화잭에 송수화기 플러그를 삽입하면 수신기의 부저가 정지하고 발신자와 통화가 가능(화재 시와 무관하게 통화 가능)하다. **참고** 부저 : 발신기의 전화잭에 송수화기 연결 시 명동 (※ 수신기에서 전화기능 삭제됨〈2022. 5. 9. 개정〉)	전화

▮ 그림 8-14 발신기의 전화잭에 송수화기 삽입 ▮

▮ 그림 8-15 수신기의 부저 명동 시 송수화기를 전화잭에 삽입하여 통화 ▮

구 분	기 능	관련 사진
비상방송 연동정지 스위치	비상방송설비가 설치된 대상처만 있는 스위치로서 필요시 비상방송설비를 연동 또는 정지로 전환하는 스위치이다. 평상시에는 정상(연동)상태로 놓아 관리한다.	
유도등 절환 스위치	3선식 유도등이 설치된 경우에 설치되는 절환 스위치로서, 자동의 위치로 놓으면 화재 시 유도등이 자동으로 점등되며, 유도등을 수동으로 점등시키고자 할 경우에는 수동위치로 전환하면 된다. 평상시에는 자동위치로 놓아 관리한다.	
축적 · 비축적 절환 스위치	수신기의 내부 또는 외부에 설치되며, 축적위치로 놓아 관리한다. 점검 시에는 비축적위치로 놓아 시험하고 시험이 완료되면 다시 축적위치로 전환해 놓는다.	

| 그림 8-16 복합형 수신기의 표시등 및 조작 스위치 예(1) |

08

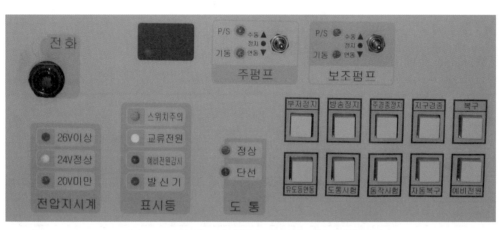

| 그림 8-17 복합형 수신기의 표시등 및 조작 스위치 예(2) |

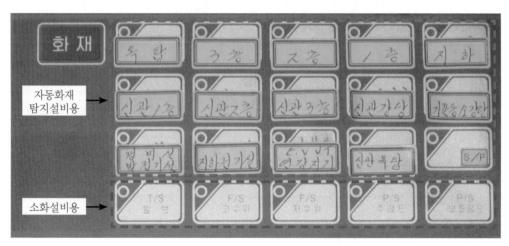

| 그림 8-18 복합형 수신기의 지구표시창 예 |

2 수계 소화설비의 제어반

(1) 제어반의 표시등 및 스위치 명칭

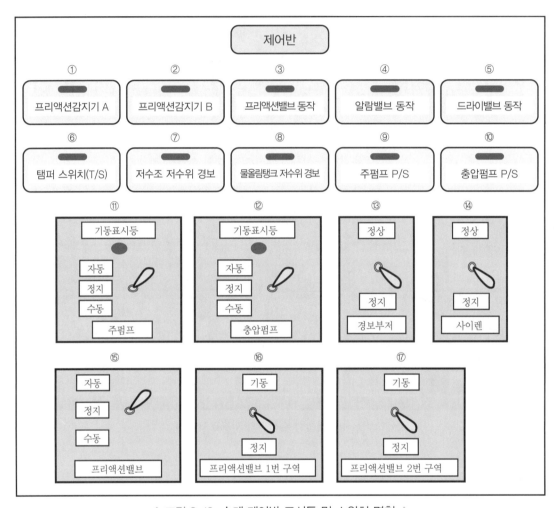

| 그림 8-19 수계 제어반 표시등 및 스위치 명칭 |

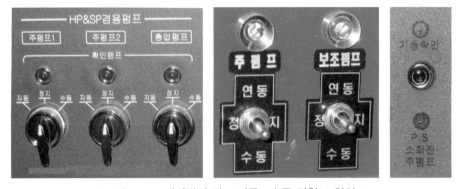

| 그림 8-20 제어반의 펌프 자동·수동 절환 스위치 |

(2) 표시등 기능

구 분	기 능	관련 그림
프리액션 감지기 a 회로	준비작동식 스프링클러설비의 감지기 a 회로 동작 시 점등된다.	프리액션감지기 A
프리액션 감지기 b 회로	준비작동식 스프링클러설비의 감지기 b 회로 동작 시 점등된다.	프리액션감지기 B
프리액션밸브 (P/V) 동작	프리액션밸브(Preaction Valve)가 동작 시 점등된다.	프리액션밸브 동작
알람밸브 (A/V) 동작	알람밸브(Alarm Valve)가 동작 시 점등된다.	알람밸브 동작
드라이밸브 (D/V) 동작	드라이밸브(Dry Valve)가 동작 시 점등된다.	드라이밸브 동작
탬퍼 스위치 (T/S)	소화배관상에 설치된 개·폐 표시형 밸브가 폐쇄되었을 때 점등된다.	탬퍼 스위치(T/S)
저수조 저수위 경보	저수조와 옥상수조에는 소화수가 없을 시 경보가 되도록 저수위 경보 스위치를 설치하게 되는데 저수조와 옥상수조에 소화수가 없을 시 점등된다.	저수조 저수위 경보
물올림탱크 저수위 경보	물올림탱크에 물이 없을 시 점등된다.	물올림탱크 저수위 경보
주펌프 P/S (압력 스위치)	배관 내 압력이 주펌프에 세팅된 압력범위 이하로 낮아질 때 점등된다. 각 펌프의 압력 스위치 표시등의 점등과 동시에 해당 펌프는 기동되어야 한다.	주펌프 P/S
충압(보조)펌프 P/S (압력 스위치)	배관 내 압력이 충압(보조)펌프에 세팅된 압력범위 이하로 낮아질 때 점등된다.	충압펌프 P/S

(3) 조작 스위치 기능

구 분		기 능	관련 그림
주 · 충압 펌프 자동 · 수동 절환 스위치	자동	펌프가 세팅된 압력범위에서 자동으로 운전되며, 평상시 자동위치에 있어야 함.	
	정지	펌프를 정지하고자 할 때 사용	
	수동	펌프를 수동으로 기동시키고자 할 때 사용	
기동표시등		펌프가 기동될 때 점등됨.	
경보부저		자동화재탐지설비에서 주경종과 같은 역할을 하는 것이 바로 부저이다. 부저는 자동화재탐지설비(감지기 또는 발신기)를 제외한 다음의 신호가 입력될 때 제어반 내부의 부저가 울리게 되는데 부저를 정지하고자 할 때 정지위치로 놓으면 부저가 정지된다. **부저가 동작(울리는)되는 경우** ① 프리액션감지기가 동작된 경우 ② 프리액션밸브, 알람밸브, 드라이밸브가 동작된 경우 ③ 탬퍼 스위치, 저수위 경보 스위치가 동작된 경우 ④ 펌프의 P/S(압력 스위치) 등이 점등된 경우 ⑤ 펌프가 기동된 경우 [참고] 평상시 : 정상위치로 관리	
사이렌		자동식 소화설비가 설치된 곳의 유수검지장치 작동 시 해당구역의 사이렌이 명동되는데 이를 정지하고자 할 때 사용한다. [참고] 평상시 : 정상위치로 관리	
프리액션 밸브 자동 · 수동 절환 스위치	자동	프리액션밸브가 설치된 장소의 감지기 작동(a 회로 and b 회로) 시 자동으로 스프링클러설비(프리액션밸브)가 작동(개방)된다. [참고] 평상시 : 정상위치로 관리	
	정지	스프링클러설비를 일시정지시키고자 할 때 사용	
	수동	프리액션밸브를 수동으로 개방(작동)시키고자 할 때 사용	

구 분		기 능	관련 그림
프리액션 (솔레노이드 밸브) 수동기동	기동	프리액션밸브를 수동으로 개방하고자 할 때 사용하며, "프리액션밸브 자동·수동 절환 스위치"를 수동으로 전환시킨 후 개방시키고자 하는 구역의 프리액션밸브 수동기동 스위치를 기동위치로 전환한다.	기동 정지 프리액션밸브 수동기동 스위치
	정지	평상시 정지위치로 관리	

┃ 그림 8-21 감시제어반 조작 스위치 예(1) ┃

┃ 그림 8-22 감시제어반 조작 스위치 예(2) ┃

| 그림 8-23 감시제어반 조작 스위치 예(프리액션밸브) (1) |

| 그림 8-24 감시제어반 조작 스위치 예(프리액션밸브) (2) |

04 수신기의 시험방법

1 동작시험

(1) 목적

감지기, 발신기 등이 동작하였을 때, 수신기가 정상적으로 작동하는지 확인하는 시험이다.

> **Tip** 동작시험
>
> 로컬에 설치된 감지기, 발신기가 동작된 것과 같이 수신기에서 강제로 화재와 같은 상황을 만들어서 수신기에 화재표시 및 로컬에 신호를 정상적으로 보내는지를 확인하는 시험을 말한다.

(2) 시험방법

① 연동정지(소화설비, 비상방송 등 설비 연동 스위치 연동정지)	사전조치

참고 안전조치 : 수신기의 모든 연동 스위치는 정지위치로 전환
　　　예 : 주경종, 지구경종, 사이렌, 펌프, 방화셔터, 배연창, 가스계 소화설비, 수계 소화설비, 비상방송 등

| 그림 8-25 수신기의 조작 스위치 |

| 그림 8-26 프리액션밸브
조작 스위치 |

| 그림 8-27 방화셔터
조작 스위치 |

② 축적 · 비축적 선택 스위치를 비축적위치로 전환	사전조치

| 그림 8-28 수신기
전면에 있는 경우 |

| 그림 8-29 수신기 내부에
있는 경우 |

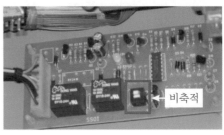

| 그림 8-30 수신기 내부에 있는 경우 |

③ 동작시험 스위치와 자동복구 스위치를 누른다. ④ 회로선택 스위치로 1회로씩 돌리거나 눌러 선택한다.	시 험
참고 회로선택 스위치 종류 : 로터리 방식, 버튼 방식	
⑤ 화재표시등, 지구표시등, 음향장치 등의 동작상황을 확인한다.	확 인

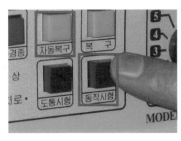

| 그림 8-31 동작시험, 자동복구
스위치 누름 |

| 그림 8-32 회로선택 스위치 선택 |

(3) 가부 판정기준

　① 각 릴레이의 작동, 화재표시등, 지구표시등, 음향장치 등이 작동하면 정상이다.

　② 경계구역 일치 여부 : 각 회선의 표시창과 회로번호를 대조하여 일치하는지 확인한다.

Tip 회로선택 스위치 종류 : ① 로터리 방식, ② 버튼 방식

P형 수신기의 동작 · 도통시험을 위한 회로선택 스위치는 로터리 방식과 버튼 방식이 있다.
회로선택 스위치는 대부분 로터리 방식으로 설치되어 있고, 버튼 방식은 회로수가 많을 경우 여러 개의 회로선택 스위치를 하나의 버튼 방식의 회로선택 스위치로 설치된 경우도 있으며, 10회로 이하의 작은 수신기의 경우에는 경계구역별 지구창에 시험버튼이 부착된 타입도 있다.

| 그림 8-33 로터리 방식 |　| 그림 8-34 버튼 방식 (작은 회로) |　| 그림 8-35 버튼 방식(큰 회로) |

2 도통시험

(1) 목적

　수신기에서 감지기 간 회로의 단선 유무와 기기 등의 접속상황을 확인하기 위해서 실시한다.

(2) 시험방법

　① 수신기의 도통시험 스위치를 누른다(또는 시험측으로 전환한다).

　② 회로선택 스위치를 1회로씩 돌리거나 누른다.

　③ 각 회선의 전압계의 지시상황 등을 조사한다.

　　참고 "도통시험 확인등"이 있는 경우는 정상(녹색), 단선(적색) 램프 점등 확인

　④ 종단저항 등의 접속상황을 조사한다(단선된 회로조사).

  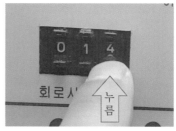

| 그림 8-36 도통시험 스위치 누름 |　　　| 그림 8-37 회로선택 스위치 선택 |

(3) 가부 판정기준

① **전압계가 있는 경우**

각 회선의 시험용 계기의 지시상황이 지정대로일 것

㉠ 정상 : 전압계의 지시치가 2~6V 사이이면 정상

㉡ 단선 : 전압계의 지시치가 0V를 나타냄.

㉢ 단락 : 화재경보상태(지구등 점등상태)

② **전압계가 없고, 도통시험 확인등이 있는 경우**

㉠ 정상 : 정상 LED 확인등(녹색) 점등

㉡ 단선 : 단선 LED 확인등(적색) 점등

| 그림 8-38 도통시험 시
전압계 |

| 그림 8-39 도통시험등 정상인 경우 |　| 그림 8-40 도통시험등 단선인 경우 |

참고 1. **수신기에 도통시험 스위치가 없는 경우** : P형 수신기에는 대부분 도통시험이 있으나 일부 제품에
는 도통시험 스위치가 없는 경우도 있다. 이런 제품은 평상시 단선일 경우 단선인 회로의 지구창
이 점멸하여 단선임을 알려준다.

2. **선로 말단에 종단저항을 설치하는 이유** : 회로도통시험을 하기 위해서 설치한다.

3. **도통시험 시 단선으로 표시되는 경우의 원인**

① 예비회로인 경우

② 감지기 회로 말단에 종단저항이 없는 경우 : 종단저항 설치

③ 감지기 선로가 단선된 경우 : 단선된 선로 정비

4. **자동화재탐지설비의 중요한 기능 2가지**

① "자동으로 화재탐지"

㉠ 자동화재탐지설비의 가장 중요한 기능은 화재를 탐지하는 것이다. 실내의 천장에 설치된 감
지기가 화재를 자동으로 감지하게 되는데 감지기 선로가 단선이 된 경우는 제 역할을 할 수
가 없으므로 주기적인 확인이 필요하다.

㉡ 따라서 수신기에서 소방안전관리자는 도통시험을 통하여 주기적으로 감지기 선로의 정상
유무를 확인해야 한다. 점검 시에도 당연히 도통시험을 실시하고 점검에 임한다.

② 화재 시 "경보"

㉠ 화재 시 감지기에 의하여 화재감지를 하였으나, 주·지구경종 스위치가 눌러진 경우는 경보를 할 수가 없게 된다. 아무리 자동화재탐지설비가 잘 설치되어 있다 하더라도 경보를 하지 않는다면 설비는 무용지물이 되는 결과를 초래한다.

㉡ 따라서 수신기 전면에 "스위치 주의등"이 설치된 것이며 수신기 전면에 설치된 스위치 중의 어느 하나라도 정상위치에 있지 않으면 "스위치 주의등"이 점멸(깜박거림)하여 소방안전관리자에게 스위치가 정상위치에 있지 않음을 알려준다.

3 예비전원시험

(1) 목적

① **자동절환 여부** : 상용전원 및 비상전원이 정전된 경우 자동적으로 예비전원으로 절환이 되며, 복구 시에는 자동적으로 상용전원으로 절환되는지의 여부를 확인한다.

② **예비전원 정상 여부** : 상용전원이 정전되었을 때 화재가 발생하여도 수신기가 정상적으로 동작할 수 있는 전압을 가지고 있는지를 검사하는 시험이다.

(2) 방법

① 예비전원시험 스위치를 누른다.

> **참고** 예비전원시험은 스위치를 누르고 있는 동안만 시험이 가능하다.

② 전압계의 지시치가 적정범위(24V) 내에 있는지를 확인한다.

> **참고** LED로 표시되는 제품 : 전압이 정상/높음/낮음으로 표시된다.

③ 교류전원을 차단하여 자동절환 릴레이의 작동상황을 조사한다.

> **참고** 입력전원 차단 : 차단기 OFF 또는 수신기 내부전원 스위치 OFF

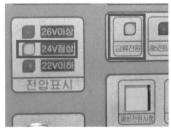

| 그림 8-41 시험 전(평상시) |

| 그림 8-42 예비전원시험
스위치 누름 |

| 그림 8-43 전압 확인 |

(3) 가부 판정기준

예비전원의 전압, 용량, 자동전환 및 복구 작동이 정상일 것

참고 수신기의 예비전원 용량 : 그 설비에 대한 감시상태를 60분간 지속한 후 유효하게 10분 이상 경보할 수 있는 축전지설비 설치

Tip 예비전원 감시등 · 예비전원시험 스위치

① 평상시 : "예비전원 감시등"으로 예비전원 상태 확인(수신기 자체에서 이상 여부를 알아서 표시해 줌)

② 시험 시 : "예비전원시험 스위치"를 눌러서 수동으로 확인(점검자가 직접 실시)

R형 자동화재탐지설비의 점검

01 개 요

소규모 건축물에는 P형 시스템을 설치하는 반면 중규모 이상 건축물 등에는 전압강하와 전선수의 증가의 문제를 해결하기 위하여 R형 시스템을 적용한다.

R형 시스템은 화재발생 시 입력신호, 출력신호를 디지털 통신을 통하여 직접 또는 중계기를 통하여 입력신호의 수신 및 설비를 제어해 주는 방식이다.

02 구 성

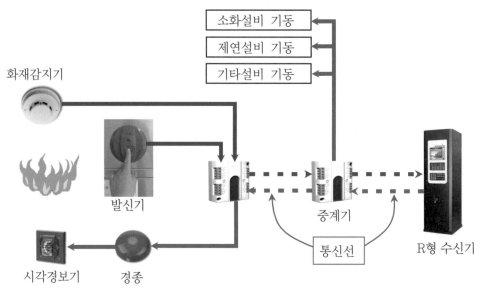

| 그림 8-44 R형 수신기 구성도 |

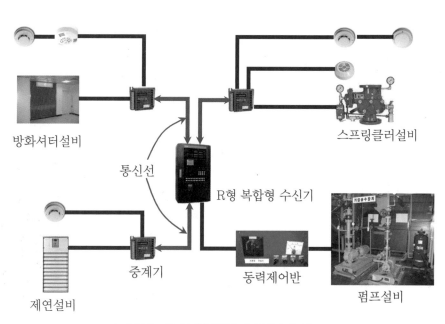

| 그림 8-45 R형 복합형 수신기 구성도 |

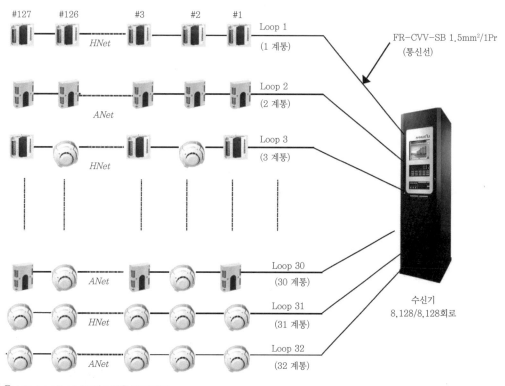

| 그림 8-46 중앙집중 감시방식 R형 간선 계통도 |

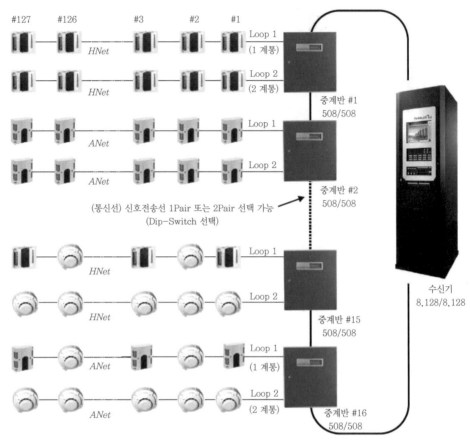

| 그림 8-47 중계반 사용방식 R형 간선 계통 예시도 |

03 동작순서

동작순서	관련 사진
① 화재발생	
② 화재감지 　㉠ 자동화재탐지설비 감지기 화재감지 　㉡ 스프링클러헤드 개방	

동작순서	관련 사진
③ 중계기에서 화재신호 수신기에 통보 　⇒ P형 접점신호를 R형 신호로 변환	
④ 수신기 화재표시	
⑤ 수신기에서 중계기에 해당구역 출력신호 송출 　⇒ R형 통신신호를 P형 접점신호로 변환	
⑥ 해당 출력기기 작동 　㉠ 경종, 시각경보기 작동 　㉡ 소화설비 작동 　㉢ 피난설비 작동	

04 ▶ P형과 R형 수신기의 비교

구 분	P형 수신기	R형 수신기
적용 소방대상물	소규모 건축물에 적합	중규모 이상의 건축물에 적합
신호전달	개별신호선 방식에 의한 전회로 공통신호방식	다중통신방법에 의한 각 회선 고유신호 방식
화재표시방식	창구식, 지도식	창구식, 지도식, 디지털 방식(LCD 이용 문자표시), CRT 방식
신뢰성	수신기 고장 시 전체 시스템 마비	수신기 상호간 Network를 구성할 경우 수신기 1개가 고장 시에도 다른 수신기는 독립적 기능을 수행

구 분	P형 수신기	R형 수신기
배선	각 층의 Local 기기까지 직접 실선으로 연결	각 층의 Local 기기에서 중계기까지만 실선으로 연결하고, 중계기에서 수신기까지는 통신선으로 연결
경제성	고층 건축물의 경우 배선수가 증가되므로 배관, 배선비 및 인건비가 많이 소요된다.	중계기에서 수신기까지 신호선만으로 연결하므로 배관, 배선비 및 인건비가 대폭 절감된다.
공사의 편리성	건축물의 증·개축으로 인한 회로변경 시 Local 기기에서 수신기까지 실선으로 연결해야 하므로 공사가 용이하지 않다.	건축물의 증·개축 시에도 중계기에서 신호선만 분기하면 되므로 공사가 용이하다.
자기진단기능	없음.	CPU에 의한 자동진단기능 있음.

05 용어의 정의

용 어	정 의
중계기	"중계기"란 감지기·발신기 또는 전기적 접점 등의 작동에 따른 신호를 받아 이를 수신기에 전송하는 장치를 말한다.
중계반	수신기와 중계기 간 통신거리가 1.2km 이상일 경우 또는 신호전송선 수량 간소화 요구 시 사용되는 장치
전원공급장치 (전원반)	중계기, 경종, 댐퍼 등의 기기장치에 전원을 공급하기 위한 장치
루프(Loop)	계통 또는 채널(Channel)이라고도 하며, 하나의 통신배선에 연결된 중계기 및 아날로그감지기의 그룹(Group)을 말하며 하나의 루프에는 중계기 및 아날로그감지기를 100여 개 이상 설치할 수 있다.

용어	정의

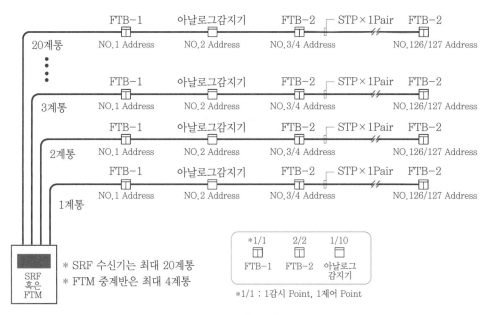

| 그림 8-48 루프(Loop) 설치모습 |

용어	정의
아날로그식 감지기	"아날로그식"이란 주위의 온도 또는 연기량의 변화에 따라 각각 다른 전류치 또는 전압치 등의 출력을 발하는 방식의 감지기를 말한다. 고유의 주소를 가지고 있어 정확한 동작위치 확인이 가능하며, 연기농도 또는 온도 값을 실시간으로 R형 수신기에서 감시하므로 신속한 조치가 가능하다.
콘트롤데스크	R형 수신기에서 감시/제어하는 모든 회로에 대해 컴퓨터를 이용하여 건물 평면도에 기기별 위치를 표시하고 제어하는 장치로서 화재 시 위치 파악과 신속한 대응이 용이하다.
신호전송선 (통신선)	R형 시스템의 경우 수신기와 수신기 간, 수신기와 중계기 간에 다중통신을 하는데 사용되는 전선으로 TSP AWG, 내열성 케이블(H-CVV-SB, 비닐절연 비닐시스 내열성 제어용 케이블), 난연성 케이블(FR-CVV-SB, 비닐절연 비닐시스 난연성 제어용 케이블)을 사용한다.
AWG	American Wire Gage의 약어로 미국 등에서 사용하는 전선규격

AWG(#)	외경(mm)	단면적(mm²)	AWG(#)	외경(mm)	단면적(mm²)
12	2.05	3.32	16	1.29	1.31
14	1.62	2.07	18	1.01	0.81

용 어	정 의
TSP	Twist Shield Pair의 약어로 꼬인 차폐전선이란 의미이며, 전자파 방해 방지를 위해 신호전송선에 사용한다. | 그림 8-49 TSP 18 AWG |
프로토콜 (Protocol)	수신기와 중계기 간 또는 수신기와 아날로그감지기 간의 통신에서 정보를 교환할 때 사용하는 규칙 또는 규약
통신 (Network)	Network란 수신기와 수신기, 수신기와 중계반, 수신기 또는 중계반과 Addressable 기기(중계기, 아날로그감지기 등)에는 대량의 정보가 송수신된다. 이러한 정보통신은 한 쌍의 꼬인 차폐케이블(Twist Shield Pair Cable)을 통하여 대량의 데이터 송수신이 이루어지는데 이를 데이터 통신배선(Signaling Line Circuits) 또는 Network라고 한다.
Addressable 기기	기기 자체에 대한 고유주소(Address)를 가지고 있어서 기기의 작동 시 자체의 고유주소와 함께 작동상황에 따라 미리 정해진 부호로 수신기에 전송하며, 수신기는 관련 기기를 제어할 때에도 해당 주소로 제어신호를 전송한다. R형 시스템에서는 중계기 및 각종 아날로그감지기 등이 이에 해당되며, 모든 Address 기기는 각자 1개의 주소를 가진다.
POINT	Addressable 기기는 다음과 같은 감시 및 제어 POINT를 갖는다. ① 아날로그/주소형 감지기 : 1POINT (1감시) ② 1감시/1제어 중계기 : 2POINT (1감시/1제어) ③ 2감시/2제어 중계기 : 4POINT (2감시/2제어) ④ 4감시/4제어 중계기 : 8POINT (4감시/4제어) ⑤ 8감시/4제어 중계기 : 12POINT (8감시/4제어)

06 중계기

1 개요

R형 설비에 사용하는 신호변환장치로서 감지기, 발신기 등 Local 기기 장치와 수신기 사이에 설치하여 화재신호를 수신기에 통보하고 이에 대응하는 출력신호를 Local 기기 장치에 송

출하는 중계 역할을 하는 장치이다. 중계기는 전원장치의 내장 유무와 회로수용능력에 따라 집합형과 분산형으로 구분되며, 예전에는 집합형 중계기를 많이 설치했으나 2007년 이후부터 는 생산중단되어 최근에는 분산형 중계기로 대부분 설치되고 있다.

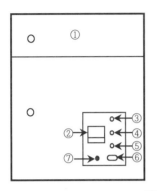

① TERMINAL BOX
② 전압계
③ 화재표시등
④ 교류 전원표시등
⑤ 예비 전원표시등
⑥ 예비전원시험 스위치
⑦ 전화잭

| 그림 8-50 집합형 중계기 |　　　　　| 그림 8-51 분산형 중계기 |

2 중계기의 종류

(1) 집합형 중계기

① 전원장치를 내장(AC 110V/220V)하며 보통 전기 Pit실 등에 설치한다.
② 회로는 대용량(30~40회로)의 회로를 수용하며 하나의 중계기당 1~3개 층을 담당한다.
③ 2007년 이후부터 생산중단됨.

(2) 분산형 중계기

① 중계기의 전원(DC 24V)은 수신기에서 직접 공급 받으며, 발신기함 등에 내장하여 설치한다.
② 회로는 소용량(5회로 미만)으로 각 Local 기기별로 중계기를 설치한다.
③ 건물에 대부분 설치

| 중계기별 비교 |

구 분	집합형 중계기	분산형 중계기
입력전원	AC 110V/220V	DC 24V
전원공급	• 외부 전원을 이용 • 정류기 및 비상전원 내장	• 수신기의 전원 및 비상전원 이용 • 중계기에 전원장치 없음.
회로 수용능력	대용량	소용량
외형 크기	대형	소형
설치방식	• 전기 Pit실 등에 설치 • 1~3개 층당 1대씩 설치	• 발신기함에 내장 또는 별도의 격납함에 설치 • 각 Local 기기별 1개씩 설치

구 분	집합형 중계기	분산형 중계기
전원공급사고	내장된 예비전원에 의해 정상적인 동작 수행이 가능하다.	중계기 전원선로의 사고 시 해당 선로의 전체 계통 시스템이 마비된다.
선로의 용량	중계기 직근에서 전원을 공급받으므로 전압강하가 적게 발생한다.	Local에 설치된 기기의 전원을 수신기로부터 공급받으므로 거리 용량이 크거나 거리가 멀 경우 전선의 용량이 커지거나 별도 전원장치를 설치한다.
설치 적용	• 전압강하가 우려되는 장소 • 수신기와 거리가 먼 초고층 빌딩	• 전기 피트가 좁은 건축물 • 아날로그감지기를 객실별로 설치하는 호텔

3 분산형 중계기

(1) 외형

| 그림 8-52 제조사별 분산형 중계기 모습 |

(2) 존슨콘트롤즈(구 동방전자) 중계기 단자명칭 및 기능

①	통신단자		③	입력단자
평상시	27V		평상시	24V
화재 시	27V(불변)		화재 시	감지기 동작 시 : 4V 단락 시 : 0V
②	전원단자		④	출력단자
평상시	24V±10%		평상시	0V
화재 시	24V±10%		화재 시	24V
⑤	통신 LED (점멸)		⑥	전원·선로 감시 LED(점등)
⑦	딥 스위치			

| 그림 8-53 존슨콘트롤즈 중계기 단자 명칭 |

존슨콘트롤즈 중계기 단자명칭 설명 및 단자전압

구 분	단자명	기 능	평상시	동작(화재) 시
① 통신 단자	+COM −IN	수신기와 통신을 하는 통신선을 접속한다.	DC 27V 펄스전압	DC 27V 펄스전압
	+COM −OUT			
② 전원 단자	+PWR −IN	중계기에 전원을 공급하는 연결단자 (감시회로 및 출력전원 공급단자)	DC 24V±10%	DC 24V±10% (불변)
	+PWR −OUT			
③ 입력 단자	IN #1	감지기, 발신기, 탬퍼 스위치 등 입력기 기 연결단자(#1, #2)로서 말단에 종단저항 (10kΩ) 설치	DC 24V	• 감지기 동작 시 : DC 4V • 단락 시 : 0V
	IN #2			
④ 출력 단자	OUT+ #1−	경종, 사이렌 등 출력신호선 연결단자 OUT+ : 출력(+)단자 #1, 2− : 출력전원 공통(−)담당	0V	DC 24V
	OUT+ #2−			
⑤ 통신 LED	통신 LED	수신기와 중계기 간 통신이 잘 되고 있음을 알려주는 LED로서 평상시 점멸 참고 통신에 이상이 있는 경우 : 미점등	적색 LED 점멸 (깜박거림)	적색 LED 점멸 (깜박거림)
⑥ 전원· 선로 LED	전원· 선로 LED	상시등으로서 전원이 잘 공급되고, IN #1, #2 입력이 정상 결선될 시 점등됨.	녹색등 점등	녹색등 점등
⑦ 딥 스위치	딥 스위치	중계기의 고유번호를 입력하는 스위치	−	−

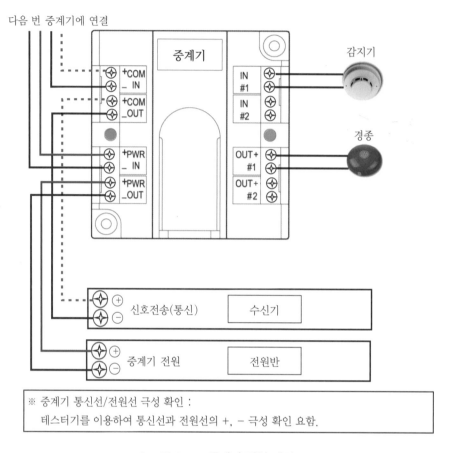

| 그림 8-54 중계기 결선 예시 |

(3) 지멘스 중계기 단자 명칭 및 기능

1차	단자 설명		2차	단자 설명
SC	통신공통(−)		C	회로공통
S	통신(+)		L1	회로 1
DD	전원(+)		L2	회로 2
DDC	전원공통(−)		X1, X2	이보접점
			D1	제어 1
			D2	제어 2
			DD	전원
			DDC	전원공통

| 그림 8-55 지멘스 중계기 단자 명칭 |

| 지멘스 중계기 단자명칭 설명 및 단자전압 |

구 분	단자명	기 능	평상시	동작(화재) 시
① 통신단자	SC, C	수신기와 중계기 간 통신선 연결단자	DC 27V 펄스전압	DC 27V 펄스전압
② 전원단자	DD, DDC	중계기에 전원을 공급하는 연결단자 (감시회로 및 제어전원 공급단자)	DC 24V±10%	DC 24V±10% (불변)
③ 입력단자	L1(L2), C	감지기, 발신기, 탬퍼 스위치 등 입력기기 연결단자로서 말단에 종단저항(10kΩ) 설치 • C : 감시회로 공통(−) • L1(L2) : 감시회로(+)	DC 24V	㉠ 감지기 동작 시 : DC 4V ㉡ 단락 시 : 0V
			* LED 항상 점멸	* LED 점등
④ 출력단자	D1(D2), DDC	경종, 사이렌 등 출력기기 연결단자 • D1, D2 : 제어 출력(+)단자 • DDC : 2차측 제어전원 공통(−)담당	0V	DC 24V
			* LED 소등	* LED 점등
⑤ 이보접점	X1(X2)	D2 이보접점(무전압 a접점) X1, X2는 평상시 a접점 상태로 떨어져 있다가, D2에 출력이 되면 X1, X2의 내부 a접점이 붙는 무전압 이보접점	−	−
⑥ 전원단자	DD, DDC	중계기에서 로컬기기에 전원을 공급하는 단자 • DD : 2차측 전원(+) • DDC : 2차측 제어전원 공통(−)담당	DC 24V	DC 24V
⑦ 통신 LED	통신 LED	수신기와 중계기 간 통신이 잘 되고 있음을 알려주는 LED로서 평상시 점멸 참고 통신에 이상이 있는 경우 : 미점등	점멸(깜박거림)	점멸(깜박거림)
⑧ 딥 스위치	딥 스위치	중계기의 고유번호를 입력하는 스위치	−	−

참고 이보접점 X1(X2)과 입력단자 LED, 출력단자 LED는 지멘스 중계기만 설치된다.

(4) 중계기 결선 예

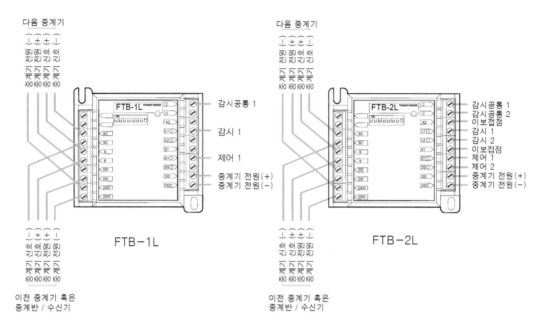

| 그림 8-56 중계기 결선 예 |

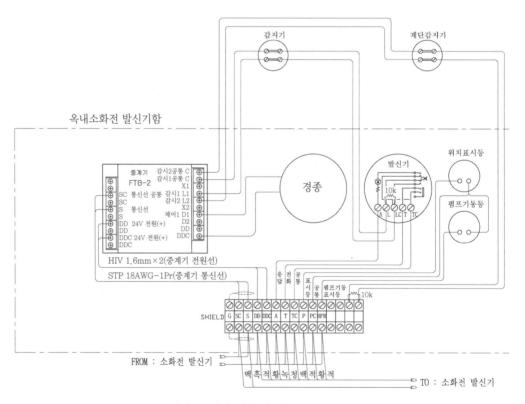

| 그림 8-57 중계기, 소화전 발신기, 감지기, 계단감지기 결선도 |

(5) 중계기 고유번호(Address) 설정

중계기는 딥 스위치를 이용하여 중계기마다 고유번호를 설정한다. 딥 스위치가 "ON"이면 이진수는 1이고, "OFF"이면 이진수는 0에 해당하며 딥 스위치 1~7번의 ON/OFF 조합으로 어드레스를 1~127번까지 지정한다. 딥 스위치는 8개(또는 7개)가 있으며 제조회사마다 딥 스위치를 올리고 내리는 설정방법의 차이가 있으므로 각 회사의 매뉴얼을 참고하기 바란다.

(딥 스위치 8자리)
(중계기 번호 : 올려진 값을 더한다)

| 그림 8-58 지멘스 중계기 딥 스위치 |

(딥 스위치 7자리)
(중계기 번호 : 내려진 값을 더한다)

| 그림 8-59 존슨콘트롤즈 중계기 딥 스위치 |

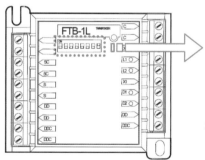 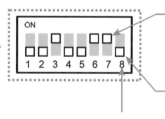

DIP SWITCH ON 위치
스위치가 위쪽에 있으면
ON 상태이고 Binary값은 1

DIP SWITCH OFF 위치
스위치가 아래쪽에 있으면
OFF 상태이고 Binary값은 0

지멘스 중계기의 경우 8번째는
사용하지 않으므로 항상 내림

| 그림 8-60 중계기 딥 스위치 설정방법 |

| 중계기 번호 설정 |

중계기 번호	딥 스위치 넘버(DIP Switch Number)						
	1	2	3	4	5	6	7
번호(127)	1	2	4	8	16	32	64
(2진수)	$2^0=1$	$2^1=2$	$2^2=4$	$2^3=8$	$2^4=16$	$2^5=32$	$2^6=64$

| 중계기 설정 예 |

│ 중계기 번호 설정 예 │

중계기 번호	딥 스위치 넘버(DIP Switch Number)						
	1	2	3	4	5	6	7
24				on	on		
54		on	on		on	on	
66		on					on
120				on	on	on	on
127	on	on	on	on	on	on	on

│ 중계기 설정표 │

번호	1	2	3	4	5	6	7	8	번호	1	2	3	4	5	6	7	8	번호	1	2	3	4	5	6	7	8
1	ON								44			ON	ON		ON			87	ON	ON	ON		ON		ON	
2		ON							45	ON		ON	ON		ON			88				ON	ON		ON	
3	ON	ON							46		ON	ON	ON		ON			89	ON			ON	ON		ON	
4			ON						47	ON	ON	ON	ON		ON			90		ON		ON	ON		ON	
5	ON		ON						48					ON	ON			91	ON	ON		ON	ON		ON	
6		ON	ON						49	ON				ON	ON			92			ON	ON	ON		ON	
7	ON	ON	ON						50		ON			ON	ON			93	ON		ON	ON	ON		ON	
8				ON					51	ON	ON			ON	ON			94		ON	ON	ON	ON		ON	
9	ON			ON					52			ON		ON	ON			95	ON	ON	ON	ON	ON		ON	
10		ON		ON					53	ON		ON		ON	ON			96						ON	ON	
11	ON	ON		ON					54		ON	ON		ON	ON			97	ON					ON	ON	
12			ON	ON					55	ON	ON	ON		ON	ON			98		ON				ON	ON	
13	ON		ON	ON					56				ON	ON	ON			99	ON	ON				ON	ON	
14		ON	ON	ON					57	ON			ON	ON	ON			100			ON			ON	ON	
15	ON	ON	ON	ON					58		ON		ON	ON	ON			101	ON		ON			ON	ON	
16					ON				59	ON	ON		ON	ON	ON			102		ON	ON			ON	ON	
17	ON				ON				60			ON	ON	ON	ON			103	ON	ON	ON			ON	ON	
18		ON			ON				61	ON		ON	ON	ON	ON			104				ON		ON	ON	
19	ON	ON			ON				62		ON	ON	ON	ON	ON			105	ON			ON		ON	ON	
20			ON		ON				63	ON	ON	ON	ON	ON	ON			106		ON		ON		ON	ON	
21	ON		ON		ON				64							ON		107	ON	ON		ON		ON	ON	
22		ON	ON		ON				65	ON						ON		108			ON	ON		ON	ON	
23	ON	ON	ON		ON				66		ON					ON		109	ON		ON	ON		ON	ON	
24				ON	ON				67	ON	ON					ON		110		ON	ON	ON		ON	ON	
25	ON			ON	ON				68			ON				ON		111	ON	ON	ON	ON		ON	ON	
26		ON		ON	ON				69	ON		ON				ON		112					ON	ON	ON	
27	ON	ON		ON	ON				70		ON	ON				ON		113	ON				ON	ON	ON	

번호	딥 스위치 넘버(DIP Switch Number)								번호	딥 스위치 넘버(DIP Switch Number)								번호	딥 스위치 넘버(DIP Switch Number)							
	1	2	3	4	5	6	7	8		1	2	3	4	5	6	7	8		1	2	3	4	5	6	7	8
28			ON	ON	ON				71	ON	ON	ON				ON		114		ON			ON	ON	ON	
29	ON		ON	ON	ON				72				ON			ON		115	ON	ON			ON	ON	ON	
30		ON	ON	ON	ON				73	ON			ON			ON		116			ON		ON	ON	ON	
31	ON	ON	ON	ON	ON				74		ON		ON			ON		117	ON		ON		ON	ON	ON	
32						ON			75	ON	ON		ON			ON		118		ON	ON		ON	ON	ON	
33	ON					ON			76			ON	ON			ON		119	ON	ON	ON		ON	ON	ON	
34		ON				ON			77	ON		ON	ON			ON		120				ON	ON	ON	ON	
35	ON	ON				ON			78		ON	ON	ON			ON		121	ON			ON	ON	ON	ON	
36			ON			ON			79	ON	ON	ON	ON			ON		122		ON		ON	ON	ON	ON	
37	ON		ON			ON			80					ON		ON		123	ON	ON		ON	ON	ON	ON	
38		ON	ON			ON			81	ON				ON		ON		124			ON	ON	ON	ON	ON	
39	ON	ON	ON			ON			82		ON			ON		ON		125	ON		ON	ON	ON	ON	ON	
40				ON		ON			83	ON	ON			ON		ON		126		ON	ON	ON	ON	ON	ON	
41	ON			ON		ON			84			ON		ON		ON		127	ON	ON	ON	ON	ON	ON	ON	
42		ON		ON		ON			85	ON		ON		ON		ON		–	–	–	–	–	–	–	–	–
43	ON	ON		ON		ON			86		ON	ON		ON		ON		–	–	–	–	–	–	–	–	–

07 R형 수신기 스위치 기능 및 사용방법

1 R형 수신기의 일반적인 내부구조

R형 수신기는 제조회사별 제품마다 차이가 있으나 본 서에서는 존슨콘트롤즈 Pro-N-MUX U에 대해서 간단히 소개하고자 한다.

| 그림 8-61 Pro-N-MUX U 수신기 외부 |

2 수신기의 전면 구성

 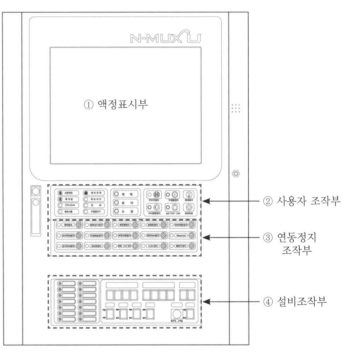

① 액정표시부

② 사용자 조작부

③ 연동정지 조작부

④ 설비조작부

| 그림 8-62 Pro-N-MUX U 벽부형 수신기 전면 |

(1) 액정표시부(TFT-LCD)

각각에 대한 현재의 입력개수 표시

현재 연월일, 시간 표시

운영 중인 전압, 예비전원 표시

축적(축적시간)/비축적 상태 표시

자동복구/홀딩 상태 표시

초기화면으로 이동

전 화면으로 이동

주변정보에 대한 그림화면 표시

고객센터 그림화면 표시

현재 발생한 이벤트 표시

수신기 메인 메뉴로 이동

화재발생 시 1보, 2보에 대한 정보 표시

| 그림 8-63 평상시 초기화면 |

① 액정표시부에는 시스템의 상태와 경보에 대한 표시를 한다.

② 액정표시부의 모든 입력은 Touch Panel을 통하여 이루어진다.

③ 화재 1보, 화재 2보, 최근 경보내용을 한 화면에 동시에 표시하여 신속한 화재정보 파악이 가능하다.

④ 화재 1보와 2보 화면에는 구역수, 회로명이 표시된다.

⑤ 화재, 설비작동, 고장, 회로차단 수량을 표시한다.

⑥ 화면 상단에 년, 월, 일, 시, 분, 초를 표시하는 Clock 기능이 있다.

⑦ 전압을 표시하여 육안으로 확인이 가능하다.

(2) 사용자 조작부

| 그림 8-64 **사용자 조작부** |

구 분	표시등 및 스위치 기능
교류전원	내부회로에 상용전원이 공급되고 있음을 나타내며 상시 점등상태를 유지하여야 함. • 평상시 : 점등
축적등	축적모드로 설정되어 있는 경우, 화재 입력이 최초로 들어올 때 동작하는 LED • 평상시 : 소등 • 축적시 : 점등
CPU RUN	수신기가 정상적으로 초기화하여서 감시상태가 되었을 경우 점멸되는 LED • 평상시 : 점멸(CPU RUN) • 이상이 있는 경우 : LED가 점멸하지 않음.
회로시험	회로시험은 관리자가 직접 중계기를 현장에서 시험하는 것이 아니라 방재실에서 수신기를 통해 가상의 화재시험을 하는 것이다. Point별로 시험이 가능하다. • 평상시 : 소등 • 회로시험을 하는 동안 : 점등(회로시험) 참고 회로시험을 하는 동안에는 LED가 점등, 회로시험이 해제되면 이 LED는 소등됨.
예비전원	수신기에서 상용전원이 차단되고, 예비전원으로 동작하고 있는 것을 확인하는 LED • 평상시 : 소등 • 상용전원이 차단되어 예비전원 투입 시 또는 예비전원 불량 시 : 점등(예비전원)

구 분	표시등 및 스위치 기능
🔒 회 로 차 단	중계기 회로차단을 확인하는 LED •평상시 : 소등 •회로차단 시 : 점등 **참고** 회로차단을 설정하면 회로차단 LED가 점등되며 이 모드의 설정을 해제하면 회로차단 LED는 소등됨. 회로차단은 현장에서 일정 구역의 수리 및 교체 시 사용
📞 전　화	로컬 수동발신기 또는 수동조작함에 부착된 전화잭에 전화 송수화기를 꽂은 상태를 알려주는 LED •평상시 : 소등 •로컬 전화잭에 전화 송수화기를 꽂을 경우 : 점등(🔵 전　화) **참고** 로컬의 전화잭에 송수화기를 꽂으면 이 LED가 점등되고, 수신기 내 부저가 명동된다. 방재실의 관리자가 수신기에 설치된 전화잭에 꽂으면 부저가 정지되고 이 LED도 소등되면서 방재실과 로컬 송수화기를 꽂은 사람과 통화가 가능하다.
📵 수동발신기	수신기에 수신된 화재신호가 발신기의 조작에 의한 신호인지, 감지기의 작동에 의한 신호인지의 여부를 식별해 주는 표시장치로서, 이 표시등이 점등되면 해당구역의 발신기의 누름버튼이 눌러진 상태이다. •평상시 : 소등 •로컬의 수동발신기 버튼을 누를 때 : 점등(🔵 수동발신기)
🔥 화　재	화재상태를 알려주는 표시등 •평상시 : 소등 •화재신호 입력 시 : 점등(🔵 화　재)
⚙ 설　비	설비 입력상태를 확인하는 표시등 •평상시 : 소등 •동작 시 : 점등(🔵 설　비) **참고** 중계기에 연결된 설비 입력(탬퍼 스위치 동작, 방화문 동작, 댐퍼 동작 등)이 있으면 이 LED는 점등된다. 설비 입력이므로 화재로 인식하지 않는다. 따라서 수신기가 축적/비축적 어느 모드로 설정되어 있더라도 이 입력은 즉시 처리되어 수신기에 표시된다.
⊘ 고　장	고장(Fault)상태를 확인하는 LED •평상시 : 소등 •고장발생 시 : 점등(🔵 고　장) **참고** 다음과 같은 고장(Fault) 상황이 발생하면 이 LED는 점등됨. ① 중계기의 종단저항 고장, 24V 전원 고장, 통신 고장 ② 중계반 통신 고장 ③ 예비전원 퓨즈 단선, 전압이 낮은 경우, 충전부가 불량인 경우 ④ 교류전원이 인가되지 않은 상황에서 예비전원으로 전원을 공급할 경우

구 분	표시등 및 스위치 기능
주부저정지	주부저정지 스위치 및 표시등 : 주부저를 정지하기 위한 스위치이며, 스위치가 눌려지면 이 LED는 점멸한다. • 평상시 : 소등 • 주부저정지 스위치가 눌려진 경우 : 점멸 **참고** 정상상태에서는 소등상태이나, 설비 또는 고장 등의 이벤트가 발생하는 경우에는 주부저가 명동되며 주부저정지 스위치를 누르면 부저가 정지하고 이 LED가 점멸된다. 새로운 설비 또는 고장 등의 이벤트가 발생하는 경우 주부저가 명동되며, LED는 소등된다.
주경종정지	주경종정지 스위치 및 표시등 : 화재발생 시 또는 동작시험 시 수신기에 설치된 주경종이 울리게 되는데, 이때 주경종을 정지하고자 할 때 주경종정지 스위치를 누르면 주경종이 울리지 않으며, 스위치가 눌려 정지 시 이 LED는 점멸한다. • 평상시 : 소등 • 주경종정지 스위치가 눌려진 경우 : 점멸 **참고** 정상상태에서 LED는 소등상태, 화재신호 입력 시 주경종이 명동되며 주경종정지 스위치를 누르면 주경종이 정지되며 LED는 점멸한다. 새로운 화재신호 입력 시 주경종은 자동으로 풀리며 LED는 소등된다.
지구음향정지	지구음향정지 스위치 및 표시등 : 지구음향을 정지시킬 때 사용하는 스위치이며, 지구음향정지 스위치가 눌려질 경우 이 LED는 점멸한다. • 평상시 : 소등 • 지구음향정지 스위치가 눌려진 경우 : 점멸
BATTERY TEST	예비전원시험 스위치 및 표시등 : 예비전원을 시험하기 위한 스위치로서 스위치를 누르면 예비전원 전압이 표시되며 이 LED가 점등된다. • 평상시 : 소등 • 예비전원시험 시 : 점등
화재복구	화재복구 스위치 : 중계기에 연결된 모든 입력기기들이 복구된다. 복구 중일 때 LCD 표시창에는 "화재복구" 메시지가 표시된다.
화면좌표	화면좌표 스위치 : 터치 스크린의 좌표를 조정하기 위한 스위치이다. **참고** 사용법 : 스위치를 누르면 화면에 십자표시가 좌상측부터 나타나며 순서적으로 좌표를 클릭하여 터치 스크린의 좌표를 입력하면 된다.

(3) 연동정지 조작부

프리액션밸브, 사이렌, 댐퍼, 방화셔터 등 연동설비의 작동을 정지시키기 위한 20여 개의 스위치를 부착한 조작부로서 현장여건에 따라 필요한 수량을 사용할 수 있도록 수신기가 제작된다.

스위치마다 1회 누르면 ON 상태가 되어 LED가 점멸되며, ON 상태에서 한번 더 누르면 LED가 소등되며 연동이 해제되어 설비 출력이 가능해진다.

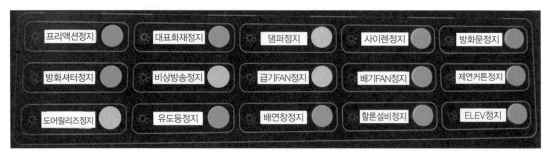

| 그림 8-65 **연동정지 조작부** |

① **평상시 : 소등(정상상태)**
② **스위치 누르면 : LED 점멸(연동정지 상태)**
    ㉠ 첫번째 스위치 누르면 LED 점멸(설비 연동정지 상태)
      : 설비 연동정지 상태로, 해당 기기의 입력 시에도 연동되지 않음.
    ㉡ 다시 한번 스위치 누르면 LED 소등(설비 연동상태)
      : 설비 연동상태로 정상상태로서, 해당 기기의 입력 시 정상적인 연동이 이루어짐.

(4) 설비 조작부

설비 조작부는 옥내소화전용 펌프, 스프링클러용 펌프, 제연설비용 Fan, 발전기 등의 제어를 위한 조작부로서 다음과 같은 표기기능 및 제어기능이 있다.

확인·감시
표시
표시(LED)부

제어
스위치부

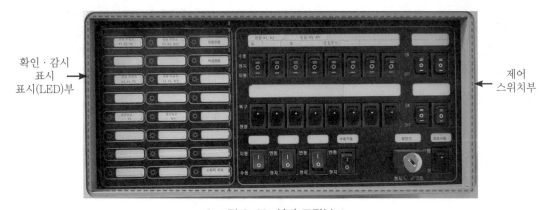

| 그림 8-66 **설비 조작부** |

① 확인 · 감시표시 기능

    ㉠ 소화펌프의 작동확인 LED

    ㉡ 소화펌프 압력 스위치 작동학인 LED

    ㉢ 상용전원 입력확인 LED

    ㉣ 비상전원 작동확인 LED

② 제어 스위치 기능

㉠ 소화펌프 자동 · 정지 · 수동선택 스위치	
㉡ 수동기동 스위치 수동기동하고자 하는 펌프를 수동으로 전환하고 수동기동 스위치를 연동 위치로 전환하면 해당 펌프가 수동으로 작동됨.	
㉢ 회로시험 스위치 확인 · 감시표시부의 동작시험을 진행할 때 사용, 시험 스위치를 누르면 누르는 동안만 자동복구되면서 P형 수신기처럼 자동으로 시험 진행됨.	

3 액정표시부(TFT-LCD)

(1) 액정표시부 초기화면

    ① 초기화면으로서 해당하는 메뉴를 클릭하면 해당되는 메뉴로 이동

    ② 메인메뉴 클릭

(2) 메인메뉴

① 초기화면에서 메인메뉴를 누르면 나타나는 화면으로, 각 메뉴에 해당하는 항목으로 이동하고자 하는 경우 해당 메뉴를 누른다.

② 초기화면으로 이동하고자 하는 경우 HOME 버튼을 누르면 이동된다.

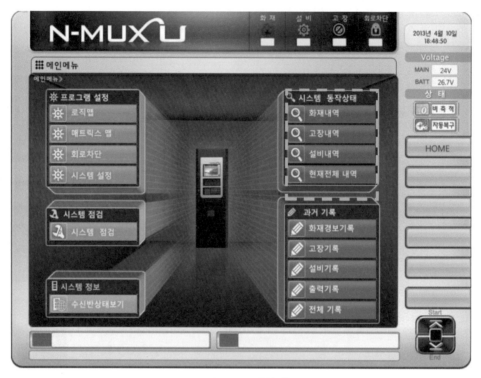

| 그림 8-67 메인메뉴 |

| 메인메뉴 기능 설명 |

구 분	내 용	설 명
시스템 동작상태	화재내역	현재 발생된 화재의 개수, 해당 지역 등 화재에 관련된 메시지 표시
	고장내역	현재 발생된 고장개수, 해당 지역 등 고장에 관련된 메시지 표시
	설비내역	현재 동작된 설비의 개수, 해당 지역 등 설비에 관련된 메시지 표시
	현재 전체내역	• 현재 발생된 모든 이벤트 정보에 관련된 메시지 표시 • 화재, 고장, 설비내역, Key 정보 등 수신기의 모든 이벤트에 대한 정보를 표시

구 분	내 용	설 명
과거기록	화재경보기록	과거의 특정시간 이후에서부터 현재까지의 화재정보에 관련된 메시지를 기록하여 표시해 주는 화면
	고장기록	과거의 특정시간 이후에서부터 현재까지의 고장(FAULT)정보에 관련된 메시지를 기록하여 표시해 주는 화면
	설비기록	과거의 특정시간 이후에서부터 현재까지의 동작된 설비 메시지를 보여 주는 화면
	출력기록	과거의 특정시간 이후에서부터 현재까지의 출력 및 Key 제어 이벤트 정보와 관련된 메시지를 보여주는 화면
	전체기록	• 과거의 특정 시간 이후에서부터 현재까지 발생한 모든 이벤트 정보에 관련된 메시지를 기록하여 표시해 주는 화면 • Pro-n mux u의 기록할 수 있는 이벤트 수는 8,000개이며, 8,000개 초과 시 최초 입력된 정보부터 삭제됨.
시스템 정보	수신반 상태 보기	이 메뉴는 수신기와 네트워크로 연결된 모든 수신기, 각 수신기에 연결된 중계반과 중계반에 연결된 중계기의 상태, 즉 고장상태, 화재상태 및 강제 입·출력시험을 할 수 있는 메뉴로 구성 | 그림 8-68 수신반 상태 보기 |　| 그림 8-69 중계반 상태 보기 | | 그림 8-70 LOOP에 연결된 설비상태 보기 |　| 그림 8-71 중계기 상태 보기 |
시스템 점검	시스템 점검	전원전압, S/W 버전, 화면 테스트, 수신기 IP 주소, 시간설정 메뉴로 구성되며, 유지보수 버튼을 이용하여 소프트웨어(맵) Up-down 로드 가능

구 분	내 용	설 명
시스템 점검	시스템 점검	
프로그램 설정 (Program set up)	로직맵 (AND MAP)	두 개 이상의 화재감시입력(중계기에 연결된 입력)이 동시에 입력되었을 때 화재입력으로 인정하는 방식을 AND MAP이라고 하며 이를 설정하는 메뉴
	매트릭스 맵 (MATRIX MAP)	입력에 연결된 출력상태, 즉 연동을 변경하고자 하는 경우에 사용하는 메뉴
	회로차단	각 중계반 또는 루프별로 선택하여 회로차단 가능하며, 차단 시 회로차단 개수와 Address 차단 개수를 상단에 표시 및 수신기의 전면부에 회로차단 LED 점등됨. 참고 회로차단 시 화재복구를 해야지만 내용이 시스템에 적용되므로 설정 후에는 꼭 화재복구 실시 요함.
	시스템 설정	수신기의 축적/비축적 설정, 화재상태의 홀딩/화재 자동복구, 지구음향장치 홀딩/자동복구, 아날로그감지기 보상 등의 설정메뉴로 구성

4 화재발생 시 화면

ㅣ 그림 8-72 **화재발생 시 화면** ㅣ

(1) 초기화면에서 화재가 발생되면 나타나는 화면

(2) 하단부에는 화재 1보와 2보에 대한 정보도 함께 표시

(3) 세부내역 확인 : 이 상태에서 화재발생 아이콘을 클릭한 다음, 화재내역 클릭

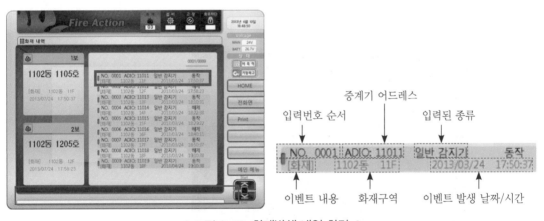

ㅣ 그림 8-73 **화재발생 내역 화면** ㅣ

(4) 화재가 발생한 구역의 메시지 화면이며, 메인메뉴/화재내역을 클릭하면 나타나는 화면

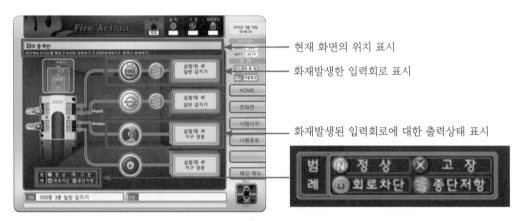

현재 화면의 위치 표시

화재발생한 입력회로 표시

화재발생된 입력회로에 대한 출력상태 표시

| 그림 8-74 화재발생 중계기 화면 |

(5) 메인메뉴/ 수신기 상태 보기 메뉴/ LOOP 상태 보기/ 중계기 상태 보기 메뉴의 화면
(6) 중계기에 연결된 화재감지기가 동작되는 경우 화재 아이콘이 표시되고 입출력 MAP에
    의해 연결된 출력설비의 동작상태를 표시
(7) 수신기에는 화재 LED 점등 및 주경종 명동

5 설비입력 발생 시 화면

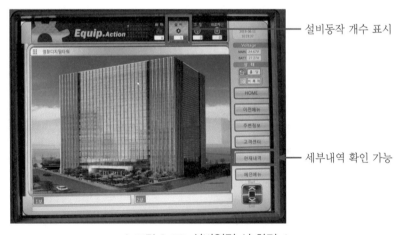

설비동작 개수 표시

세부내역 확인 가능

| 그림 8-75 설비입력 시 화면 |

(1) 초기화면에서 설비(탬퍼 스위치, 댐퍼, 방화문 동작 등)가 동작하면 나타나는 화면
(2) 세부내역 확인 : 이 화면에서 현재내역 확인

(3) 상단의 설비 개수가 0에서 설비동작 개수만큼 증가
(4) 동작상태 : 수신기에는 설비작동 LED 점등, 부저 명동

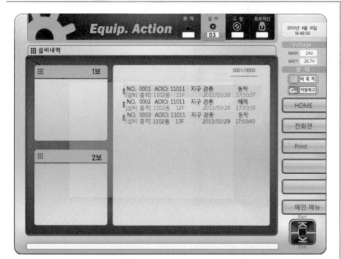

- 설비내역
  메인메뉴/ 시스템 동작상태/ 설비내역
- 현재 입력된 설비에 대해 표시

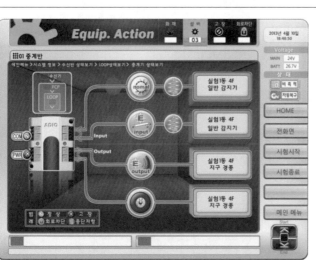

- 설비발생 시 중계기 정보 화면
  메인메뉴/ 시스템 정보/ 수신반 상태
  보기/ LOOP 상태 보기/ 중계기 상
  태 보기
- 중계기에 연결된 입력설비가 동작되
  는 설비동작 아이콘이 표시되고 입출
  력 MAP에 의해 연결된 출력설비의 동
  작상태를 표시

6 고장(Fault)발생 시 화면

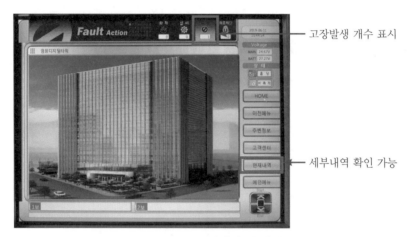

고장발생 개수 표시

세부내역 확인 가능

| 그림 8-76 **고장발생 시 화면** |

(1) 초기화면에서 고장(FAULT)이 발생되면 나타나는 화면

(2) 이 화면에서 현재내역을 클릭하면 다음의 화면이 나타난다.

(3) 상단의 고장개수가 0에서 발생된 고장개수만큼 증가

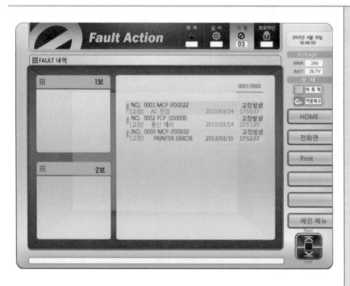

・고장(FAULT)내역
　메인메뉴/시스템 동작상태/고장
　(FAULT)내역
・FAULT가 발생한 구역과 고장내용
　을 표시

(4) 중계반 고장발생 시 화면

- 중계반 고장발생 시 화면
  메인메뉴/시스템 정보/수신반 상태 보기/
  중계기 상태 보기
- 중계반 통신고장 또는 중계반 배터리 고장
  시 화면

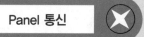

- 중계반 LOOP 1의 고장화면

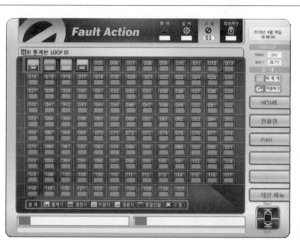

- 중계반 LOOP 1 고장발생 화면
  메인메뉴/시스템 정보/수신반 상태 보기/
  중계기 상태 보기/ LOOP 1
- LOOP에 FAULT 발생 시 표시하는 화면으
  로 좌측 화면은 1번 중계반의 1번 LOOP에
  1번 중계기에 고장이 발생함을 의미한다.
- 중계기의 고장을 알려면 고장표시된 중계기
  를 클릭하면 확인이 가능하다.

(5) 중계기 고장발생 화면

- 중계기 고장발생 시 화면
  메인메뉴/시스템 정보/수신반 상태 보기 /LOOP 상태 보기/중계기 상태 보기
- 중계기 통신고장인 경우 화면

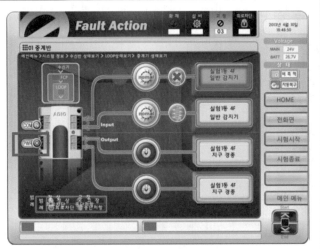

- 중계기 24V 전원고장인 경우 화면

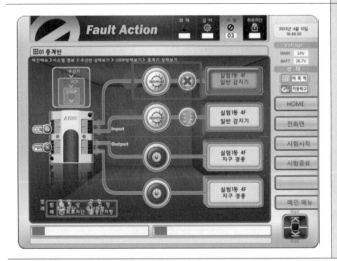

- 중계기 Port 1 종단저항 고장인 경우 화면

08 R형 수신기 시험

1 도통시험

R형 수신기는 별도의 시험을 하지 않더라도 평상시 자기진단 기능이 있어 선로의 단선, 단락, 통신 이상이 발생할 경우 고장(장애)이 발생한 구역과 내용을 표시해 준다.

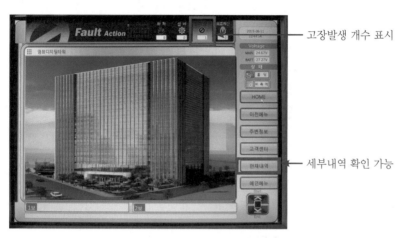

⎯ 고장발생 개수 표시

⎯ 세부내역 확인 가능

| 그림 8-77 고장발생 시 화면 |

(1) 초기화면에서 고장(FAULT)이 발생되면 나타나는 화면
(2) 이 화면에서 현재내역을 클릭하면 다음의 화면이 나타난다.
(3) 상단의 고장개수가 0에서 발생된 고장개수만큼 증가

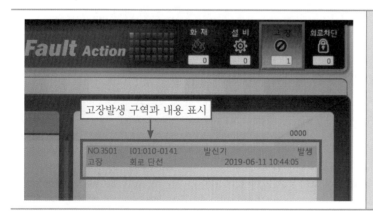

- 고장(FAULT)내역
  메인메뉴/시스템 동작상태/고장(FAULT)내역
- 고장(FAULT)이 발생한 구역과 고장내용을 표시

2 > 예비전원

R형 수신기의 예비전원시험도 P형과 시험목적과 방법은 동일하다.

(1) 목적

① **자동절환 여부** : 상용전원 및 비상전원이 정전된 경우 자동적으로 예비전원으로 절환이 되며, 복구 시에는 자동적으로 상용전원으로 절환되는지의 여부를 확인한다.

② **예비전원 정상 여부** : 상용전원이 정전되었을 때 화재가 발생하여도 수신기가 정상적으로 동작할 수 있는 전압을 가지고 있는지를 검사하는 시험이다.

(2) 방법

① 예비전원시험 스위치를 누른다.

　　참고 예비전원시험은 스위치를 누르고 있는 동안만 시험이 가능하다.

② 전압계의 지시치가 적정범위(24V) 내에 있는지를 확인한다.

③ 교류전원을 차단하여 자동절환 릴레이의 작동상황을 조사한다.

　　참고 **입력전원 차단** : 차단기 OFF 또는 수신기 내부 전원 스위치 OFF

| 그림 8-78 예비전원시험 스위치 누름 |

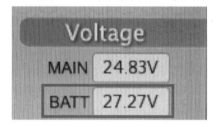

| 그림 8-79 전압 확인 |

(3) 가부 판정기준

예비전원의 전압, 용량, 자동전환 및 복구 작동이 정상일 것

3 > 동작시험

(1) 목적

감지기, 발신기 등이 동작하였을 때, 수신기가 정상적으로 작동하는지 확인하는 시험이다.

Tip 동작시험

로컬에 설치된 감지기, 발신기가 동작된 것과 같이 수신기에서 강제로 화재와 같은 상황을 만들어서 수신기에 화재표시 및 로컬에 신호를 정상적으로 보내는지를 확인하는 시험을 말한다.

(2) 중계기 상태 화면에서 시험하는 방법(존슨콘트롤즈 예)

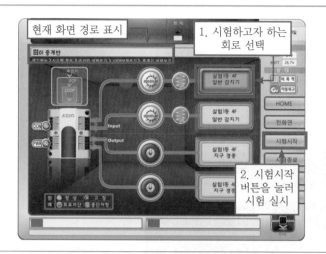

• 현재화면 위치
메인메뉴/시스템 정보/수신반 상태
보기/LOOP 상태 보기/중계기 상태
보기
① 동작시험을 하고자 하는 회로를
선택(입력 또는 출력회로 선택)
② 우측의 시험시작 버튼을 누름

③ 동작시험을 했을 때 피해에 대한
경고 안내문 팝업창 질문 선택
(YES/NO)

④ 회로시험을 정말 할 것인지 물음
에 대한 선택(YES/NO)
⑤ YES 선택 시 입출력표에 의해 출
력설비들이 동작한다.
※ 출력 확인 후 반드시 "시험종료"
선택하고 수신기를 복구해 준다.

(3) LED 화면에서 회로번호를 입력하여 시험하는 방법(지멘스 예)

　① 메인화면 우측에 위치한 회로시험 버튼을 누르면 회로시험 화면으로 전환된다.

　② 화면의 숫자판(텐키)을 이용하여 시험하고자 하는 회선의 주소(어드레스)를 입력한다.

　　(주소 : 수신기 번호–중계반 번호–계통번호–회선번호)

　③ 화재시험(또는 기동시험) 버튼을 누르면 시험이 실시된다.

　　참고　① 화재시험 : 입력회로의 동작시험 시 사용
　　　　　② 기동시험 : 제어출력회로의 동작시험 시 사용

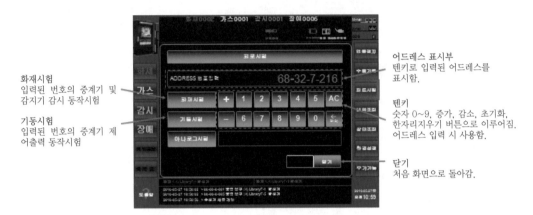

| 그림 8-80　지멘스 R형 수신기 회로시험 화면 |

자동화재탐지설비의 경보방식으로는 일제명동방식과 직상층·발화층 우선경보방식이 있다. 층수가 낮고 연면적이 작을 경우에는 일제명동방식을 적용하지만, 층수가 높고 수용인원이 많은 건축물의 경우 화재 시 전층 경보로 인한 건물 내부의 사람이 일시에 피난하는 경우 계단에서 안전사고(압사)가 발생하는 것을 방지하기 위하여 구분 명동을 하는 것이며, 피난시간을 고려하여 방재실에서는 단계적으로 비상방송설비를 이용하여 순차적으로 피난안내방송을 실시하게 된다. 따라서 방재실에서는 비상시 안내방송을 위한 멘트를 미리 작성하여 비치하는 것이 바람직하다.

1 우선경보방식(발화층 및 직상 4층)〈개정 2022. 5. 9.〉, 〈시행 2023. 2. 10.〉

(1) 대상

층수가 11층(공동주택의 경우에는 16층) 이상인 특정소방대상물

(2) 우선경보방식(발화층 및 직상 4개층) 기준

발화층	경보발령층
2층 이상의 층	발화층 및 그 직상 4개층
1층	발화층, 그 직상 4개층 및 지하층 = 1~5층, 지하 전층
지하층	발화층, 그 직상층 및 그 밖의 지하층

2 전층 경보방식

위 (1) 이외의 건축물을 말한다.

| 자동화재탐지설비 경보방식의 구분 |

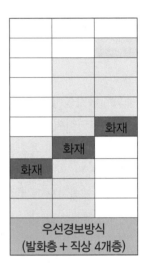

층 수	전층 경보방식
7층	
6층	
5층	
4층	
3층	
2층	화재
1층	화재
지하 1층	화재
지하 2층	
지하 3층	

범례: 화재 → 화재층 / 경보층

우선경보방식 (발화층 + 직상층)

우선경보방식 (발화층 + 직상 4개층)

Tip 우선경보방식의 변천

개정 시기	경보발령층	대 상
1974. 6. 14.	발화층 + 직상층 우선경보	지하층 제외 5층 이상, 연면적 3,000m2 초과
2012. 2. 15.	발화층 + 직상 4개층 우선경보	층수가 30층 이상
2022. 5. 9.	발화층 + 직상 4개층 우선경보	층수가 11층 이상(공동주택의 경우 16층 이상)

P형 수신기의 고장진단

01 상용전원감시등이 소등된 경우

1 고장진단 방법

수신기 전면 상용전원등이 소등된 경우로서 다음 순서에 의하여 확인한다.

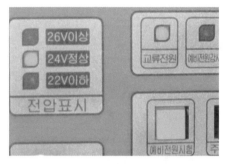

| 그림 8-81 상용전원감시등 점등상태 |

| 그림 8-82 상용전원감시등 소등상태 |

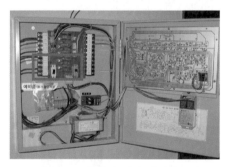

| 그림 8-83 수신기 커버 개방된 모습 |

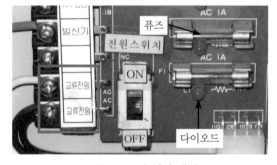

| 그림 8-84 수신기 내부 |

(1) 수신기 커버를 연다.

(2) 수신기 내부 기판의 전원 스위치가 "OFF" 위치에 있는지 확인한다.
    만약 "OFF" 위치에 있다면 "ON" 위치로 전환한다.

(3) 수신기 내부 기판에 퓨즈의 단선을 알리는 다이오드(LED)가 적색으로 점등되어져 있는
    지 확인한다. 만약 점등되어져 있다면 기판에 표시된 정격용량의 퓨즈로 교체한다.

(4) 전원 스위치와 퓨즈가 이상이 없다면, 전류전압측정계를 이용하여 수신기 전원입력단자
    의 전압을 확인한다.

① 입력전원이 "0V"로 전압이 뜨지 않을 때

　㉠ 수신기 전원공급용 차단기가 트립된 경우

　㉡ 정전된 경우

② 입력전원이 "220V"로 전압이 정상적으로 측정되면, 수신기까지 교류전원이 공급되는 상황이므로 다음 상황을 확인한다.

　㉠ 수신기 내부의 퓨즈가 단선되었는지 재확인

　㉡ 수신기 내부의 전원 스위치가 "OFF" 위치에 있는지 재확인

　㉢ 퓨즈와 전원 스위치가 문제가 없을 시는 수신기 자체의 문제임.

2 ▷ 상용전원감시등이 소등되었을 때의 원인

원 인	조치방법
정전된 경우	AC 입력전원을 전류전압계로 확인하여 정전인지 다른 문제인지 확인한다. ① 입력전원이 "0V"일 경우 　㉠ 정전인 경우 　㉡ 수신기 전원공급 차단기가 트립(OFF, 차단)된 경우 ② 입력전원이 "정상(AC 220V)"일 경우 　㉠ 수신기 내부의 문제이므로 퓨즈 단선 유무 확인, 전원 스위치 정상 여부를 확인 　㉡ 만약 퓨즈 및 전원 스위치가 문제가 없을 시는 수신기 자체의 문제임.
수신기 전원공급용 차단기가 트립(OFF, 차단)된 경우	수신기 전원공급 차단기를 확인 후 정상 조치한다.
수신기 내부 전원 스위치가 OFF 상태인 경우	전원 스위치가 OFF 시는 ON 위치로 전환한다. | 그림 8-85 전원 스위치 |
퓨즈(FUSE)가 단선된 경우 (퓨즈 단선 시 퓨즈 옆에 있는 적색 다이오드가 점등됨)	단선된 퓨즈를 교체한다. **참고** 전원 퓨즈가 없거나 단선 시 교체방법 　① 전원 스위치를 끈다. 　② 예비전원 커넥터를 분리한다. 　③ 기판에 표시된 용량의 퓨즈로 교체한다. 　　(복구 : 예비전원 커넥터 연결 후 전원 스위치를 올림)

원 인	조치방법
퓨즈(FUSE)가 단선된 경우	 | 그림 8-86 수신기 내부 퓨즈 |
전원회로부가 훼손된 경우	훼손 확인 시는 제조업체에 문의하여 정비한다.

02 ▶ 예비전원감시등이 점등된 경우

평상시 예비전원감시등이 소등되어 있어야 하나, 점등된 경우에는 예비전원에 이상이 생긴 경우이다. 이 경우의 원인과 조치방법은 다음과 같다.

| 그림 8-87 예비전원감시등이 소등된 상태 | | 그림 8-88 예비전원감시등이 점등된 상태 |

원 인	조치방법
퓨즈(FUSE)가 단선된 경우	퓨즈 단선이나 퓨즈가 없을 시는 전원 스위치를 끄고, 예비전원 커넥터 분리 후 기판에 표시된 용량의 퓨즈로 교체한다.   | 그림 8-89 예비전원 퓨즈가 없는 경우 | | 그림 8-90 퓨즈를 교체한 경우 |

원인	조치방법
예비전원 충전부가 불량인 경우	충전부를 정비한다. 참고 충전부 정상 여부 확인방법 : 제조회사별로 약간 다를 수 있으나 대부분 28~32V 정도이므로 해당 전압의 정상 유무를 확인하고 이상 시는 제조업체에 문의하여 정비한다.
예비전원이 불량인 경우	예비전원을 교체한다. 참고 예비전원 정상 여부 확인방법 : 충전부는 정상이나 예비전원 부분에서 제조회사에서 권장하는 시간 이상 예비전원에 충전하였음에도 불구하고 정격전압, 즉 24V의 ±20%(19.2~28.8V)가 아니면 비정상이므로 이때는 연결 커넥터를 분리하고 예비전원을 교체한다. 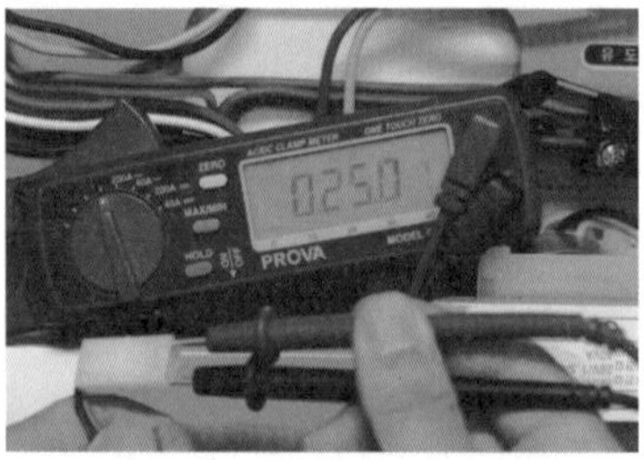 ㅣ 그림 8-91 예비전원 정상인 경우  ㅣ ㅣ 그림 8-92 예비전원 불량인 경우 ㅣ
예비전원 연결 커넥터 분리/접속불량인 경우	① 예비전원 연결 커넥터가 분리된 경우 : 체결하여 놓는다. ② 예비전원 연결 커넥터가 접속불량인 경우 : 확실하게 체결한다.  ㅣ 그림 8-93 커넥터 체결모습 ㅣ
예비전원이 방전되어 아직 만충전 상태에 도달하지 않은 경우	제조회사에서 권장하는 시간 이상 충전한다. 참고 제조회사에서 권장하는 시간은 통상적으로 8시간 이상 예비전원에 충전하였을 시 예비전원감시등이 소등되었다면 예비전원은 정상이다.

08

Tip 점검 시 퓨즈 지참

점검 시작 전 또는 점검 도중 수신기 내부 퓨즈가 단선되는 경우 점검일정에 차질이 생기는 경우가 종종 발생한다.
따라서 퓨즈를 종류별로 지참하는 것이 좋으며, 퓨즈의 규격은 상단에 표시되어 있다.
퓨즈를 교체할 경우에는 반드시 기판에 명시되어 있는 규격(A)을 확인 후 교체하여야 한다.
① 큰 통퓨즈 : 1~5A
② 작은 통퓨즈 : 1~5A

| 그림 8-94 기판에 설치된 퓨즈 |

---

03 화재표시등과 지구표시등이 점등되어 복구되지 않을 경우

P형 1급 수신기의 화재표시등과 지구표시등이 점등되어 복구 스위치를 눌렀으나 복구되지 않을 때의 원인과 조치방법을 크게 2가지로 분류하여 보면 다음과 같다.

1 복구 스위치를 누르면 OFF, 떼면 즉시 ON 되는 경우

원 인	조치방법
수동발신기가 눌러진 경우	수동발신기를 복구한다. 해당 경계구역의 발신기 누름 스위치를 당기거나 한번 더 눌러 복구한 후 수신기에서 복구 스위치를 누르면 정상으로 복구된다. | 그림 8-95 발신기가 눌러진 경우 수신기의 발신기등 점등 |　　| 그림 8-96 발신기 응답등 소등 및 점등된 상태 |

원 인	조치방법
감지기가 불량인 경우 (감지기 내부회로 불량)	① 감지기 작동표시등이 점등된 경우 : 불량인 감지기를 교체한다. 　감지기 내부회로 불량으로 동작표시등이 점등된 경우로서 해당구역의 작동표시등에 점등된 감지기를 찾아 교체하고 수신기를 복구한다. 　| 그림 8-97 감지기　　　　　| 그림 8-98 감지기 동작 　작동표시등이 점등 |　　　　표시등이 소등된 경우 | ② 감지기 작동표시등 미점등 시 : 불량인 감지기를 교체한다. 　전류전압계로 회로선(+, -)의 전압을 확인한 후 측정전압이 "4~6V"인 경우는 해당구역의 감지기가 동작(감지기 내부회로 불량)된 경우이므로 해당구역의 감지기를 정상적인 감지기로 교체한 후 수신반에서 복구한다. **참고** 불량 감지기 찾는 방법 　① 해당구역의 감지기 챔버를 분리한 후 수신반에서 차례로 복구하여 본다. 　② 이때 복구가 되는 감지기가 있다면 복구되는 감지기가 불량인 감지기이다.
감지기 선로의 합선 (단락, Short)인 경우	선로를 정비한다. **참고** 전류전압계로 회로선(+, -)의 전압을 확인하여 측정전압이 "0V"인 경우는 감지기 선로의 합선(단락, Short)인 경우이므로 선로를 정비한다.

\| 그림 8-99 회로의 감지기가 동작한 경우 \|

\| 그림 8-100 회로가 합선이나 누전된 경우 \|

2 복구는 되나 다시 동작하는 경우

원 인	확인(조치)사항
현장의 감지기가 오동작한 경우	이 경우는 일과성 비화재보로 인한 감지기가 불량인 경우이므로 현장의 오동작 감지기를 확인하고 청소 또는 교체한다. **참고** 복구 스위치를 눌렀다 떼는 순간 ① 약 1~2초 후에 다시 동작하면 ⇒ 차동식(열) 감지기가 통상 동작한 경우 ② 약 3~10초 후에 동작하면 ⇒ 연기감지기가 통상 동작한 경우

> **Tip** 일과성 비화재보
>
> 주위상황이 대부분 순간적으로 화재와 같은 상태로 되었다가 다시 정상상태로 복구되는 경우가 많은데, 이것을 일과성 비화재보라 한다.

04 경종이 동작하지 않는 경우

수신기 작동시험 시 주화재표시등과 지구표시등은 점등이 되는데, 주경종 또는 지구경종이 동작하지 않을 경우가 있다. 이때의 원인과 조치방법은 다음과 같다.

1 주경종이 동작되지 않는 경우

원 인	조치방법
주경종 정지 스위치가 눌러진 경우	확인 후 정상조치한다.
주경종 정지 스위치가 불량인 경우	이상 시는 교체한다. (접속불량 : 이물질로 인하여 스위치가 들어가서 나오지 않는 경우)
경종이 불량인 경우	주경종의 단자전압을 측정하여 "24V"일 경우는 주경종이 불량이므로 주경종을 교체한다.
수신기 내부회로가 불량인 경우	전압이 "0V"로 표시되는 경우는 수신기 내부회로의 문제이므로 수신기를 정비한다.

2 지구경종이 동작되지 않는 경우

원 인	조치방법
지구경종 정지 스위치가 눌러진 경우	확인 후 정상조치한다.

원 인	조치방법
지구경종 정지 스위치가 불량인 경우	이상 시는 교체한다. (접속불량 : 이물질로 인하여 스위치가 들어가서 나오지 않는 경우)
퓨즈가 단선된 경우	퓨즈 단선 시는 전원을 차단하고, 예비전원 분리 후 퓨즈를 교체한다.
지구 릴레이가 불량인 경우	릴레이의 정상 동작 여부를 확인하고, 불량일 경우 릴레이를 교체한다.
경종이 불량인 경우	경종선로의 전압을 체크(공통 ↔ 지구경종 단자)하여 측정전압이 "24V"인 경우 ⇒ 지구경종이 불량이므로 경종을 교체한다.
경종선이 단선된 경우	경종선로의 전압을 체크(공통 ↔ 지구경종 단자)하여 측정전압이 "0V"인 경우 ⇒ 경종선이 단선이므로 원인을 찾아 정비한다.

R형 수신기의 고장진단

01 수신기와 중계반 간 통신 이상 시 조치방법

수신기에서 수신기와 중계반 간의 통신장애가 발생할 경우의 원인과 조치방법은 다음과 같다.

원 인	조치방법
수신기와 중계반 간 통신선로의 단선, 단락 및 오결선인 경우	수신기와 중계반 간 통신선로의 단선, 단락 및 오결선을 확인하여 조치한다.
유닛(Unit)주소가 불일치한 경우	해당 유닛의 주소를 딥 스위치(Dip Switch)로 설정 확인한다.
중계반 전원이 차단된 경우	중계반 전원투입 상태를 확인한다.
회로모듈 통신회로가 불량인 경우	불량인 회로모듈을 교체한다.
CPU 모듈 통신회로가 불량인 경우	불량인 CPU 모듈을 교체한다.

02 통신선로의 단락 시 조치방법

수신반에서 통신선로 단락 장애 표시등이 점등될 경우 원인 및 조치방법은 다음과 같다.

원 인	조치방법
중계기 통신선로의 단락이 발생한 경우	• 단락된 계통의 통신선로의 단락 여부를 확인 · 정비한다. • 통신선로가 이상 없으면 회로모듈을 확인 · 교체한다.

03 통신선로 계통 전체 단선 시 조치방법

수신반에서 통신선로 단선 장애 표시등이 점등되어 확인해 보니, 계통 전체 통신선로가 단선되어 중계기의 통신램프가 점멸하지 않을 경우의 원인과 조치방법은 다음과 같다.

원 인	조치방법
수신기의 통신카드가 불량(회로기판 불량)인 경우	① 수신기 통신카드가 불량이면 교체하고, 접속불량인 경우 슬롯에 다시 꽂는다.
수신기와 중계기 간 통신선이 단선된 경우 또는 통신선로의 접속불량인 경우	② 단선된 계통의 통신선로를 정비한다. **참고** 확인방법 • 전류전압측정계(테스터기)를 DC로 전환한다. • 중계기 통신 +단자와 − 단자에 리드봉을 접속한다. • 전압이 뜨지 않으면(0V) 통신을 못 하고 있는 것이다. • 전압이 DC 26~28V로 뜨면 통신전압은 정상(전압차는 제조사별로 차이가 있음)이다.
중계기 제어 전원선로의 단선 또는 전원이 차단된 경우	③ 중계기의 제어 전원선을 전류전압측정계로 측정하여 DC 21~27V 범위 밖이면 다음과 같다. ㉠ 전원차단 여부 확인 및 전원부의 DC Fuse를 점검하여 단선 시 교체한다. ㉡ 전원부에 이상이 없을 시 전원선로를 점검 정비한다. **참고** 확인방법 • 전류전압측정계(테스터기)를 DC로 전환한다. • 중계기 전원선 +단자와 − 단자에 리드봉을 접속한다. • 전압이 뜨지 않으면(0V) 전원차단된 것이다. • 전압이 DC 21~27V로 뜨면 제어공급 전압은 정상이다.

①	통신단자		③	입력단자
평상시	27V		평상시	24V
화재 시	27V(불변)		화재 시	• 감지기 동작 시 : 4V • 단락 시 : 0V
②	전원단자		④	출력단자
평상시	24V±10%		평상시	0V
화재 시	24V±10%		화재 시	24V
⑤	통신 LED(점멸)		⑥	전원·선로 감시 LED(점등)
⑦	딥 스위치			

┃ 그림 8-101 존슨콘트롤즈 중계기 단자 명칭 ┃

04 통신선로의 단선 시 조치방법

수신반에서 통신선로 단선 장애 표시등이 점등될 경우 원인과 조치방법은 다음과 같다.

원 인	조치방법
수신기와 중계기 간 통신선이 단선된 경우	수신기와 중계기 간의 통신선을 전류전압측정계로 측정하여 DC 26~28V 범위 밖이면 선로를 점검한다.
중계기 제어 전원선로의 단선 또는 전원이 차단된 경우	중계기의 제어 전원선을 전류전압측정기로 측정하여 DC 21~27V 범위 밖이면 다음과 같다. ① 전원차단 여부 확인 및 전원부의 DC Fuse를 점검하여 단선 시 교체한다. ② 전원부에 이상이 없을 시 전원선로를 점검 정비한다.
중계기 감시회로가 단선된 경우	중계기 감시회로의 단선 여부를 확인하여 조치한다.
중계기 감시회로 말단 종단저항이 탈락 또는 접속불량인 경우	중계기 감시회로의 말단 종단저항이 접속을 확인하여 조치한다.
입력신호 발신기기(감지기, 발신기, 탬퍼 스위치, 수동조작함 등)가 고장인 경우	입력신호 발신기기를 점검하여 정상 여부를 확인 후 정상 조치한다.
중계기가 고장인 경우	상기 내용이 정상이면 중계기 불량으로 교체한다.

05 감지기 정상동작 시 수신기 미확인

감지기(감시설비 : 감지기, 발신기, 탬퍼 스위치 등)는 정상적으로 동작되는데 수신기에 화재표시가 되지 않을 경우의 원인과 조치방법은 다음과 같다.

원 인	조치방법
입력신호 발신기기의 결선불량인 경우	중계기의 결선도를 참고하여 중계기 결선상태를 확인 · 점검한다.
중계기 주소가 불일치한 경우	중계기 입 · 출력표를 확인 후 주소를 재설정한다.
통신선로가 단선 · 단락된 경우	해당 단선, 단락된 통신선로를 정비한다.

원 인	조치방법
중계기가 불량인 경우 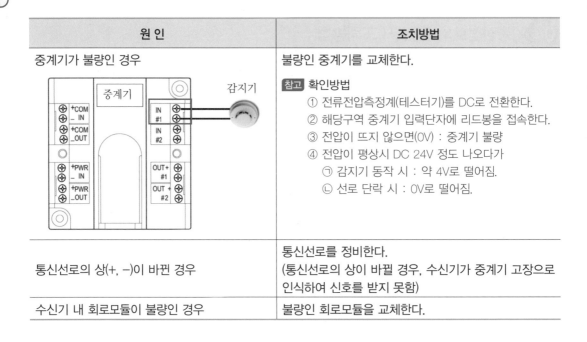	불량인 중계기를 교체한다. **참고** 확인방법 ① 전류전압측정계(테스터기)를 DC로 전환한다. ② 해당구역 중계기 입력단자에 리드봉을 접속한다. ③ 전압이 뜨지 않으면(0V) : 중계기 불량 ④ 전압이 평상시 DC 24V 정도 나오다가 　　㉠ 감지기 동작 시 : 약 4V로 떨어짐. 　　㉡ 선로 단락 시 : 0V로 떨어짐.
통신선로의 상(+, −)이 바뀐 경우	통신선로를 정비한다. (통신선로의 상이 바뀔 경우, 수신기가 중계기 고장으로 인식하여 신호를 받지 못함)
수신기 내 회로모듈이 불량인 경우	불량인 회로모듈을 교체한다.

06 중계기 동작 시 제어출력 미동작 시 조치방법

수신기에 화재신호가 입력되어 입·출력표에 의해 해당 제어(경종, 사이렌 등) 출력신호가 나가게 되는데, 제어출력이 나오지 않을 경우의 원인과 조치방법은 다음과 같다.

원 인	조치방법
연동정지 스위치를 설정에 놓은 경우	연동정지 스위치를 확인하여 연동상태로 놓는다.
중계기가 불량인 경우	불량인 중계기를 교체한다.

입력 LED
• 평상시 : 점멸
• 입력 시 : 점등

경종

출력 LED
• 평상시 : 소등
• 출력 시 : 점등

| 그림 8-102 지멘스 중계기 |

참고 1. 확인방법
① 중계기 출력단자의 전압을 측정하여 DC 21V 미만이면 중계기를 교체한다.
　㉠ 전압이 나오지 않으면 중계기 불량
　㉡ 정상일 경우 평상시 0V 상태에서 제어출력 시에는 24V 정도가 나온다.
② 지멘스 중계기의 경우 해당 중계기의 출력 LED 가 소등상태일 경우 중계기 불량

2. 제어 LED : 평상시 소등, 출력 시 점등

원인	조치방법
제어기기가 불량인 경우	불량인 제어기기를 교체한다. **참고** 확인방법 ① 중계기 출력단자의 전압을 측정하여 DC 24V가 나오면 중계기는 정상이다. ② 제어기기에서 전압을 측정하여 　㉠ 전압이 DC 24V로 뜨면 제어기기 불량 　㉡ 전압이 뜨지 않으면 중계기에서 제어기기까지의 선로 단선 또는 결선 불량
제어기기의 결선 불량인 경우	중계기와 제어기기 간의 선로를 점검하여 조치한다.

1차	단자 설명
SC	통신공통(−)
S	통신(+)
DD	전원(+)
DDC	전원공통(−)

| 그림 8-103 지멘스 중계기 단자명칭 |

2차	단자 설명
C	회로공통
L1	회로 1
L2	회로 2
X1, X2	이보접점
D1	제어 1
D2	제어 2
DD	전원
DDC	전원공통

07 개별 중계기 통신램프 점등 불량 시 조치방법

개별 중계기 전면 통신램프(LED)의 점등 불량 시 원인 및 조치방법은 다음과 같다.

원인	조치방법
중계기 주소가 불일치한 경우	중계기 입·출력표를 확인 후 주소를 재설정한다.
중계기가 불량인 경우	불량 중계기를 교체한다.
수신기와 중계기 간 통신선이 단선된 경우	수신기와 중계기 간의 통신선을 전류전압측정계로 측정하여 DC 26~28V 범위 밖이면 선로를 점검한다.

원 인	조치방법
중계기 제어 전원선로의 단선 또는 전원이 차단된 경우	중계기의 제어 전원선을 전류전압측정계로 측정하여 DC 21~27V 범위 밖이면 다음과 같다. ① 전원차단 여부 확인 및 전원부의 DC Fuse를 점검하여 단선 시 교체한다. ② 전원부에 이상이 없을 시 전원선로를 정비한다.

08 아날로그감지기 선로단선 시 조치방법

수신반에서 아날로그감지기 통신선로 단선 장애 표시등이 점등될 경우 원인 및 조치방법은 다음과 같다.

원 인	조치방법
아날로그감지기의 주소가 불일치한 경우	해당 감지기 탈착 후 뒷면의 주소를 입·출력표와 비교하여 같은 번호로 설정한다.
수신기와 아날로그감지기 간의 통신선이 단선된 경우	해당 구간의 통신선로를 점검한다.
아날로그감지기가 불량인 경우	불량인 아날로그감지기를 교체한다.

자동화재탐지설비 및 시각경보기 점검표 작성 예시

근거 소방시설 자체점검사항 등에 관한 고시[별지 제4호 서식] 〈작성 예시〉

번호	점검항목	점검결과
15-A. 경계구역		
15-A-001	● 경계구역 구분 적정 여부	○
15-A-002	● 감지기를 공유하는 경우 스프링클러 · 물분무소화 · 제연설비 경계구역 일치 여부	○
15-B. 수신기		
15-B-001	○ 수신기 설치장소 적정(관리용이) 여부	○
15-B-002	○ 조작스위치의 높이는 적정하며 정상 위치에 있는지 여부	○
15-B-003	● 개별 경계구역 표시 가능 회선수 확보 여부	○
15-B-004	● 축적기능 보유 여부(환기 · 면적 · 높이 조건에 해당할 경우)	○
15-B-005	○ 경계구역 일람도 비치 여부	×
15-B-006	○ 수신기 음향기구의 음량 · 음색 구별 가능 여부	×
15-B-007	● 감지기 · 중계기 · 발신기 작동 경계구역 표시 여부(종합방재반 연동 포함)	○
15-B-008	● 1개 경계구역 1개 표시등 또는 문자 표시 여부	○
15-B-009	● 하나의 대상물에 수신기가 2 이상 설치된 경우 상호 연동되는지 여부	○
15-B-010	○ 수신기 기록장치 데이터 발생 표시시간과 표준시간 일치 여부	○
15-C. 중계기		
15-C-001	● 중계기 설치위치 적정 여부(수신기에서 감지기회로 도통시험을 하지 않는 경우)	○
15-C-002	● 설치 장소(조작 · 점검 편의성, 화재 · 침수 피해 우려) 적정 여부	○
15-C-003	● 전원입력측 배선상 과전류차단기 설치 여부	○
15-C-004	● 중계기 전원 정전 시 수신기 표시 여부	○
15-C-005	● 상용전원 및 예비전원 시험 적정 여부	○
15-D. 감지기		
15-D-001	● 부착 높이 및 장소별 감지기 종류 적정 여부	○
15-D-002	● 특정 장소(환기불량, 면적협소, 저층고)에 적응성이 있는 감지기 설치 여부	○
15-D-003	○ 연기감지기 설치장소 적정 설치 여부	○
15-D-004	● 감지기와 실내로의 공기유입구 간 이격거리 적정 여부	○
15-D-005	● 감지기 부착면 적정 여부	○
15-D-006	○ 감지기 설치(감지면적 및 배치거리) 적정 여부	○
15-D-007	● 감지기별 세부 설치기준 적합 여부	○
15-D-008	● 감지기 설치제외 장소 적합 여부	○
15-D-009	○ 감지기 변형 · 손상 확인 및 작동시험 적합 여부	○

번호	점검항목	점검결과
15-E. 음향장치		
15-E-001	○ 주음향장치 및 지구음향장치 설치 적정 여부	×
15-E-002	○ 음향장치(경종 등) 변형 · 손상 확인 및 정상 작동(음량 포함) 여부	○
15-E-003	● 우선경보 기능 정상작동 여부	○
15-F. 시각경보장치		
15-F-001	○ 시각경보장치 설치 장소 및 높이 적정 여부	○
15-F-002	○ 시각경보장치 변형 · 손상 확인 및 정상 작동 여부	○
15-G. 발신기		
15-G-001	○ 발신기 설치 장소, 위치(수평거리) 및 높이 적정 여부	○
15-G-002	○ 발신기 변형 · 손상 확인 및 정상 작동 여부	○
15-G-003	○ 위치표시등 변형 · 손상 확인 및 정상 점등 여부	○
15-H. 전원		
15-H-001	○ 상용전원 적정 여부	○
15-H-002	○ 예비전원 성능 적정 및 상용전원 차단 시 예비전원 자동전환 여부	○
15-I. 배선		
15-I-001	● 종단저항 설치 장소, 위치 및 높이 적정 여부	○
15-I-002	● 종단저항 표지 부착 여부(종단감지기에 설치할 경우)	○
15-I-003	○ 수신기 도통시험 회로 정상 여부	○
15-I-004	● 감지기회로 송배전식 적용 여부	○
15-I-005	● 1개 공통선 접속 경계구역 수량 적정 여부(P형 또는 GP형의 경우)	○
비고		

1. 점검항목 중 "●"는 종합점검의 경우에만 해당한다.
2. 점검결과란은 양호 "○", 불량 "×", 해당없는 항목은 "/"로 표시한다.
3. 점검항목 내용 중 "설치기준" 및 "설치상태"에 대한 점검은 정상적인 작동 가능 여부를 포함한다.
4. '비고'란에는 특정소방대상물의 위치 · 구조 · 용도 및 소방시설의 상황 등이 이 표의 항목대로 기재하기 곤란하거나 이 표에서 누락된 사항을 기재한다(이하 같다).

01 자동화재탐지설비 P형 1급 수신기의 동작시험을 실시하고자 한다. 동작시험 방법과 가부 판정의 기준을 쓰시오.

1. 시험방법

① 연동정지(소화설비, 비상방송 등 설비 연동 스위치 연동정지) **참고** 안전조치 : 수신기의 모든 연동 스위치는 정지위치로 전환 예) 주경종, 지구경종, 사이렌, 펌프, 방화셔터, 배연창, 가스계 소화설비, 수계 소화설비, 비상방송 등	사전조치
② 축적 · 비축적 선택 스위치를 비축적위치로 전환	
③ 동작시험 스위치와 자동복구 스위치를 누른다. ④ 회로선택 스위치로 1회로씩 돌리거나 눌러 선택한다. **참고** 회로선택 스위치 종류 : 로터리 방식, 버튼 방식	시 험
⑤ 화재표시등, 지구표시등, 음향장치 등의 동작상황을 확인한다.	확 인

2. 가부 판정기준

① 각 릴레이의 작동, 화재표시등, 지구표시등, 음향장치 등이 작동하면 정상이다.

② 경계구역 일치 여부 : 각 회선의 표시창과 회로번호를 대조하여 일치하는지 확인한다.

02 자동화재탐지설비 P형 1급 수신기의 도통시험을 실시하고자 한다. 도통시험 방법과 가부 판정의 기준을 쓰시오.

 1. 시험방법

① 수신기의 도통시험 스위치를 누른다(또는 시험측으로 전환한다).

② 회로선택 스위치를 1회로씩 돌리거나 누른다.

③ 각 회선의 전압계의 지시상황 등을 조사한다.

 참고 "도통시험 확인등"이 있는 경우는 정상(녹색), 단선(적색) 램프 점등 확인

④ 종단저항 등의 접속상황을 조사한다(단선된 회로조사).

2. 가부 판정기준

① 전압계가 있는 경우

각 회선의 시험용 계기의 지시상황이 지정대로일 것

㉠ 정상 : 전압계의 지시치가 2~6V 사이이면 정상

㉡ 단선 : 전압계의 지시치가 0V를 나타냄.

㉢ 단락 : 화재경보상태(지구등 점등상태)

② 전압계가 없고, 도통시험 확인등이 있는 경우

㉠ 정상 : 정상 LED 확인등(녹색) 점등

㉡ 단선 : 단선 LED 확인등(적색) 점등

03 자동화재탐지설비 P형 1급 수신기의 예비전원시험을 실시하고자 한다. 예비전원시험 방법과 가부 판정의 기준을 쓰시오.

1. 방법
   ① 예비전원시험 스위치를 누른다.

   　참고 예비전원시험은 스위치를 누르고 있는 동안만 시험이 가능하다.

   ② 전압계의 지시치가 적정범위(24V) 내에 있는지를 확인한다.

   　참고 LED로 표시되는 제품 : 전압이 정상/높음/낮음으로 표시한다.

   ③ 교류전원을 차단하여 자동절환 릴레이의 작동상황을 조사한다.

   　참고 입력전원 차단 : 차단기 OFF 또는 수신기 내부전원 스위치 OFF

2. 가부 판정기준
   예비전원의 전압, 용량, 자동전환 및 복구 작동이 정상일 것

04 지하 3층, 지상 11층, 연면적 20,000m²인 특정 소방대상물에서 화재층이 다음과 같을 때 경보되는 층을 모두 쓰시오.
1. 지하 2층　　2. 지상 1층　　3. 지상 5층

발화층	경보발령층
지하 2층	지하 1층, 지하 2층, 지하 3층
지상 1층	지하 1~3층, 지상 1~5층
지상 5층	지상 5~9층

11층			범례	화재	화재층			
10층					경보층			
9층								
8층								
7층								
6층								
5층		화재			화재			화재
4층								
3층								
2층								
1층	화재			화재			화재	
지하 1층								
지하 2층	화재			화재			화재	
지하 3층								
층 수	전층 경보방식		우선경보방식 (발화층 + 직상층)			우선경보방식 (발화층 + 직상 4개층)		

| 자동화재탐지설비 경보방식의 구분 |

05 R형 시스템에 사용되는 중계기는 딥 스위치를 이용하여 중계기마다 고유번호를 설정한다. 딥 스위치가 "ON"이면 이진수는 1이고, "OFF"이면 이진수는 0에 해당하며 딥 스위치 1~7번의 ON/OFF 조합으로 어드레스를 1~127번까지 지정한다. 다음의 예시는 54번 중계기의 딥 스위치 설정 '예'이다. 119번의 중계기 어드레스는 어떻게 설정하는지 다음 표의 빈칸에 "on" 표시하시오.

중계기 번호	딥 스위치 넘버(DIP Switch Number)						
	1	2	3	4	5	6	7
54		on	on		on	on	
119							

중계기 번호	딥 스위치 넘버(DIP Switch Number)						
	1	2	3	4	5	6	7
119	on	on	on		on	on	on

06 P형 1급 수신기 전면에 상용전원감시등이 소등되었을 경우의 원인과 조치방법을 쓰시오.

원 인	확인(조치)사항
정전된 경우	AC 입력전원을 전류전압계로 확인하여 정전인지 다른 문제인지 확인한다. ① 입력전원이 "0V"일 경우 　㉠ 정전인 경우 　㉡ 수신기 전원공급 차단기가 트립(OFF, 차단)된 경우 ② 입력전원이 "정상(AC 220V)"일 경우 　㉠ 수신기 내부의 문제이므로 퓨즈 단선 유무 확인, 전원 스위치 정상 여부를 확인한다. 　㉡ 만약 퓨즈 및 전원 스위치가 문제 없을 시는 수신기 자체의 문제이다.
수신기 전원공급용 차단기가 트립(OFF, 차단)된 경우	수신기 전원공급 차단기를 확인 후 정상 조치한다.

원 인	확인(조치)사항
수신기 내부 전원 스위치가 OFF 상태인 경우	전원 스위치가 OFF 시는 ON 위치로 전환한다. ‖ 전원 스위치 ‖
퓨즈(FUSE)가 단선된 경우(퓨즈 단선 시 퓨즈 옆에 있는 적색 다이오드가 점등됨)	단선된 퓨즈를 교체한다. ‖ 수신기 내부 퓨즈 ‖
전원회로부가 훼손된 경우	훼손 확인 시는 제조업체에 문의하여 정비한다.

07 P형 1급 수신기 전면에 예비전원감시등이 점등되었을 경우의 원인과 조치방법을 쓰시오.

원 인	조치방법
퓨즈(FUSE)가 단선된 경우	퓨즈 단선이나 퓨즈가 없을 시는 예비전원 커넥터를 분리하고 전원 스위치를 끈 후 기판에 표시된 용량의 퓨즈로 교체한다.
예비전원 충전부가 불량인 경우	충전부를 정비한다.
예비전원이 불량인 경우	예비전원을 교체한다.
예비전원 연결 커넥터 분리/접속불량인 경우	• 예비전원 연결 커넥터가 분리된 경우 : 체결하여 놓는다. • 예비전원 연결 커넥터의 접속불량인 경우 : 확실하게 체결한다.
예비전원이 방전되어 아직 만충전 상태에 도달하지 않은 경우	제조회사에서 권장하는 시간 이상 충전한다.

08 P형 수신기에 연결된 지구경종이 작동되지 않는 경우 그 원인 5가지를 쓰시오.

원 인	조치방법
지구경종 정지 스위치가 눌러진 경우	확인 후 정상 조치한다.
지구경종 정지 스위치가 불량인 경우	이상 시는 교체한다. (접속불량 : 이물질로 인하여 스위치가 들어가서 나오지 않는 경우)
퓨즈가 단선된 경우	퓨즈 단선 시는 전원을 차단하고 예비전원 분리 후 퓨즈를 교체한다.
지구 릴레이가 불량인 경우	릴레이의 정상 동작 여부를 확인하고 불량일 경우 릴레이를 교체한다.
경종이 불량인 경우	경종선로의 전압을 체크(공통↔지구경종 단자)하여 측정전압이 "24V"인 경우 : 지구경종이 불량이므로 경종을 교체한다.
경종선이 단선된 경우	경종선로의 전압을 체크(공통↔지구경종 단자)하여 측정전압이 "0V" 인 경우 : 경종선이 단선이므로 원인을 찾아 정비한다.

09 분산형 중계기가 설치된 R형 시스템 점검 도중 감지기는 정상적으로 동작되는데 수신기에 화재표시가 되지 않을 경우의 원인을 5가지 쓰시오.

감지기(감시설비 : 감지기, 발신기, 탬퍼 스위치 등)는 정상적으로 동작되는데 수신기에 화재표시가 되지 않을 경우의 원인과 조치방법은 다음과 같다.

원 인	조치방법
입력신호 발신기기의 결선불량인 경우	중계기의 결선도를 참고하여 중계기 결선상태를 확인 · 점검한다.
중계기 주소가 불일치한 경우	중계기 입 · 출력표를 확인 후 주소를 재설정한다.
통신선로가 단선, 단락된 경우	해당 단선, 단락된 통신선로를 정비한다.
중계기가 불량인 경우 중계기 입력단자 결선도	불량인 중계기를 교체한다. **참고** 확인방법 ① 전류전압측정계(테스터기)를 DC로 전환한다. ② 해당구역 중계기 입력단자에 리드봉을 접속한다. ③ 전압이 뜨지 않으면(0V) : 중계기 불량 ④ 전압이 평상시 DC 24V 정도 나오다가 　⑦ 감지기 동작 시 : 약 4V로 떨어짐. 　ⓒ 선로 단락 시 : 0V로 떨어짐.
통신선로의 상(+, −)이 바뀐 경우	통신선로를 정비한다. (통신선로의 상이 바뀔 경우, 수신기가 중계기 고장으로 인식하여 신호를 받지 못함)
수신기 내 회로모듈이 불량인 경우	불량인 회로모듈을 교체한다.

10 R형 수신기가 설치된 특정소방대상물의 소방시설작동기능 점검을 실시 도중 개별 분산형 중계기 전면 통신램프(LED)가 점멸하지 않고 있다. 해당되는 원인 4가지를 쓰시오.

개별 중계기 전면 통신램프(LED)의 점등 불량 시 원인 및 조치방법은 다음과 같다.

원 인	조치방법
중계기 주소가 불일치한 경우	중계기 입·출력표를 확인 후 주소를 재설정한다.
중계기가 불량인 경우	불량 중계기를 교체한다.
수신기와 중계기 간 통신선이 단선된 경우	수신기와 중계기 간의 통신선을 전류전압측정계로 측정하여 DC 26~28V 범위 밖이면 선로를 점검한다.
중계기 제어 전원선로의 단선 또는 전원이 차단된 경우	중계기의 제어 전원선을 전류전압측정계로 측정하여 DC 21~27V 범위 밖이면 • 전원차단 여부 확인 및 전원부의 DC Fuse를 점검하여 단선 시 교체한다. • 전원부에 이상이 없을 시 전원선로를 정비한다.

CHAPTER

09

자동화재속보설비의 점검

자동화재속보설비의 점검

01 개 요

자동화재속보설비는 화재발생 시 자동으로 화재발생 신호를 통신망을 통하여 음성 등의 방법으로 신속하게 소방관서에 통보하여 주는 설비를 말한다.

02 종 류

1 자동화재속보설비의 속보기(일반형)

 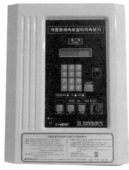 

| 그림 9-1 자동화재속보설비의 속보기 외형 |

자동화재탐지설비 수신기의 화재신호와 연동으로 작동하며, 관할 소방서와 관계인에게 화재발생 신호를 자동적으로 20초 이내에 통신망을 이용하여 3회 이상 통보한다.

2 문화재형 자동화재속보설비의 속보기

자동화재탐지설비가 설치되지 않은 곳에서 속보기에 감지기를 직접 연결하여 화재를 수신하고, 화재발생 시 관할 소방서와 관계인에게 화재발생 신호를 자동적으로 20초 이내에 통신망을 이용하여 3회 이상 통보한다.

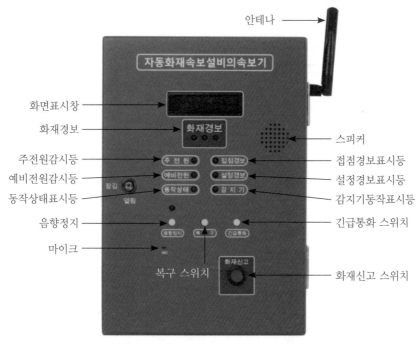

┃ 그림 9-2 문화재형 자동화재속보설비의 속보기 외형 ┃

03 속보기 스위치 기능 설명

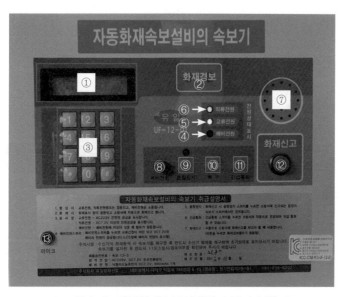

┃ 그림 9-3 자동화재속보설비의 속보기 외형 ┃

| 스위치 기능 설명 〈각 제조사별 약간의 차이는 있음〉 |

①	화면표시창	LCD 화면으로 메뉴설정 등 각종 정보 표시
②	화재경보등	화재신호를 수신하거나 속보기를 수동으로 동작시키는 경우 점등됨.
③	숫자판	여러 가지 설정 시 사용
④	예비전원감시등	예비전원 불량 시 점등
⑤	교류전원 상태표시등	교류전원이 정상 공급되고 있음을 표시(상시 점등)
⑥	직류전원 상태표시등	직류전원이 정상 공급되고 있음을 표시(상시 점등)
⑦	스피커	음성녹음 등 출력
⑧	예비전원시험 스위치	예비전원시험 스위치를 눌러 예비전원으로 자동절환 여부 및 예비전원 적합 여부를 시험하는 스위치
⑨	음향정지 스위치	화재신고 시 음향정지 스위치를 누르면 소방서에 신고되는 음성이 속보기 스피커에서만 정지된다.
⑩	복구 스위치	화재로 인한 동작 후 속보기를 복구하는 스위치
⑪	긴급통화 스위치	긴급통화 스위치를 누르면 소방서와 자동으로 연결되어 직접 통화 가능
⑫	화재신고 스위치	수동으로 소방서에 화재신고를 하고자 할 때 사용
⑬	마이크	음성 녹음 및 소방서와 통화 시 사용

04 ▶ 자동화재속보기 동작순서

1 ▶ 자동화재속보기(일반형)

감지기

발신기

수신기

속보기

소방서

| 그림 9-4 일반형 자동화재속보기 동작순서 |

(1) 화재발생

(2) 자동으로 화재감지 또는 수동으로 발신기 작동으로 수신기 화재수신

(3) 화재수신기에서 속보기로 화재연동신호 송출

(4) 자동화재속보기에서 자동으로 관할 소방서에 화재통보

450

09

자동화재속보기 입력정보(음성) 표준 예시

서울특별시 중구 세종대로 110, OO빌딩 화재발생, 관계자 홍길동
전화번호는 OOO-OOOO-OOOO(상시 통화 가능한 전화번호)입니다(3회 이상 반복).

2 문화재형 자동화재속보기

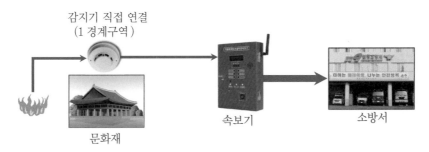

감지기 직접 연결
(1 경계구역)

속보기

소방서

문화재

| 그림 9-5 문화재형 자동화재속보기 동작순서 |

(1) 화재발생

(2) 자동으로 화재감지하여 자동화재속보기 화재수신

(3) 자동화재속보기에서 자동으로 관할 소방서에 화재통보

05 자동화재속보설비(일반형)의 점검

1 점검 전 조치

관할 소방서 통보 : 잠시후 자동화재속보설비 동작시험 진행을 통보한다.

참고 미리 신고를 하지 않으면 소방서에서는 화재로 알고 출동한다.

2 수신기에서 동작시험 실시

(1) 주경종, 지구경종, 사이렌, 부저, 비상방송 연동정지, 비축적 전환

(2) 동작시험 시험위치를 누른다.

(3) 회로선택 스위치를 이용하여 1개 회로를 선택한다.

(4) 주경종을 정상위치로 전환한다.

(5) 화재신호가 수신기로부터 자동화재속보설비로 입력된다.

3 **자동화재속보기 동작 확인**

(1) 속보기의 화재경보표시등 점등 및 관할 소방서 발신 확인

속보기의 화재경보표시등 점등 및 동작시간이 LCD 표시창에 표시됨과 동시에 자동으로 "119" 발신을 확인한다.

(2) 관할 소방서 수신 확인 및 음성내용 확인

관할 소방서에 전화가 수신되면 음성송출(화재발생 사실을 육하원칙에 의거)이 3회 반복되는지 확인한다(음성송출 내용은 이미 녹음되어 내장되어 있음).

4 **복구방법**

(1) 자동화재탐지설비의 수신기 복구

회로선택 스위치, 동작시험 스위치, 경보 스위치 원상복구 및 복구 스위치를 눌러 수신기를 복구한다.

(2) 자동화재속보설비 속보기 복구

복구 스위치를 눌러 복구한다.

06 문화재형 자동화재속보설비의 점검

1 **점검 전 조치**

관할 소방서 통보 : 잠시후 자동화재속보설비 동작시험 진행을 통보한다.

2 **감지기 동작**

(1) 화재감지기를 동작시킨다.
(2) 자동화재속보기에 화재신호가 입력된다.

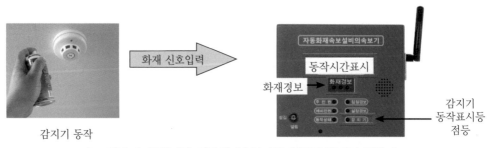

감지기 동작

❘ 그림 9-6 문화재형 자동화재속보기에 연결된 감지기 동작 ❘

09

3 자동화재속보기 동작 확인

(1) 속보기의 화재경보표시등, 감지기동작표시등 점등 및 관할 소방서 발신 확인

속보기의 화재경보표시등 점등, 감지기동작표시등 점등 및 동작시간이 LCD 표시창에 표시됨과 동시에 자동으로 "119" 발신을 확인한다.

(2) 관할 소방서 수신 확인 및 음성내용 확인

관할 소방서에 전화가 수신되면 음성송출(화재발생 사실을 육하원칙에 의거)이 3회 반복되는지 확인한다.

4 복구방법

자동화재속보설비 속보기 복구 : 복구 스위치를 눌러 복구한다.

> **Tip**
>
> **(1) 자동화재속보설비 동작시험 관련**
> ① 시험 중 속보기 주변에서도 음성송출 내용을 들을 수 있다.
> ② 음성송출 횟수 : 3회 반복
> ③ 소방서에 전화가 수신되지 아니하면 계속하여 119 다이얼을 발신한다.
> ④ 수동통화를 원할 때 : 음성송출 시 수동통화 버튼을 누르면 음성은 자동으로 차단되고, 속보기에 내장된 전화기로 소방공무원과 직접 통화를 할 수 있다.
>
> **(2) 점검 시작 전·후 조치사항**
> 상기와 같은 자동화재속보설비의 점검은 점검 시작 전 또는 점검 종료 후에 주로 실시하고 있는데, 점검 도중에 소방서에 화재신고가 계속 송출되지 않도록 조치를 한 후에 점검에 임해야 한다.
> ① 점검 전 조치
> 다음 중 하나를 선택하여 조치한다.
> ㉠ 자동화재속보설비와 수신기를 연결해 주는 신호선을 분리 : 통상 수신기 내부의 주경종 단자에서 연결하게 되는데 이 선을 단자대에서 분리한다.
> ㉡ 자동화재속보설비의 전원선 차단 : 주전원과 내부의 배터리선을 분리한다.
> ② 점검 후 조치
> 점검 전 조치한 사항을 반드시 원상복구해 놓아야 한다.

> **자동화재속보설비의 속보기의 성능인증 및 제품검사의 기술기준**
> **Tip** [소방청고시 제2023-19호, 2023. 5. 31., 일부개정]
>
> **제5조(기능)** 속보기는 다음에 적합한 기능을 가져야 한다.
> ① 작동신호를 수신하거나 수동으로 동작시키는 경우 20초 이내에 소방관서에 자동적으로 신호를 발하여 통보하되, 3회 이상 속보할 수 있어야 한다.
> ② 주전원이 정지한 경우에는 자동적으로 예비전원으로 전환되고, 주전원이 정상상태로 복귀한 경우에는 자동적으로 예비전원에서 주전원으로 전환되어야 한다.

③ 예비전원은 자동적으로 충전되어야 하며 자동과충전방지장치가 있어야 한다.

④ 화재신호를 수신하거나 속보기를 수동으로 동작시키는 경우 자동적으로 적색 화재표시등이 점등되고 음향장치로 화재를 경보하여야 하며 화재표시 및 경보는 수동으로 복구 및 정지시키지 않는 한 지속되어야 한다.

⑤ 연동 또는 수동으로 소방관서에 화재발생 음성정보를 속보 중인 경우에도 송수화 장치를 이용한 통화가 우선적으로 가능하여야 한다.

⑥ 예비전원을 병렬로 접속하는 경우에는 역충전 방지 등의 조치를 하여야 한다.

⑦ 예비전원은 감시상태를 60분간 지속한 후 10분 이상 동작(화재속보 후 화재표시 및 경보를 10분간 유지하는 것을 말한다)이 지속될 수 있는 용량이어야 한다.

⑧ 속보기는 연동 또는 수동 작동에 의한 다이얼링 후 소방관서와 전화접속이 이루어지지 않는 경우에는 최초 다이얼링을 포함하여 10회 이상 반복적으로 접속을 위한 다이얼링이 이루어져야 한다. 이 경우 매회 다이얼링 완료 후 호출은 30초 이상 지속되어야 한다.

⑨ 속보기의 송수화 장치가 정상위치가 아닌 경우에도 연동 또는 수동으로 속보가 가능하여야 한다.

⑩ 〈삭제〉

⑪ 음성으로 통보되는 속보내용을 통하여 당해 소방대상물의 위치, 화재발생 및 속보기에 의한 신고임을 확인할 수 있어야 한다.

⑫ 속보기는 음성속보방식 외에 데이터 또는 코드전송방식 등을 이용한 속보기능을 부가로 설치할 수 있다. 이 경우 데이터 및 코드전송방식은 [별표1]에 따른다.

⑬ 제12호 후단의 [별표1]에 따라 소방관서 등에 구축된 접수시스템 또는 별도의 시험용 시스템을 이용하여 시험한다.

제5조의2(무선식감지기와 접속되는 문화재용 속보기의 기능)

① 무선식감지기와 접속되는 문화재용 속보기는 다음 각 호에 적합한 기능을 가져야 한다.

  1. 속보기는 「감지기의 형식승인 및 제품검사의 기술기준」 제5조의4 제2항 제4호에 해당되는 신호 발신개시로부터 200초 이내에 감지기의 건전지 성능이 저하되었음을 확인할 수 있도록 표시등 및 음향으로 경보되어야 한다.

  2. 제3조 제14호 다목 및 라목에 의한 통신점검 개시로부터 「감지기의 형식승인 및 제품검사의 기술기준」 제5조의4 제2항 제2호에 의해 발신된 확인신호를 수신하는 소요시간은 200초 이내이어야 하며, 수신 소요시간을 초과할 경우 통신점검 이상을 확인할 수 있도록 표시등 및 음향으로 경보하여야 한다.

  3. 제3조 제14호 다목 및 라목에 의한 통신점검시험 중에도 다른 감지기로부터 화재신호를 수신하는 경우 화재표시등이 점등되고 음향장치로 화재를 경보하여야 한다.

② 무선식감지기와 접속되는 문화재용 속보기는 다음 각 호에 적합한 기록장치를 설치하여야 한다.

  1. 기록장치는 999개 이상의 데이터를 저장할 수 있어야 하며, 용량이 초과할 경우 가장 오래된 데이터부터 자동으로 삭제한다.

  2. 문화재용 속보기는 임의로 데이터의 수정이나 삭제를 방지할 수 있는 기능이 있어야 한다.

  3. 저장된 데이터는 문화재용 속보기에서 확인할 수 있어야 하며, 복사 및 출력도 가능하여야 한다.

  4. 수신기의 기록장치에 저장하여야 하는 데이터는 다음 각 목과 같다. 이 경우 데이터의 발생 시각을 표시하여야 한다.

    가. 주전원과 예비전원의 on/off 상태

    나. 제1항 제1호에 해당하는 신호

    다. 제1항 제2호에 의한 확인신호를 수신하지 못한 감지기 내역

    라. 제3조 제7호에 해당하는 스위치의 조작 내역

    마. 제5조 제1호에 해당하는 작동신호 · 수동 조작에 의한 속보 내역

자동화재속보설비 및 통합감시시설 점검표 작성 예시

근거 소방시설 자체점검사항 등에 관한 고시[별지 제4호 서식] 〈작성 예시〉

번호	점검항목	점검결과
17-A. 자동화재속보설비		
17-A-001	○ 상용전원 공급 및 전원표시등 정상 점등 여부	○
17-A-002	○ 조작스위치 높이 적정 여부	○
17-A-003	○ 자동화재탐지설비 연동 및 화재신호 소방관서 전달 여부	○
17-B. 통합감시시설		
17-B-001	● 주ㆍ보조 수신기 설치 적정 여부	○
17-B-002	○ 수신기 간 원격제어 및 정보공유 정상 작동 여부	○
17-B-003	● 예비선로 구축 여부	○
비고		

1. 점검항목 중 "●"는 종합점검의 경우에만 해당한다.
2. 점검결과란은 양호 "○", 불량 "×", 해당없는 항목은 "/"로 표시한다.
3. 점검항목 내용 중 "설치기준" 및 "설치상태"에 대한 점검은 정상적인 작동 가능 여부를 포함한다.
4. '비고'란에는 특정소방대상물의 위치ㆍ구조ㆍ용도 및 소방시설의 상황 등이 이 표의 항목대로 기재하기 곤란하거나 이 표에서 누락된 사항을 기재한다(이하 같다).

01 P형 1급 수신기가 설치된 특정소방대상물에 자동화재속보설비가 설치되어 있다. 자동화재속보기 작동점검을 실시하고자 한다. 점검방법을 준비, 작동, 확인, 복구로 구분하여 기술하시오.

1. 점검 전 조치

관할 소방서 통보 : 잠시후 자동화재속보설비 동작시험 진행을 통보한다.

참고 미리 신고를 하지 않으면 소방서에서는 화재로 알고 출동한다.

2. 수신기에서 동작시험 실시

① 주경종, 지구경종, 사이렌, 부저, 비상방송 연동정지, 비축적 전환

② 동작시험 시험위치를 누른다.

③ 회로선택 스위치를 이용하여 1개 회로를 선택한다.

④ 주경종을 정상위치로 전환한다.

⑤ 화재신호가 수신기로부터 자동화재속보설비로 입력된다.

3. 자동화재속보기 동작 확인

① 속보기의 화재경보표시등 점등 및 관할 소방서 발신 확인 : 속보기의 화재경보표시등 점등 및 동작시간이 LCD 표시창에 표시됨과 동시에 자동으로 "119" 발신을 확인한다.

② 관할 소방서 수신 확인 및 음성내용 확인 : 관할 소방서에 전화가 수신되면 음성송출(화재발생 사실을 육하원칙에 의거)이 3회 반복되는지 확인한다(음성송출 내용은 이미 녹음되어 내장되어 있음).

4. 복구방법

① 자동화재탐지설비의 수신기 복구 : 회로선택 스위치, 동작시험 스위치, 경보 스위치 원상복구 및 복구 스위치를 눌러 수신기를 복구한다.

② 자동화재속보설비 속보기 복구 : 복구 스위치를 눌러 복구한다.

02 문화재에 자동화재속보설비가 설치되어 있다. 문화재형 자동화재속보기 작동점검을 실시하고자 한다. 점검방법을 준비, 작동, 확인, 복구로 구분하여 기술하시오.

1. 점검 전 조치

관할 소방서 통보 : 잠시후 자동화재속보설비 동작시험 진행을 통보한다.

2. 감지기 동작

① 화재감지기를 동작시킨다.

② 자동화재속보기에 화재신호가 입력된다.

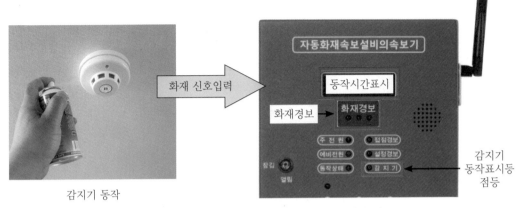

감지기 동작

| 문화재형 자동화재속보기에 연결된 감지기 동작 |

3. 자동화재속보기 동작 확인

　① 속보기의 화재경보표시등, 감지기동작표시등 점등 및 관할 소방서 발신 확인 : 속보기의 화재경
　　보표시등 점등, 감지기동작표시등 점등 및 동작시간이 LCD 표시창에 표시됨과 동시에 자동으
　　로 "119" 발신을 확인한다.

　② 관할 소방서 수신 확인 및 음성내용 확인 : 관할 소방서에 전화가 수신되면 음성송출(화재발생
　　사실을 육하원칙에 의거)이 3회 반복되는지 확인한다.

4. 복구방법

　자동화재속보설비 속보기 복구 : 복구 스위치를 눌러 복구한다.

03 자동화재속보설비 속보기의 스위치 중에서 긴급통화 스위치와 화재신고 스위치 기능을 쓰시오.

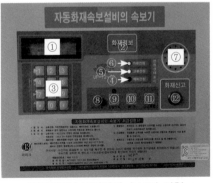

| 자동화재속보설비의 속보기 외형 |

•스위치 기능 설명
(각 제조사별 약간의 차이는 있음)

⑪	긴급통화 스위치	긴급통화 스위치를 누르면 소방서와 자동으로 연결되어 직접 통화 가능
⑫	화재신고 스위치	수동으로 소방서에 화재신고를 하고자 할 때 사용

소방시설의 점검실무

2020. 2. 14. 초 판 1쇄 발행
2024. 1. 10. 3차 개정증보 3판 1쇄 발행

지은이 | 왕준호
펴낸이 | 이종춘
펴낸곳 | BM ㈜도서출판 성안당

주소 | 04032 서울시 마포구 양화로 127 첨단빌딩 3층(출판기획 R&D 센터)
　　　 | 10881 경기도 파주시 문발로 112 파주 출판 문화도시(제작 및 물류)

전화 | 02) 3142-0036
　　　 | 031) 950-6300
팩스 | 031) 955-0510
등록 | 1973. 2. 1. 제406-2005-000046호
출판사 홈페이지 | www.cyber.co.kr
ISBN | 978-89-315-8655-8 (13530)
정가 | 32,000원

이 책을 만든 사람들
기획 | 최옥현
진행 | 박경희
교정·교열 | 최주연
전산편집 | 정희선
표지 디자인 | 박현정
홍보 | 김계향, 유미나, 정단비, 김주승
국제부 | 이선민, 조혜란
마케팅 | 구본철, 차정욱, 오영일, 나진호, 강호묵
마케팅 지원 | 장상범
제작 | 김유석